国家出版基金资助项目

现代数学中的著名定理纵横谈丛书

丛书主编　王梓坤

HAMILTON-CAYLEY THEOREM IN MATRIX THEORY

矩阵论中的Hamilton-Cayley定理

刘培杰数学工作室　编

哈爾濱工業大學出版社
HARBIN INSTITUTE OF TECHNOLOGY PRESS

内 容 简 介

本书详细介绍了哈密尔顿—凯莱定理的相关知识.全书共分为5章,分别为:引言、基础篇、应用篇、人物篇与进一步的讨论.在附录中详细介绍了哈密尔顿—凯莱定理的另一证法.

本书可供从事这一数学分支或相关学科的数学工作者、大中师生以及数学爱好者研读.

图书在版编目(CIP)数据

矩阵论中的 Hamilton-Cayley 定理/刘培杰数学工作室编.—哈尔滨:哈尔滨工业大学出版社,2024.3
(现代数学中的著名定理纵横谈丛书)
ISBN 978-7-5767-0592-8

Ⅰ.①矩… Ⅱ.①刘… Ⅲ.①矩阵论 Ⅳ.①O151.21

中国国家版本馆 CIP 数据核字(2023)第 023282 号

JUZHENLUN ZHONG DE HAMILTON-CAYLEY DINGLI

策划编辑 刘培杰 张永芹
责任编辑 杜莹雪 李兰静
封面设计 孙茵艾
出版发行 哈尔滨工业大学出版社
社　　址 哈尔滨市南岗区复华四道街10号 邮编 150006
传　　真 0451-86414749
网　　址 http://hitpress.hit.edu.cn
印　　刷 辽宁新华印务有限公司
开　　本 787 mm×960 mm 1/16 印张 16.25 字数 170 千字
版　　次 2024年3月第1版 2024年3月第1次印刷
书　　号 ISBN 978-7-5767-0592-8
定　　价 168.00 元

⊙代序

读书的乐趣

你最喜爱什么——书籍.

你经常去哪里——书店.

你最大的乐趣是什么——读书.

这是友人提出的问题和我的回答.真的,我这一辈子算是和书籍,特别是好书结下了不解之缘.有人说,读书要费那么大的劲,又发不了财,读它做什么?我却至今不悔,不仅不悔,反而情趣越来越浓.想当年,我也曾爱打球,也曾爱下棋,对操琴也有兴趣,还登台伴奏过.但后来却都一一断交,"终身不复鼓琴".那原因便是怕花费时间,玩物丧志,误了我的大事——求学.这当然过激了一些.剩下来唯有读书一事,自幼至今,无日少废,谓之书痴也可,谓之书橱也可,管它呢,人各有志,不可相强.我的一生大志,便是教书,而当教师,不多读书是不行的.

读好书是一种乐趣,一种情操;一种向全世界古往今来的伟人和名人求教的方法，一种和他们展开讨论的方式；一封出席各种活动、体验各种生活、结识各种人物的邀请信；一张迈进科学宫殿和未知世界的入场券；一股改造自己、丰富自己的强大力量. 书籍是全人类有史以来共同创造的财富，是永不枯竭的智慧的源泉. 失意时读书，可以使人重整旗鼓；得意时读书，可以使人头脑清醒；疑难时读书，可以得到解答或启示；年轻人读书，可明奋进之道；年老人读书，能知健神之理. 浩浩乎！洋洋乎！如临大海，或波涛汹涌，或清风微拂，取之不尽，用之不竭. 吾于读书，无疑义矣，三日不读，则头脑麻木，心摇摇无主.

潜能需要激发

我和书籍结缘，开始于一次非常偶然的机会. 大概是八九岁吧，家里穷得揭不开锅，我每天从早到晚都要去田园里帮工. 一天，偶然从旧木柜阴湿的角落里，找到一本蜡光纸的小书，自然很破了. 屋内光线暗淡，又是黄昏时分，只好拿到大门外去看. 封面已经脱落，扉页上写的是《薛仁贵征东》. 管它呢，且往下看. 第一回的标题已忘记，只是那首开卷诗不知为什么至今仍记忆犹新：

日出遥遥一点红，飘飘四海影无踪.
三岁孩童千两价，保主跨海去征东.

第一句指山东，二、三两句分别点出薛仁贵（雪、人贵）. 那时识字很少，半看半猜，居然引起了我极大的兴趣，同时也教我认识了许多生字. 这是我有生以来独立看的第一本书. 尝到甜头以后，我便千方百计去找书，向小朋友借，到亲友家找，居然断断续续看了《薛丁山征西》《彭公案》《二度梅》等，樊梨花便成了我心中的女英雄.我真入迷了.从此,放牛也罢,车水也罢,我总要带一本书,还练出了边走田间小路边读书的本领,读得津津有味,不知人间别有他事.

当我们安静下来回想往事时,往往会发现一些偶然的小事却影响了自己的一生.如果不是找到那本《薛仁贵征东》,我的好学心也许激发不起来.我这一生,也许会走另一条路.人的潜能,好比一座汽油库,星星之火,可以使它雷声隆隆、光照天地;但若少了这粒火星,它便会成为一潭死水,永归沉寂.

抄,总抄得起

好不容易上了中学,做完功课还有点时间,便常光顾图书馆.好书借了实在舍不得还,但买不到也买不起,便下决心动手抄书.抄,总抄得起.我抄过林语堂写的《高级英文法》,抄过英文的《英文典大全》,还抄过《孙子兵法》,这本书实在爱得狠了,竟一口气抄了两份.人们虽知抄书之苦,未知抄书之益,抄完毫末俱见,一览无余,胜读十遍.

始于精于一,返于精于博

关于康有为的教学法,他的弟子梁启超说:“康先生之教,专标专精、涉猎二条,无专精则不能成,无涉猎则不能通也.”可见康有为强烈要求学生把专精和广博(即“涉猎”)相结合.

在先后次序上,我认为要从精于一开始.首先应集中精力学好专业,并在专业的科研中做出成绩,然后逐步扩大领域,力求多方面的精.年轻时,我曾精读杜布(J. L. Doob)的《随机过程论》,哈尔莫斯(P. R. Halmos)的《测度论》等世界数学名著,使我终身受益.简言之,即“始于精于一,返于精于博”.正如中国革命一样,必须先有一块根据地,站稳后再开创几块,最后连成一片.

丰富我文采,澡雪我精神

辛苦了一周,人相当疲劳了,每到星期六,我便到旧书店走走,这已成为生活中的一部分,多年如此.一次,偶然看到一套《纲鉴易知录》,编者之一便是选编《古文观止》的吴楚材.这部书提纲挈领地讲中国历史,上自盘古氏,直到明末,记事简明,文字古雅,又富于故事性,便把这部书从头到尾读了一遍.从此启发了我读史书的兴趣.

我爱读中国的古典小说,例如《三国演义》和《东周列国志》.我常对人说,这两部书简直是世界上政治阴谋诡计大全.即以近年来极时髦的人质问题(伊朗人质、劫机人质等),这些书中早就有了,秦始皇的父亲便是受害者,堪称"人质之父".

《庄子》超尘绝俗,不屑于名利.其中"秋水""解牛"诸篇,诚绝唱也.《论语》束身严谨,勇于面世,"己所不欲,勿施于人",有长者之风.司马迁的《报任少卿书》,读之我心两伤,既伤少卿,又伤司马;我不知道少卿是否收到这封信,希望有人做点研究.我也爱读鲁迅的杂文,果戈理、梅里美的小说.我非常敬重文天祥、秋瑾的人品,常记他们的诗句:"人生自古谁无死,留取丹心照汗青""休言女子非英物,夜夜龙泉壁上鸣".唐诗、宋词、《西厢记》《牡丹亭》,丰富我文采,澡雪我精神,其中精粹,实是人间神品.

读了邓拓的《燕山夜话》,既叹服其广博,也使我动了写《科学发现纵横谈》的心.不料这本小册子竟给我招来了上千封鼓励信.以后人们便写出了许许多多的“纵横谈”.

从学生时代起,我就喜读方法论方面的论著.我想,做什么事情都要讲究方法,追求效率、效果和效益,方法好能事半而功倍.我很留心一些著名科学家、文学家写的心得体会和经验.我曾惊讶为什么巴尔扎克在51年短短的一生中能写出上百本书,并从他的传记中去寻找答案.文史哲和科学的海洋无边无际,先哲们的明智之光沐浴着人们的心灵,我衷心感谢他们的恩惠.

读书的另一面

以上我谈了读书的好处,现在要回过头来说说事情的另一面.

读书要选择.世上有各种各样的书:有的不值一看,有的只值看20分钟,有的可看5年,有的可保存一辈子,有的将永远不朽.即使是不朽的超级名著,由于我们的精力与时间有限,也必须加以选择.决不要看坏书,对一般书,要学会速读.

读书要多思考.应该想想,作者说得对吗?完全吗?适合今天的情况吗?从书本中迅速获得效果的好办法是有的放矢地读书,带着问题去读,或偏重某一方面去读.这时我们的思维处于主动寻找的地位,就像猎人追找猎物一样主动,很快就能找到答案,或者发现书中的问题.

有的书浏览即止,有的要读出声来,有的要心头记住,有的要笔头记录.对重要的专业书或名著,要勤做笔记,“不动笔墨不读书”.动脑加动手,手脑并用,既可加深理解,又可避忘备查,特别是自己的灵感,更要及时抓住.清代章学诚在《文史通义》中说:“札记之功必不可少,如不札记,则无穷妙绪如雨珠落大海矣.”

许多大事业、大作品,都是长期积累和短期突击相结合的产物.涓涓不息,将成江河;无此涓涓,何来江河?

爱好读书是许多伟人的共同特性,不仅学者专家如此,一些大政治家、大军事家也如此.曹操、康熙、拿破仑、毛泽东都是手不释卷,嗜书如命的人.他们的巨大成就与毕生刻苦自学密切相关.

王梓坤

目录

第 1 章　引言　//1

1.1　一道高中联赛试题的两个初等解法　//2

1.2　高等解法　//5

1.3　线性分式函数的迭代　//17

1.4　n 次迭代还原函数及其探究过程　//21

1.5　高考数列问题的统一解题策略　//30

1.6　4 个美国大学生和博士生遇到的问题　//36

1.7　例题　//54

第 2 章　基础篇　//64

2.1　从线性方程和行列式谈起　//64

2.2　特征值　//86

2.3　矩阵在相似变换下的若尔当标准形　//100

2.4　哈密尔顿—凯莱定理的完整形式　//110

2.5　哈密尔顿—凯莱定理的四种证明方法　//125

2.6　用柯西积分公式证明哈密尔顿—凯莱定理　//130

2.7　分裂四元数环上的代数结构　//133

第 3 章　应用篇　//142

3.1　引言　//142
3.2　一个几何例子　//142
3.3　微小振动　//144
3.4　信息系统设计中的一个例子　//147
3.5　非线性最优化中的一个特征问题　//149
3.6　来自数学经济学的一个例子　//150
3.7　斯图姆一刘维尔问题　//152

第 4 章　人物篇　//156

4.1　四元数的创立者——哈密尔顿　//156
4.2　律师数学家——凯莱　//176

第 5 章　进一步的讨论　//197

5.1　哈密尔顿一凯莱定理的一个逆定理　//197
5.2　交换拟环上的哈密尔顿一凯莱定理　//202
5.3　在常系数线性方程组的讨论中避免若尔当标准形　//208
5.4　计算 e^{At} 的一种简便方法　//216
5.5　A Further Generalization of the Hamilton-Cayley Theorem　//221

附录　哈密尔顿一凯莱定理的另一证法　//232

参考文献　//248

第1章 引言

读书和搞研究都需要有高人指点，这样进步才快. 比如对大和小怎样看，杨振宁先生是这样告诉我们的：

> 一个老师，必须把自己知道多少告诉学生，同时也要让学生知道哪些是我们不懂的，年轻人才知道哪些地方有待克服. 至于大小题目孰优孰劣，我觉得都无妨，只要抓住“大题小做”和“小题大做”这两点，后者是指在研究一个小题目时，也要观察到这个题目背后所反映出来的普遍性；有的人则喜欢“大题小做”，例如分子结构与化学反应的关系，分子有数百万个，如此普遍、

庞大的研究要如何着手？必须从小处开始，先挑几种分子，研究和它的分子结构与化学反应有何关系.小题目处理得好，才有能力解决大题目.所以，做化学研究的学者是没有一定的方向和规律的，只要努力知道哪些题目尚未解决，做小题目者要能注意到其普遍性，而做大题目者应从小处着手，这样或许就能找到自己的路.

1.1 一道高中联赛试题的两个初等解法

题目 设数列$\{a_n\}$和$\{b_n\}$满足$a_0=1,b_0=0$，且

$$\begin{cases}a_{n+1}=7a_n+6b_n-3\\ b_{n+1}=8a_n+7b_n-4\end{cases}\quad (n=0,1,2,\cdots)$$

证明：$a_n(n=0,1,2,\cdots)$是完全平方数.

（2000 年全国高中数学联赛）

证法一 由题设得$a_1=4,b_1=4$，并且当$n\geqslant 1$时

$$\begin{aligned}&(2a_{n+1}-1)+\sqrt{3}b_{n+1}\\ =&(14a_n+12b_n-7)+\sqrt{3}(8a_n+7b_n-4)\\ =&[(2a_n-1)+\sqrt{3}b_n](7+4\sqrt{3})\end{aligned}$$

$$\begin{aligned}&(2a_n-1)+\sqrt{3}b_n\\ =&(7+4\sqrt{3})^{n-1}(2a_1-1+\sqrt{3}b_1)\\ =&(7+4\sqrt{3})^n\end{aligned}$$

同理

$$(2a_n-1)-\sqrt{3}b_n=(7-4\sqrt{3})^n$$

从而

$$a_n=\frac{1}{4}(7+4\sqrt{3})^n+\frac{1}{4}(7-4\sqrt{3})^n+\frac{1}{2}$$

由于

$$7\pm4\sqrt{3}=(2\pm\sqrt{3})^2$$

所以

$$a_n=\left[\frac{1}{2}(2+\sqrt{3})^n+\frac{1}{2}(2-\sqrt{3})^n\right]^2$$

由二项展开式得

$$\begin{aligned}c_n&=\frac{1}{2}(2+\sqrt{3})^n+\frac{1}{2}(2-\sqrt{3})^n\\&=\sum_{0\leqslant 2k\leqslant n}\mathrm{C}_n^{2k}\cdot 3^k\cdot 2^{n-2k}\end{aligned}$$

显然 c_n 为整数,于是 a_n 为完全平方数.

证法二 由已知得

$$\begin{aligned}a_{n+1}&=7a_n+6b_n-3\\&=7a_n+6(8a_{n-1}+7b_{n-1}-4)-3\\&=7a_n+48a_{n-1}+42b_{n-1}-27\end{aligned}$$

由

$$a_n=7a_{n-1}+6b_{n-1}-3$$

得

$$42b_{n-1}=7a_n-49a_{n-1}+21$$

从而

$$\begin{aligned}a_{n+1}&=7a_n+48a_{n-1}+7a_n-49a_{n-1}+21-27\\&=14a_n-a_{n-1}-6\end{aligned}$$

由

$$a_0=1=1^2,a_1=4=2^2,a_2=49=7^2$$

设

$$c_{n+1}=4c_n-c_{n-1},c_0=1,c_1=2,c_2=7$$

由归纳法易知数列$\{c_n\}$是唯一确定的正整数数列.

令 $d_n=c_n^2$,则

$$\begin{aligned}d_{n+1}&=c_{n+1}^2\\&=(4c_n-c_{n-1})^2\\&=16c_n^2-8c_nc_{n-1}+c_{n-1}^2\\&=14c_n^2-c_{n-1}^2-6-2(4c_nc_{n-1}-c_n^2-c_{n-1}^2-3)\end{aligned}$$

而

$$\begin{aligned}&4c_nc_{n-1}-c_n^2-c_{n-1}^2-3\\=&4c_nc_{n-1}-c_n(4c_{n-1}-c_{n-2})-c_{n-1}^2-3\\=&c_nc_{n-2}-c_{n-1}^2-3\\=&(4c_{n-1}-c_{n-2})c_{n-2}-c_{n-1}(4c_{n-2}-c_{n-3})-3\\=&c_{n-1}c_{n-3}-c_{n-2}^2-3\\=&\cdots\\=&c_2c_0-c_1^2-3\\=&0\end{aligned}$$

故

$$d_{n+1}=14d_n-d_{n-1}-6,d_0=1,d_1=4$$

由唯一性得

$$a_n=d_n=c_n^2\quad(n=0,1,2,\cdots)$$

故 a_n 是完全平方数.

1.2 高等解法

递推关系可改写成矩阵形式，从而求数列通项的问题可转化为求矩阵方幂的问题，然后利用矩阵对角化思想求矩阵方幂，此时容易联想到特征理论，而哈密尔顿－凯莱(Hamilton-Cayley)定理是矩阵特征多项式的一个重要性质.

定义1 若将递推关系改写成矩阵形式后，系数矩阵$\boldsymbol{A}$可对角化，则称递推关系是可对角化的；否则称为不可对角化的.

引理1(**哈密尔顿－凯莱定理**) 设$\boldsymbol{A}$是数域P上一(n,n)－矩阵，$f(\lambda)=|\lambda\boldsymbol{I}-\boldsymbol{A}|$是$\boldsymbol{A}$的特征多项式，则

$$f(\boldsymbol{A})=\boldsymbol{A}^n-(a_{11}+a_{22}+\cdots+a_{nn})\boldsymbol{A}^{n-1}+\cdots+(-1)^n|\boldsymbol{A}|\boldsymbol{I}=\boldsymbol{0}$$

在北京大学的高等代数课程中是这样给出证明的.

证明 设$\boldsymbol{B}(\lambda)$是$\lambda\boldsymbol{I}-\boldsymbol{A}$的伴随矩阵，由行列式的性质，有

$$\boldsymbol{B}(\lambda)(\lambda\boldsymbol{I}-\boldsymbol{A})=|\lambda\boldsymbol{I}-\boldsymbol{A}|\boldsymbol{I}=f(\lambda)\boldsymbol{I}$$

因为矩阵$\boldsymbol{B}(\lambda)$的元素是$|\lambda\boldsymbol{I}-\boldsymbol{A}|$的各个代数余子式，都是$\lambda$的多项式，其次数不超过$n-1$，所以根据矩阵的运算性质，$\boldsymbol{B}(\lambda)$可以写成

$$\boldsymbol{B}(\lambda)=\lambda^{n-1}\boldsymbol{B}_0+\lambda^{n-2}\boldsymbol{B}_1+\cdots+\boldsymbol{B}_{n-1}$$

其中 $\boldsymbol{B}_0,\boldsymbol{B}_1,\cdots,\boldsymbol{B}_{n-1}$ 都是(n,n)一数字矩阵.

再设 $f(\lambda)=\lambda^n+a_1\lambda^{n-1}+\cdots+a_{n-1}\lambda+a_n$,则

$$f(\lambda)\boldsymbol{I}=\lambda^n\boldsymbol{I}+a_1\lambda^{n-1}\boldsymbol{I}+\cdots+a_n\boldsymbol{I} \tag{1}$$

而

$$\begin{aligned}\boldsymbol{B}(\lambda)(\lambda\boldsymbol{I}-\boldsymbol{A})&=(\lambda^{n-1}\boldsymbol{B}_0+\lambda^{n-2}\boldsymbol{B}_1+\cdots+\boldsymbol{B}_{n-1})(\lambda\boldsymbol{I}-\boldsymbol{A})\\&=\lambda^n\boldsymbol{B}_0+\lambda^{n-1}(\boldsymbol{B}_1-\boldsymbol{B}_0\boldsymbol{A})+\\&\quad\lambda^{n-2}(\boldsymbol{B}_2-\boldsymbol{B}_1\boldsymbol{A})+\cdots+\\&\quad\lambda(\boldsymbol{B}_{n-1}-\boldsymbol{B}_{n-2}\boldsymbol{A})-\boldsymbol{B}_{n-1}\boldsymbol{A}\end{aligned} \tag{2}$$

比较式(1)和(2),得

$$\begin{cases}\boldsymbol{B}_0=\boldsymbol{I}\\\boldsymbol{B}_1-\boldsymbol{B}_0\boldsymbol{A}=a_1\boldsymbol{I}\\\boldsymbol{B}_2-\boldsymbol{B}_1\boldsymbol{A}=a_2\boldsymbol{I}\\\quad\vdots\\\boldsymbol{B}_{n-1}-\boldsymbol{B}_{n-2}\boldsymbol{A}=a_{n-1}\boldsymbol{I}\\-\boldsymbol{B}_{n-1}\boldsymbol{A}=a_n\boldsymbol{I}\end{cases} \tag{3}$$

将 $\boldsymbol{A}^n,\boldsymbol{A}^{n-1},\cdots,\boldsymbol{A},\boldsymbol{I}$ 依次从右边乘到式(3)的第 1,2,$\cdots$,n,$n+1$ 式,得

$$\begin{cases}\boldsymbol{B}_0\boldsymbol{A}^n=\boldsymbol{I}\boldsymbol{A}^n=\boldsymbol{A}^n\\\boldsymbol{B}_1\boldsymbol{A}^{n-1}-\boldsymbol{B}_0\boldsymbol{A}^n=a_1\boldsymbol{I}\boldsymbol{A}^{n-1}=a_1\boldsymbol{A}^{n-1}\\\boldsymbol{B}_2\boldsymbol{A}^{n-2}-\boldsymbol{B}_1\boldsymbol{A}^{n-1}=a_2\boldsymbol{I}\boldsymbol{A}^{n-2}=a_2\boldsymbol{A}^{n-2}\\\quad\vdots\\\boldsymbol{B}_{n-1}\boldsymbol{A}-\boldsymbol{B}_{n-2}\boldsymbol{A}^2=a_{n-1}\boldsymbol{I}\boldsymbol{A}=a_{n-1}\boldsymbol{A}\\-\boldsymbol{B}_{n-1}\boldsymbol{A}=a_n\boldsymbol{I}\end{cases} \tag{4}$$

将式(4)中的$n+1$个式子加起来,左边变成零,右边即为 $f(\boldsymbol{A})$.

故 $f(\boldsymbol{A})=\boldsymbol{0}$. 定理得证.

因为线性变换和矩阵的对应是保持运算的,所以由此定理可得下述推论.

推论　设$\mathscr{A}$是有限维空间V的线性变换,$f(\lambda)$是$\mathscr{A}$的特征多项式,那么 $f(\mathscr{A})=0$.

该定理告诉我们,任给数域 P 上的矩阵$\boldsymbol{A}$,总可以找到数域 P 上的一个多项式使得$f(\boldsymbol{A})=\boldsymbol{0}$.

1.2.1　用哈密尔顿－凯莱定理求解可对角化双线性递推数列的通项公式

例 1　设数列$\{a_n\}$ 和$\{b_n\}$ 满足 $a_0=1,b_0=0$,且

$$\begin{cases}a_{n+1}=7a_n+6b_n-3\\ b_{n+1}=8a_n+7b_n-4\end{cases}\quad (n=0,1,2,\cdots)$$

证明:$a_n(n=0,1,2,\cdots)$ 是完全平方数.

(2000 年全国高中数学联赛)

证明　将递推关系用矩阵表示

$$\begin{pmatrix}a_{n+1}\\ b_{n+1}\end{pmatrix}=\begin{pmatrix}7&6\\8&7\end{pmatrix}\begin{pmatrix}a_n\\ b_n\end{pmatrix}+\begin{pmatrix}-3\\-4\end{pmatrix}$$

令 $\boldsymbol{A}=\begin{pmatrix}7&6\\8&7\end{pmatrix}$,$\boldsymbol{B}=\begin{pmatrix}-3\\-4\end{pmatrix}$,则

$$\begin{aligned}\begin{pmatrix}a_n\\ b_n\end{pmatrix}&=\boldsymbol{A}\begin{pmatrix}a_{n-1}\\ b_{n-1}\end{pmatrix}+\boldsymbol{B}\\ &=\boldsymbol{A}^n\begin{pmatrix}a_0\\ b_0\end{pmatrix}+(\boldsymbol{A}^{n-1}+\boldsymbol{A}^{n-2}+\cdots+\boldsymbol{A}+\boldsymbol{I})\boldsymbol{B}\end{aligned}$$

$$|\lambda\boldsymbol{I}-\boldsymbol{A}|=\begin{vmatrix}\lambda-7&-6\\-8&\lambda-7\end{vmatrix}=\lambda^2-14\lambda+1$$

于是 $\boldsymbol{A}$ 的特征根为$\lambda_1=7-4\sqrt{3}$,$\lambda_2=7+4\sqrt{3}$. 由哈密尔顿一凯莱定理得$(\boldsymbol{A}-\lambda_1\boldsymbol{I})(\boldsymbol{A}-\lambda_2\boldsymbol{I})=\boldsymbol{0}$. 于是令
$\boldsymbol{C}=\dfrac{\boldsymbol{A}-\lambda_2\boldsymbol{I}}{\lambda_1-\lambda_2}$,$\boldsymbol{D}=\dfrac{-\boldsymbol{A}+\lambda_1\boldsymbol{I}}{\lambda_1-\lambda_2}$,则

$$\boldsymbol{C}+\boldsymbol{D}=\boldsymbol{I}$$

$$\boldsymbol{CD}=\boldsymbol{DC}=\boldsymbol{0}$$

$$\boldsymbol{A}=\lambda_1\boldsymbol{C}+\lambda_2\boldsymbol{D}$$

$$\boldsymbol{C}^2=(\boldsymbol{I}-\boldsymbol{D})\boldsymbol{C}=\boldsymbol{C}$$

$$\boldsymbol{C}^3=\boldsymbol{C}^2\boldsymbol{C}=\boldsymbol{C}^2=\boldsymbol{C}$$

$$\vdots$$

$$\boldsymbol{C}^n=\boldsymbol{C}$$

同理 $\boldsymbol{D}^n=\boldsymbol{D}$,所以

$$\begin{aligned}
\boldsymbol{A}^n&=(\lambda_1\boldsymbol{C}+\lambda_2\boldsymbol{D})^n\\
&=(\lambda_1\boldsymbol{C})^n+\mathrm{C}_n^1(\lambda_1\boldsymbol{C})^{n-1}(\lambda_2\boldsymbol{D})+\cdots+\mathrm{C}_n^n(\lambda_2\boldsymbol{D})^n\\
&=\lambda_1^n\boldsymbol{C}^n+\lambda_2^n\boldsymbol{D}^n\\
&=\lambda_1^n\boldsymbol{C}+\lambda_2^n\boldsymbol{D}\\
&=\lambda_1^n\begin{pmatrix}\dfrac{1}{2} & -\dfrac{\sqrt{3}}{4}\\ -\dfrac{\sqrt{3}}{3} & \dfrac{1}{2}\end{pmatrix}+\lambda_2^n\begin{pmatrix}\dfrac{1}{2} & \dfrac{\sqrt{3}}{4}\\ \dfrac{\sqrt{3}}{3} & \dfrac{1}{2}\end{pmatrix}\\
&=\begin{pmatrix}\dfrac{1}{2}(\lambda_1^n+\lambda_2^n) & \dfrac{\sqrt{3}}{4}(\lambda_2^n-\lambda_1^n)\\ \dfrac{\sqrt{3}}{3}(\lambda_2^n-\lambda_1^n) & \dfrac{1}{2}(\lambda_1^n+\lambda_2^n)\end{pmatrix}
\end{aligned}$$

因为

$$\boldsymbol{I}-\boldsymbol{A}^n=\boldsymbol{I}^n-\boldsymbol{A}^n=(\boldsymbol{I}-\boldsymbol{A})(\boldsymbol{I}+\boldsymbol{A}+\cdots+\boldsymbol{A}^{n-1})$$

所以

$$I + A + \cdots + A^{n-1} = (I - A)^{-1}(I - A^n)$$

又因为

$$(I - A)^{-1} = \begin{pmatrix} -6 & -6 \\ -8 & -6 \end{pmatrix}^{-1} = \begin{pmatrix} \frac{1}{2} & -\frac{1}{2} \\ -\frac{2}{3} & \frac{1}{2} \end{pmatrix}$$

$$(I - A)^{-1}(I - A^n) = \begin{pmatrix} \frac{1}{2} & -\frac{1}{2} \\ -\frac{2}{3} & \frac{1}{2} \end{pmatrix} \cdot \begin{pmatrix} 1 - \left(\frac{1}{2}\lambda_1^n + \frac{1}{2}\lambda_2^n\right) & \frac{\sqrt{3}}{4}\lambda_1^n - \frac{\sqrt{3}}{4}\lambda_2^n \\ \frac{\sqrt{3}}{3}\lambda_1^n - \frac{\sqrt{3}}{3}\lambda_2^n & 1 - \left(\frac{1}{2}\lambda_1^n + \frac{1}{2}\lambda_2^n\right) \end{pmatrix}$$

所以有

$$\begin{pmatrix} a_n \\ b_n \end{pmatrix} = A^n \begin{pmatrix} 1 \\ 0 \end{pmatrix} + \begin{pmatrix} \frac{1}{2} & -\frac{1}{2} \\ -\frac{2}{3} & \frac{1}{2} \end{pmatrix} \cdot \begin{pmatrix} 1 - \left(\frac{1}{2}\lambda_1^n + \frac{1}{2}\lambda_2^n\right) & \frac{\sqrt{3}}{4}\lambda_1^n - \frac{\sqrt{3}}{4}\lambda_2^n \\ \frac{\sqrt{3}}{3}\lambda_1^n - \frac{\sqrt{3}}{3}\lambda_2^n & 1 - \left(\frac{1}{2}\lambda_1^n + \frac{1}{2}\lambda_2^n\right) \end{pmatrix} \begin{pmatrix} -3 \\ -4 \end{pmatrix}$$

$$= \begin{pmatrix} \frac{1}{2} + \frac{1}{4}(\lambda_1^n + \lambda_2^n) \\ * \end{pmatrix}$$

因此

$$a_n=\frac{1}{2}+\frac{1}{4}(7-4\sqrt{3})^n+\frac{1}{4}(7+4\sqrt{3})^n$$
$$=\left[\frac{1}{2}(2-\sqrt{3})^n+\frac{1}{2}(2+\sqrt{3})^n\right]^2$$

由二项式定理得

$$\frac{1}{2}(2-\sqrt{3})^n+\frac{1}{2}(2+\sqrt{3})^n=\sum_{0\leqslant 2m\leqslant n}C_n^{2m}2^{n-2m}3^m\in\mathbf{N}^*$$

所以 a_n 为完全平方数.

(此题的另两个证法见 1.1 节.)

1.2.2 用哈密尔顿—凯莱定理求解不可对角化双线性递推数列的通项公式

例 2 已知数列 $\{a_n\}$ 和 $\{b_n\}$ 满足

$$\begin{cases}a_{n+1}=3a_n-b_n\\b_{n+1}=a_n+b_n\end{cases}$$

且 $a_1=a, b_1=b$,求数列 $\{a_n\}$ 和 $\{b_n\}$ 的通项公式.

解 将递推式改写成矩阵形式

$$\begin{pmatrix}a_{n+1}\\b_{n+1}\end{pmatrix}=\begin{pmatrix}3&-1\\1&1\end{pmatrix}\begin{pmatrix}a_n\\b_n\end{pmatrix}$$

令 $\boldsymbol{A}=\begin{pmatrix}3&-1\\1&1\end{pmatrix}$,则

$$\begin{pmatrix}a_n\\b_n\end{pmatrix}=\boldsymbol{A}\begin{pmatrix}a_{n-1}\\b_{n-1}\end{pmatrix}=\cdots=\boldsymbol{A}^{n-1}\begin{pmatrix}a_1\\b_1\end{pmatrix}$$

$\boldsymbol{A}$ 的特征多项式

$$f(\lambda)=|\lambda\boldsymbol{I}-\boldsymbol{A}|=\begin{vmatrix}\lambda-3&1\\-1&\lambda-1\end{vmatrix}=(\lambda-2)^2$$

即特征根出现重根 $\lambda_1=\lambda_2=2$，此时 $\boldsymbol{A}$ 不能对角化. 但由哈密尔顿－凯莱定理知，$f(\boldsymbol{A})=\boldsymbol{0}$，即 $(\boldsymbol{A}-\lambda_1\boldsymbol{I})^2=\boldsymbol{0}$，令 $\boldsymbol{B}=\boldsymbol{A}-\lambda_1\boldsymbol{I}$，则

$$\boldsymbol{B}^2=(\boldsymbol{A}-\lambda_1\boldsymbol{I})^2=\boldsymbol{0}$$

$$\begin{aligned}\boldsymbol{A}^n&=(\lambda_1\boldsymbol{I}+\boldsymbol{B})^n\\&=(\lambda_1\boldsymbol{I})^n+\mathrm{C}_n^1(\lambda_1\boldsymbol{I})^{n-1}\boldsymbol{B}+\\&\quad\ \mathrm{C}_n^2(\lambda_1\boldsymbol{I})^{n-2}\boldsymbol{B}^2+\cdots+\mathrm{C}_n^n\boldsymbol{B}^n\\&=\lambda_1^n\boldsymbol{I}+n\lambda_1^{n-1}\boldsymbol{B}\\&=\lambda_1^n\boldsymbol{I}+n\lambda_1^{n-1}(\boldsymbol{A}-\lambda_1\boldsymbol{I})\\&=n\lambda_1^{n-1}\boldsymbol{A}-(n-1)\lambda_1^n\boldsymbol{I}\\&=n\lambda_1^{n-1}\begin{pmatrix}3&-1\\1&1\end{pmatrix}-(n-1)\lambda_1^n\begin{pmatrix}1&0\\0&1\end{pmatrix}\\&=\begin{pmatrix}3n\lambda_1^{n-1}-(n-1)\lambda_1^n&-n\lambda_1^{n-1}\\n\lambda_1^{n-1}&n\lambda_1^{n-1}-(n-1)\lambda_1^n\end{pmatrix}\\&=\begin{pmatrix}(n+2)\lambda_1^{n-1}&-n\lambda_1^{n-1}\\ *&*\end{pmatrix}\end{aligned}$$

于是有

$$\begin{pmatrix}a_n\\b_n\end{pmatrix}=\begin{pmatrix}(n+1)\lambda_1^{n-2}&-(n-1)\lambda_1^{n-2}\\ *&*\end{pmatrix}\begin{pmatrix}a\\b\end{pmatrix}$$

因此

$$\begin{aligned}a_n&=(n+1)\lambda_1^{n-2}a-(n-1)\lambda_1^{n-2}b\\&=(n+1)2^{n-2}a-(n-1)2^{n-2}b\end{aligned}$$

本节主要应用哈密尔顿－凯莱定理和二项式定理等知识求解两类双线性递推数列的通项公式，充分体现了新课程中的新增内容矩阵和新课程中的传统内

容数列的有机统一，有助于拓展教师的解题视角.

所有的线性递推数列均可用矩阵乘法表示，事实上，求特征根和通项公式的过程等价于将矩阵化成若尔当(Jordan)标准形.

例 3 令 M_1 为由 1,2,3,4,5 的所有排列组成的集合. 对 k 进行归纳定义 $M_k(k\in\mathbf{N})$，则

$$M_{k+1}=\{A_{k+1}=(a_1+a_2,a_2+a_3,a_3+a_4,a_4+a_5,a_5+a_1)\mid A_k=(a_1,a_2,a_3,a_4,a_5)\in M_k\}$$

求对于每一个 $k\in\mathbf{N}$，$N_k=\min\limits_{A_k\in M_k}\max\limits_{1\leqslant i\leqslant 5}a_i$. ①

(2012 年第 20 届朝鲜数学奥林匹克)

分析 设$(a_1,b_1,c_1,d_1,e_1)\in M_1$. 由其递推到 M_k 时的数组为(a_k,b_k,c_k,d_k,e_k). 题中要求的即为 $\max\{a_k,b_k,c_k,d_k,e_k\}$ 的最小值.

注意到，每递推一次，所有数之和变为原来的两倍，故 $\max\{a_k,b_k,c_k,d_k,e_k\}$ 取到最小值时，应为 a_k，b_k,c_k,d_k,e_k 较为平均时，可使用类似于方差的量进行描述. 为了简化问题，先将 a_1,b_1,c_1,d_1,e_1 均减去 3，则 a_k,b_k,c_k,d_k,e_k 均会被减去 $3\times 2^{k-1}$，且和为 0. 于是，定义

$$X_k=a_k^2+b_k^2+c_k^2+d_k^2+e_k^2$$

目的是希望 X_k 尽量小.

为了计算 X_k，应辅以另两个值

① 李世杰. 对函数方程迭代解法的商榷[J]. 中学数学教研，2003(9)：47-48.

$$Y_k = a_k b_k + b_k c_k + c_k d_k + d_k e_k + e_k a_k$$

$$Z_k = a_k c_k + b_k d_k + c_k e_k + d_k a_k + e_k b_k$$

不难算出 X_k, Y_k, Z_k 的递推关系为

$$(X_{k+1}, Y_{k+1}, Z_{k+1}) = (X_k, Y_k, Z_k) \cdot \mathbf{A}$$

其中,矩阵 $\mathbf{A} = \begin{pmatrix} 2 & 1 & 0 \\ 2 & 2 & 1 \\ 0 & 1 & 3 \end{pmatrix}$.

为了求通项公式,需要将矩阵 **A** 化成若尔当标准形.

注意到,矩阵 **A** 只有三阶,且有一个特征值,已知为 4(因为 a_k, b_k, c_k, d_k, e_k 每变化一次,平均增长到原来的两倍).

不难算得

$$\mathbf{A} = \begin{pmatrix} \frac{1}{2} & 1 & 1 \\ 1 & \frac{-1+\sqrt{5}}{2} & \frac{-1-\sqrt{5}}{2} \\ 1 & \frac{-1-\sqrt{5}}{2} & \frac{-1+\sqrt{5}}{2} \end{pmatrix} \cdot$$

$$\begin{pmatrix} 4 & 0 & 0 \\ 0 & \frac{3+\sqrt{5}}{2} & 0 \\ 0 & 0 & \frac{3-\sqrt{5}}{2} \end{pmatrix} \cdot$$

$$\begin{pmatrix} \frac{1}{2} & 1 & 1 \\ 1 & \frac{-1+\sqrt{5}}{2} & \frac{-1-\sqrt{5}}{2} \\ 1 & \frac{-1-\sqrt{5}}{2} & \frac{-1+\sqrt{5}}{2} \end{pmatrix}^{-1}$$

由此进行迭代，计算逆矩阵得

$$\begin{aligned}&(X_k \ \ Y_k \ \ Z_k)\\ &=(X_1 \ \ Y_1 \ \ Z_1)\begin{pmatrix} \frac{1}{2} & 1 & 1 \\ 1 & \frac{-1+\sqrt{5}}{2} & \frac{-1-\sqrt{5}}{2} \\ 1 & \frac{-1-\sqrt{5}}{2} & \frac{-1+\sqrt{5}}{2} \end{pmatrix}\cdot\\ &\begin{pmatrix} 4 & 0 & 0 \\ 0 & \frac{3+\sqrt{5}}{2} & 0 \\ 0 & 0 & \frac{3-\sqrt{5}}{2} \end{pmatrix}^{k-1}\cdot\\ &\begin{pmatrix} \frac{2}{5} & \frac{2}{5} & \frac{2}{5} \\ \frac{2}{5} & \frac{-1+\sqrt{5}}{10} & \frac{-1-\sqrt{5}}{10} \\ \frac{2}{5} & \frac{-1-\sqrt{5}}{10} & \frac{-1+\sqrt{5}}{10} \end{pmatrix}\end{aligned}$$

由于只关心 X_k，故解得

$$X_k=\frac{2}{5}\Bigg[\left(\frac{X_1}{2}+Y_1+Z_1\right)4^{k-1}+\Bigg(X_1+\frac{-1+\sqrt{5}}{2}Y_1+$$

$$\frac{-1-\sqrt{5}}{2}Z_1\Big)\left(\frac{3+\sqrt{5}}{2}\right)^{k-1}+\Big(X_1+\frac{-1-\sqrt{5}}{2}Y_1+$$

$$\frac{-1+\sqrt{5}}{2}Z_1\Big)\left(\frac{3-\sqrt{5}}{2}\right)^{k-1}\Bigg] \quad (1)$$

注意到，$X_1=10, Y_1+Z_1=-\frac{X_1}{2}=-5$.

在式(1)中只保留 Z_1 得

$$X_k=\left(5-\sqrt{5}-\frac{2\sqrt{5}}{5}Z_1\right)\left(\frac{3+\sqrt{5}}{2}\right)^{k-1}+$$

$$\left(5-\sqrt{5}+\frac{2\sqrt{5}}{5}Z_1\right)\left(\frac{3-\sqrt{5}}{2}\right)^{k-1}$$

观察上式，得当 $k>1$ 时，Z_1 越大，X_k 越小.

于是，接下来先计算 Z_1 的最大值.

注意到，Z_1的五个加项中最多有两项为正($(+2)\cdot(+1)=(-2)(-1)=2$)，两项为0，还至少有一项为负(至少为-1)，故 $Z_1\leqslant 3$，等号当且仅当减去3之后的 a_1, b_1, c_1, d_1, e_1 为$(0,1,-2,2,-1)$的项链排列时成立.

下面只需计算在此情形下 $\max\{a_k, b_k, c_k, d_k, e_k\}$ 的值，并用方差的方法说明此值最小即可.

不妨设

$$(a_1, b_1, c_1, d_1, e_1)=(0,1,-2,2,-1)$$

在计算 $\max\{a_k, b_k, c_k, d_k, e_k\}$ 时，不能再使用方差，也不能使用五个元素的递推，否则过于复杂. 应注意到，将 a_k, b_k, c_k, d_k, e_k 圆周排列后，一定有一个0，且0两侧的元素对应互为相反数，故使用两个元素的递推. 事实上,数组$(0,m,n,-n,-m)$递推一次后变成$(0,n,n+m,-(n+m),-n)$(项链排列意义下).

由数列递推不难得到

$$\max\{a_k,b_k,c_k,d_k,e_k\}=\begin{cases}1, & 2\leqslant k\leqslant 5\\ F_{k-4}, & k\geqslant 6\end{cases}$$

其中,$F_0=F_1=1,F_{n+1}=F_n+F_{n-1}$为斐波那契(Fibonacci)数列.

最后,只需证明按上面情形算出的$\max\{a_k,b_k,c_k,d_k,e_k\}$为最小可能值即可.

当$2\leqslant k\leqslant 5$时,因为每个数均为整数,和为0且不能均为0,所以,这是显然的.

当$k\geqslant 6$时,若有另一种初始排列使得

$$\max\{a_k,b_k,c_k,d_k,e_k\}<F_{k-4}$$

则由斐波那契数列的通项公式

$$F_n=\frac{1}{\sqrt{5}}\left[\left(\frac{1+\sqrt{5}}{2}\right)^{n+1}+\left(\frac{1-\sqrt{5}}{2}\right)^{n+1}\right]$$

得$\max\{a_k,b_k,c_k,d_k,e_k\}\leqslant F_{k-4}-1<\frac{1}{\sqrt{5}}\left(\frac{\sqrt{5}+1}{2}\right)^{k-3}$.

由于a_k,b_k,c_k,d_k,e_k有上界,从而X_k的最大可能值应在a_k,b_k,c_k,d_k,e_k中的四个达到上界时取到,故

$$\begin{aligned}X_k&\leqslant 20\left[\frac{1}{\sqrt{5}}\left(\frac{\sqrt{5}+1}{2}\right)^{k-3}\right]^2\\&=4\left(\frac{3+\sqrt{5}}{2}\right)^{k-3}\\&=\frac{16}{(3+\sqrt{5})^2}\left(\frac{3+\sqrt{5}}{2}\right)^{k-1}\end{aligned}$$

$$< \frac{2}{3}\left(\frac{3+\sqrt{5}}{2}\right)^{k-1}$$

另外，由于 $Z_1 < 3$，故 $Z_1 \leqslant 2$. 因此

$$\begin{aligned} X_k &> \left(5-\sqrt{5}-\frac{2\sqrt{5}}{5}Z_1\right)\left(\frac{3+\sqrt{5}}{2}\right)^{k-1} \\ &\geqslant \left(5-\frac{9\sqrt{5}}{5}\right)\left(\frac{3+\sqrt{5}}{2}\right)^{k-1} \\ &> \frac{4}{5}\left(\frac{3+\sqrt{5}}{2}\right)^{k-1} \end{aligned}$$

矛盾.

对于问题的解答，只需将上面的分析整理起来即可.

注　本题也可以由对五个变量进行递推来求解，但要写出五阶矩阵的对角化，计算量过于复杂，这里略.

1.3　线性分式函数的迭代

武汉市江汉大学数学系的许璐与武汉市前川一中的郑光辉两位老师在 2002 年的第 10 期《数学通报》中共同介绍了线性分式函数迭代的公式和应用.

函数的迭代在中学数学竞赛中经常出现，其迭代公式与应用也有不少文章论及，但多半是对某些整式或特殊的分式函数进行迭代，而一般的分式函数的迭代公式还鲜有谈到. 本节将从多项式理论的角度出发，分析得出线性分式函数的 n 次迭代公式，并通过实例说明其结论简捷实用.

定义 1　设函数 $y=f(x)$. 记

$$f_n(x)=\underbrace{f(f\cdots f(x)\cdots)}_{n\text{个}f}\quad(n\in\mathbf{N})$$

则称 $f_n(x)$ 为函数 $f(x)$ 的 n 次迭代，显然，$f_n(x)=f(f_{n-1}(x))$.

定理1 若 $f(x)=\dfrac{ax+b}{cx+d}$，$f_1(x)=f(x)$，$f_n(x)=f(f_{n-1}(x))(n\geqslant 2)$，$a,b,c,d$ 是保证 $f_n(x)$ 有意义的常数，则有

$$f_n(x)=\frac{[(a-\lambda_2)\lambda_1^n-(a-\lambda_1)\lambda_2^n]x+b(\lambda_1^n-\lambda_2^n)}{c(\lambda_1^n-\lambda_2^n)x+[(d-\lambda_2)\lambda_1^n-(d-\lambda_1)\lambda_2^n]}$$

其中 λ_1,λ_2 为 $\lambda^2-(a+d)\lambda+(ad-bc)=0$ 的两个异根.

证明 设 $f(x)=\dfrac{ax+b}{cx+d}$ 对应于矩阵 $\mathbf{A}=\begin{pmatrix}a&b\\c&d\end{pmatrix}$，则 $f_n(x)$ 对应的矩阵记为 $\mathbf{A}^n$.

(1) 当 $n=2$ 时，有

$$\begin{aligned}f_2(x)&=f(f_1(x))=f(f(x))\\&=\frac{(a^2+bc)x+ab+bd}{(ac+cd)x+bc+d^2}\end{aligned}$$

而

$$\mathbf{A}^2=\begin{pmatrix}a&b\\c&d\end{pmatrix}\mathbf{A}=\begin{pmatrix}a&b\\c&d\end{pmatrix}\begin{pmatrix}a&b\\c&d\end{pmatrix}=\begin{pmatrix}a^2+bc&ab+bd\\ac+cd&bc+d^2\end{pmatrix}$$

所以 $f_2(x)$ 对应于矩阵 $\mathbf{A}^2$.

(2) 假设当 $n=k$ 时，$f_k(x)=\dfrac{a_kx+b_k}{c_kx+d_k}$，$f_k(x)$ 对应于矩阵 $\mathbf{A}^k=\begin{pmatrix}a_k&b_k\\c_k&d_k\end{pmatrix}$，那么当 $n=k+1$ 时

$$f_{k+1}(x)=f(f_k(x))=\frac{af_k(x)+b}{cf_k(x)+d}$$
$$=\frac{(aa_k+bc_k)x+ab_k+bd_k}{(ca_k+dc_k)x+cb_k+dd_k}$$

而

$$\mathbf{A}^{k+1}=\mathbf{A}\mathbf{A}^k=\begin{pmatrix}a & b\\ c & d\end{pmatrix}\begin{pmatrix}a_k & b_k\\ c_k & d_k\end{pmatrix}=\begin{pmatrix}aa_k+bc_k & ab_k+bd_k\\ ca_k+dc_k & cb_k+dd_k\end{pmatrix}$$

所以 $f_{k+1}(x)$ 对应于矩阵 $\mathbf{A}^{k+1}$. 这就证明了当 $n=k+1$ 时命题成立.

综上所述,有 $f_n(x)$ 对应于矩阵 $\mathbf{A}^n$,于是由《高等代数》[①] 中第七章 §4 知,由

$$|\lambda \boldsymbol{I}-\mathbf{A}|=\begin{vmatrix}\lambda-a & -b\\ -c & \lambda-d\end{vmatrix}=(\lambda-a)(\lambda-d)-bc$$
$$=\lambda^2-(a+d)\lambda+(ad-bc)=0$$

记其特征根分别为 λ_1,λ_2,且设

$$\lambda^n=\xi(\lambda)\,|\lambda \boldsymbol{I}-\mathbf{A}|+\alpha\lambda+\beta \qquad (1)$$

其中 $\xi(\lambda)$ 为关于 λ 的最高次数为 $n-2$ 次的多项式,α,β 为待定系数,将 λ_1,λ_2 分别代入式(1),有

$$\begin{cases}\lambda_1^n=\alpha\lambda_1+\beta\\ \lambda_2^n=\alpha\lambda_2+\beta\end{cases}$$

由于 $\lambda_1\neq\lambda_2$,解得

① 北京大学数学力学系几何与代数教研室编. 高等代数[M]. 北京:高等教育出版社,1988.

$$\begin{cases}\alpha=\dfrac{\lambda_1^n-\lambda_2^n}{\lambda_1-\lambda_2}\\\beta=\dfrac{\lambda_1\lambda_2(\lambda_2^{n-1}-\lambda_1^{n-1})}{\lambda_1-\lambda_2}\end{cases}$$

又由哈密尔顿－凯莱定理有

$$\boldsymbol{A}^n=\alpha\boldsymbol{A}+\beta\boldsymbol{I}=\begin{pmatrix}a\dfrac{\lambda_1^n-\lambda_2^n}{\lambda_1-\lambda_2}+\gamma & b\dfrac{\lambda_1^n-\lambda_2^n}{\lambda_1-\lambda_2}\\ c\dfrac{\lambda_1^n-\lambda_2^n}{\lambda_1-\lambda_2} & d\dfrac{\lambda_1^n-\lambda_2^n}{\lambda_1-\lambda_2}+\gamma\end{pmatrix}$$

其中 $\gamma=\dfrac{\lambda_1\lambda_2(\lambda_2^{n-1}-\lambda_1^{n-1})}{\lambda_1-\lambda_2}$.

于是有

$$f_n(x)=\frac{\left[a\dfrac{\lambda_1^n-\lambda_2^n}{\lambda_1-\lambda_2}+\dfrac{\lambda_1\lambda_2(\lambda_2^{n-1}-\lambda_1^{n-1})}{\lambda_1-\lambda_2}\right]x+b\dfrac{\lambda_1^n-\lambda_2^n}{\lambda_1-\lambda_2}}{c\dfrac{\lambda_1^n-\lambda_2^n}{\lambda_1-\lambda_2}x+\left[d\dfrac{\lambda_1^n-\lambda_2^n}{\lambda_1-\lambda_2}+\dfrac{\lambda_1\lambda_2(\lambda_2^{n-1}-\lambda_1^{n-1})}{\lambda_1-\lambda_2}\right]}$$

$$=\frac{[(a-\lambda_2)\lambda_1^n-(a-\lambda_1)\lambda_2^n]x+b(\lambda_1^n-\lambda_2^n)}{c(\lambda_1^n-\lambda_2^n)x+[(d-\lambda_2)\lambda_1^n-(d-\lambda_1)\lambda_2^n]}$$

证毕.

当定理中 $d=-a$ 时,即得下列推论.

推论 1 若 $f(x)=\dfrac{ax+b}{cx-a}$,$f_1(x)=f(x)$,$f_n(x)=f(f_{n-1}(x))(n\geqslant 2)$,其中 a,b,c 是使 $f_n(x)$ 有意义的常数,则有

$$f_n(x)=\begin{cases}f(x), & n\text{ 为奇数}\\ x, & n\text{ 为偶数}\end{cases}$$

当定理中 $c=0,d=1$ 时,即得下列推论.

推论 2 若 $f(x)=ax+b$,$f_1(x)=f(x)$,$f_n(x)=$

$f(f_{n-1}(x))(n \geqslant 2)$,则有

$$f_n(x)=\begin{cases} a^n x + b\dfrac{1-a^n}{1-a}, & a \neq 1 \\ x + nb, & a = 1 \end{cases}$$

下面举例说明其应用.

例 1 若 $f(x)=\dfrac{4x-2}{x+1}$,求 $f_n(x)$.

解 由定理易得 $\lambda_1=2,\lambda_2=3$,所以

$$f_n(x)=\frac{[(4-3)2^n-(4-2)3^n]x+(-2)(2^n-3^n)}{(2^n-3^n)x+[(1-3)2^n-(1-2)3^n]}$$

$$=\frac{(2\times 3^n-2^n)x-2(3^n-2^n)}{(3^n-2^n)x-(3^n-2^{n+1})}$$

例 2 若 $f(x)=x+1$,求 $f_n(x)$.

解 由推论 2 易得 $f_n(x)=x+n$.

例 3 若 $f(x)=\dfrac{5x+13}{2x-5}$,求 $f_{10}(x)$.

解 由推论 1 知 $f_{10}(x)=x$.

1.4 *n* 次迭代还原函数及其探究过程

1.4.1 引言

福建省福州市福建师范大学的吴威教授 2015 年在教学过程中曾接触过这样一道习题:

已知 $f(x)=\dfrac{1}{1-x}$,若 $a_1=2,a_{n+1}=f(a_n)$,n 为正整数,求 $a_{2\,013}=($ $)$.

这是一道数列的探究规律的问题,$a_{n+3}=a_n,a_1=$

$2, a_2=-1, a_3=\frac{1}{2}, a_n=a_i(i=1,2,3; n\equiv i(\bmod 3))$，所以 $a_{2013}=a_1=2$.

当此题变式为 $f(x)=1-\frac{1}{x}$ 时，也有类似的结果.

对于 $f(f(f(x)))=x$ 这个函数方程，易知 $f(x)=x, f(x)=\frac{1}{1-x}$ 与 $f(x)=1-\frac{1}{x}$ 均是它的解. 将这个问题一般化，给出定义：规定

$$f^n(x)=\underbrace{f(f(f(f(\cdots f(x)\cdots))))}_{n\text{个}f(x)\text{迭代}}$$

将 $f^n(x)=x$ 的函数方程的解称为 n 次迭代还原函数.

1.4.2　初步探究过程

(1) 首先研究当 $n=2$ 时的情况，先在整式函数范围内研究. 显然 $f(x)$ 不是 0 次的常数函数. 若 $f(x)$ 是一次函数，设 $f(x)=ax+b(a\neq 0)$，代入 $f(f(x))=x$ 得 $a^2x+ab+b=x$，即

$$\begin{cases}a^2=1\\ ab+b=0\end{cases}\Rightarrow\begin{cases}a=1\\ b=0\end{cases}\text{或}\begin{cases}a=-1\\ b\in\mathbf{R}\end{cases}$$

则 $f(x)=x$ 与 $f(x)=-x+b$ 为 $f^2(x)=x$ 在整式函数范围内的解. 接下来容易证明 $f(x)$ 的次数不能超过 1.

(2) 研究当 $n=3$ 时的情况，求 $f^3(x)=x$ 的解.

仍用待定系数法求方程 $f^3(x)=x$ 的解，将方程变形为 $f^2(x)=f^{-1}(x)$，$f(x)=\frac{1}{ax+b}$ 的反函数为 $f^{-1}(x)=\frac{1-bx}{ax}(a\neq 0)$，$f^2(x)=\frac{ax+b}{abx+(b^2+a)}$，

所以

$$a^2x^2+abx=-ab^2x^2+(-b^3)x+b^2+a$$

所以$\begin{cases}a^2+ab^2=0\\ab+b^3=0\\b^2+a=0\end{cases}$，显然得 $a=-b^2$ 为通解，即 $f(x)=\dfrac{1}{b-b^2x}(b\neq 0)$ 是方程 $f^3(x)=0$ 的解.

可以证明 $g(x)=f^{-1}(x)=\dfrac{1}{b}-\dfrac{1}{b^2x}$ 也是方程 $f^3(x)=0$ 的解，并且两组函数的对应图像可以通过平移完全重合.

(3) 探索当 $n=4$ 时，$f^4(x)=x$ 的解. 把问题转化为 $f^2(x)=f^{-2}(x)$.

但是当考虑 $n=5$ 的情况时，哪怕用 $f^3(x)=f^{-2}(x)$ 来转化思路，计算量也非常大，从中可以看出"待定系数法"这一数学方法的优点及其局限性.

(4) 研究函数 $f(x)=\dfrac{ax+b}{cx+d}$ 的性质，求解函数方程 $f''(x)=x$.

回顾前文的研究结果，猜想：前面所得 $f^n(x)=x$ 的解均在一个这样的域 H 内，$H=\left\{f(x)\mid f(x)=\dfrac{ax+b}{cx+d},其中\ ab-cd\neq 0\right\}$.

于是研究的问题变为：在 H 的范围内，求解这个函数方程.

由于利用待定系数法解决问题的局限性，之后的结论利用矩阵和不动点方程的知识证明.

可以证明以下结论和推论.

若 $f(x)=\dfrac{ax+b}{cx+d}$,$f^n(x)=f(f^{n-1}(x))(n\geqslant 2$ 且 $n\in\mathbf{N}^*)$,当 a,b,c,d 是使函数方程 $f^n(x)=x(n\geqslant 2$ 且$n\in\mathbf{N}^*)$ 有意义的常数时,则有以下结论.

结论 1 设 $f(x)=\dfrac{ax+b}{cx+d}$,对应的矩阵为 $\mathbf{A}=\begin{pmatrix}a & b\\ c & d\end{pmatrix}$,则 $f^n(x)$ 对应的矩阵为 $\mathbf{A}^n$.

结论 2

$$f^n(x)=\frac{\{[a(\lambda_1^n-\lambda_2^n)+\lambda_1\lambda_2\cdot(\lambda_2^{n-1}-\lambda_1^{n-1})]x+b(\lambda_1^n-\lambda_2^n)\}}{[c(\lambda_1^n-\lambda_2^n)x+d(\lambda_1^n-\lambda_2^n)+\lambda_1\lambda_2\cdot(\lambda_2^{n-1}-\lambda_1^{n-1})]}$$

其中 λ_1,λ_2 是 $\lambda^2-(a+d)\lambda+(ad-bc)=0$ 的两个相异的实根.

推论 1 当 $\lambda_1\neq\lambda_2$ 时,若 $a+d=0$,则 $f(x)$ 是 $f^n(x)=x$ 的解,且 n 为偶数;若 $a+d\neq 0$,则 $f^n(x)=x$ 无解.

推论 2 当 $\lambda_1\neq\lambda_2$ 时,若 $a+d=0$,则 $f^n(x)=f(x)$,且 n 为奇数.

推论 3 当 $\lambda_1\neq\lambda_2$ 时,若 $\lambda_1^{n-1}\neq\lambda_2^{n-1}$ 且 $\lambda_1^n=\lambda_2^n$,则 $f(x)$ 是 $f^n(x)=x$ 的解.

结论 3 $f^n(x)=\dfrac{[an+\lambda_1-n\lambda_1]x+bn}{cnx+dn+\lambda_1-n\lambda_1}$,其中 λ_1,λ_2 是 $\lambda^2-(a+d)\lambda+(ad-bc)=0$ 的两个相等的

实根.

推论 当λ_1,λ_2是$\lambda^2-(a+d)\lambda+(ad-bc)=0$的两个相等的实根时，$f^n(x)=x$无解.

结论 4 对于特征方程$\lambda^2-(a+d)\lambda+(ad-bc)=0$，当$\Delta<0$时，$f(x)$有一对共轭复特征值.

若$a+d=0$，则$f(x)$是$f^n(x)=x$的解，且n为偶数.

若$a+d\neq 0$，则：

当$a^2+d^2+ad+bc=0$时，有

$$f^3(x)=x$$

当$a^2+d^2+2bc=0$时，有

$$f^4(x)=x$$

当$a^2+d^2+3bc-ad=0$时，有

$$f^6(x)=x$$

当$a^2+d^2+(2+\sqrt{2})bc-\sqrt{2}ad=0$时，有

$$f^8(x)=x$$

证明 (1) 用数学归纳法容易证明结论1.

(2) 矩阵$\boldsymbol{A}$的特征多项式为

$$|\lambda\boldsymbol{I}-\boldsymbol{A}|=\begin{vmatrix}\lambda-a & -b\\ -c & \lambda-d\end{vmatrix}=\lambda^2-(a+d)\lambda+(ad-bc)$$

令$\lambda^2-(a+d)\lambda+(ad-bc)=0$，设实特征根为$\lambda_1,\lambda_2$，且$\lambda^n=f(\lambda)\,|\lambda\boldsymbol{I}-\boldsymbol{A}|+m\lambda+n$（$f(\lambda)$是关于$\lambda$的最高次数为$n-2$的多项式，$m,n$为常数）.

① 若$\lambda_1\neq\lambda_2$，则有$\begin{cases}\lambda_1^n=m\lambda_1+n\\ \lambda_2^n=m\lambda_2+n\end{cases}$，故

$$\begin{cases} m=\dfrac{\lambda_1^n-\lambda_2^n}{\lambda_1-\lambda_2} \\ n=\dfrac{\lambda_1\lambda_2(\lambda_2^{n-1}-\lambda_1^{n-1})}{\lambda_1-\lambda_2} \end{cases}$$

根据哈密尔顿－凯莱定理，有

$$\boldsymbol{A}^n=m\boldsymbol{A}+n\boldsymbol{I}$$

$$=\begin{pmatrix} a\dfrac{\lambda_1^n-\lambda_2^n}{\lambda_1-\lambda_2}+\dfrac{\lambda_1\lambda_2\cdot(\lambda_2^{n-1}-\lambda_1^{n-1})}{\lambda_1-\lambda_2} & b\dfrac{\lambda_1^n-\lambda_2^n}{\lambda_1-\lambda_2} \\ c\dfrac{\lambda_1^n-\lambda_2^n}{\lambda_1-\lambda_2} & d\dfrac{\lambda_1^n-\lambda_2^n}{\lambda_1-\lambda_2}+\dfrac{\lambda_1\lambda_2\cdot(\lambda_2^{n-1}-\lambda_1^{n-1})}{\lambda_1-\lambda_2} \end{pmatrix}$$

即

$$f^n(x)=\frac{\{[a(\lambda_1^n-\lambda_2^n)+\lambda_1\lambda_2\cdot(\lambda_2^{n-1}-\lambda_1^{n-1})]x+b(\lambda_1^n-\lambda_2^n)\}}{[c(\lambda_1^n-\lambda_2^n)x+d(\lambda_1^n-\lambda_2^n)+\lambda_1\lambda_2\cdot(\lambda_2^{n-1}-\lambda_1^{n-1})]}$$

则结论 2 得证.

若 $a+d=0$，则 $\lambda^2-(a+d)\lambda+(ad-bc)=\lambda^2+(-d^2-bc)=0$，故 $\lambda_1=-\lambda_2$.

当 n 为偶数时，代入 $f^n(x)$ 的表达式得 $f^n(x)=x$，推论 1 得证；

当 n 为奇数时，代入 $f^n(x)$ 的表达式得 $f^n(x)=\dfrac{ax+b}{cx+d}=f(x)$，推论 2 得证.

由结论 2 可知，当 $\lambda_1\neq\lambda_2$ 时，若 $\lambda_1^{n-1}\neq\lambda_2^{n-1}$ 且 $\lambda_1^n=\lambda_2^n$，则有 $f^n(x)=x$，即 $f(x)$ 是 $f^n(x)=x$ 的解，推论 3 得证.

② 若 $\lambda_1=\lambda_2$，则

$$|\lambda\boldsymbol{I}-\boldsymbol{A}|=\begin{vmatrix} \lambda-a & -b \\ -c & \lambda-d \end{vmatrix}$$

$$=\lambda^2-(a+d)\lambda+(ad-bc)$$
$$=(\lambda-\lambda_1)^2$$

且

$$\lambda^n=[(\lambda-\lambda_1)+\lambda_1]^n$$
$$=|\lambda\boldsymbol{I}-\boldsymbol{A}|f(\lambda)+\cdots+C_n^{n-1}\lambda_1^{n-1}(\lambda-\lambda_1)+C_n^n\lambda_1^n$$

由 $\lambda^n=f(\lambda)\cdot|\lambda\boldsymbol{I}-\boldsymbol{A}|+m\lambda+n$,得$\begin{cases}m=n\lambda_1^{n-1}\\n=\lambda_1^n-n\lambda_1^n\end{cases}$.

根据哈密尔顿－凯莱定理,有

$$\boldsymbol{A}^n=m\boldsymbol{A}+n\boldsymbol{I}=\begin{pmatrix}an\lambda_1^{n-1}+\lambda_1^n-n\lambda_1^n & bn\lambda_1^{n-1}\\ cn\lambda_1^{n-1} & dn\lambda_1^{n-1}+\lambda_1^n-n\lambda_1^n\end{pmatrix}$$

即

$$f^n(x)=\frac{[an+\lambda_1-n\lambda_1]x+bn}{cnx+dn+\lambda_1-n\lambda_1}$$

结论 3 得证.

由 $f^n(x)=\dfrac{[an+\lambda_1-n\lambda_1]x+bn}{cnx+dn+\lambda_1-n\lambda_1}$ 可知,令

$$f^n(x)=\frac{[an+\lambda_1-n\lambda_1]x+bn}{cnx+dn+\lambda_1-n\lambda_1}=x$$

由待定系数法,得 $a=b=c=d=0$,$f^n(x)=x$ 无解,结论 3 的推论得证.

(3) 由(2) 可知,若 $\Delta=(a+d)^2-4(ad-bc)=(a-d)^2+4bc<0$,则 $f(x)$ 有一对共轭复特征值

$$\lambda_{1,2}=\frac{(a+d)\pm\sqrt{(a-d)^2+4bc}}{2}=\frac{(a+d)\pm\sqrt{-\Delta}\mathrm{i}}{2}$$

若 $a+d=0$,则当 n 为偶数时,有 $\lambda_1=-\lambda_2$,$\lambda_1^n=\lambda_2^n$,以下证明同推论 1.

若 $a+d\neq 0$，令 $x=\dfrac{ax+b}{cx+d}$，有不动点方程 $cx^2+(d-a)x-b=0$，且 $\Delta=(a-d)^2+4bc<0$，则

$$\frac{f^n(x)-\lambda_1}{f^n(x)-\lambda_2}=\frac{(af^{n-1}(x)+b)/(cf^{n-1}(x)+d)-\lambda_1}{(af^{n-1}(x)+b)/(cf^{n-1}(x)+d)-\lambda_2}$$

$$=\frac{a-c\lambda_1}{a-c\lambda_2}\cdot\frac{f^{n-1}(x)-(d\lambda_1-b)/(a-c\lambda_1)}{f^{n-1}(x)-(d\lambda_2-b)/(a-c\lambda_2)}$$

由 $\lambda_{1,2}=\dfrac{a\lambda_{1,2}+b}{c\lambda_{1,2}+d}$，有 $\dfrac{d\lambda_1-b}{a-c\lambda_1}=\lambda_1$，$\dfrac{d\lambda_2-b}{a-c\lambda_2}=\lambda_2$.

设 $k=\dfrac{a-c\lambda_1}{a-c\lambda_2}$，则

$$\frac{f^n(x)-\lambda_1}{f^n(x)-\lambda_2}=k\cdot\frac{f^{n-1}(x)-\lambda_1}{f^{n-1}(x)-\lambda_2}=k^n\cdot\frac{x-\lambda_1}{x-\lambda_2}$$

则 $k^n=1$ 等价于 $f^n(x)=x$ 有解，而

$$k+\frac{1}{k}=\frac{a-c\lambda_1}{a-c\lambda_2}+\frac{a-c\lambda_2}{a-c\lambda_1}$$

$$=\frac{2a^2-2(\lambda_1+\lambda_2)ac+(\lambda_1^2+\lambda_2^2)c^2}{a^2-(\lambda_1+\lambda_2)ac+\lambda_1\lambda_2c^2}$$

由 $\lambda_1+\lambda_2=\dfrac{a-d}{c}$，$\lambda_1\lambda_2=-\dfrac{b}{c}$，化简得

$$k+\frac{1}{k}=\frac{a^2+d^2+2bc}{ad-bc}$$

设 $k=\cos\theta+\mathrm{i}\sin\theta$，则

$$k+\frac{1}{k}=\frac{a^2+d^2+2bc}{ad-bc}=2\cos\theta=2\cos\frac{2t\pi}{n}$$

$$(t\in\{1,2,\cdots,n-1\})$$

当 $a^2+d^2+ad+bc=0$ 时，$t=1,2$，此时有 $n=3$；

当 $a^2+d^2+2bc=0$ 时，$t=1$，此时有 $n=4$；

当 $a^2+d^2+3bc-ad=0$ 时，$t=1,5$，此时有 $n=6$；

当 $a^2+d^2+(2+\sqrt{2})bc-\sqrt{2}ad=0$ 时，$t=1$，此时有 $n=8$.

结论4得证.

1.4.3　结论应用

用于 n 次迭代还原函数的构造.

(1) 由结论2和结论4知，可构造 n 次迭代还原函数，如 $\begin{cases}a=2\\d=-2\end{cases}$ 满足 $a+d=0$，则 $f(x)=\dfrac{2x+b}{cx-2}$ 是2次迭代还原函数.

(2) 由结论4可知，当 $f(x)$ 有一对共轭复特征值时，若 $a+d\neq0$，则：

① 如果 $\begin{cases}a=2\\b=-3\\c=1\\d=-1\end{cases}$ 和 $\begin{cases}a=0\\b=1\\c=-1\\d=1\end{cases}$ 均满足 $a^2+d^2+ad+bc=0$，那么 $f(x)=\dfrac{2x-3}{x-1}$ 和 $f(x)=\dfrac{1}{-x+1}$ 是3次迭代还原函数；

② 如果 $\begin{cases}a=1\\b=-5\\c=1\\d=-3\end{cases}$ 满足 $a^2+d^2+2bc=0$，那么 $f(x)=\dfrac{x-5}{x-3}$ 是4次迭代还原函数；

③ 如果$\begin{cases}a=2\\b=-1\\c=1\\d=1\end{cases}$和$\begin{cases}a=5\\b=12\\c=2\\d=3\end{cases}$均满足 $a^2+d^2+3bc-ad=0$,那么 $f(x)=\dfrac{2x-1}{x+1}$ 和 $f(x)=\dfrac{5x+12}{2x+3}$ 是 6 次迭代还原函数;

④ 如果$\begin{cases}a=1\\b=1\\c=2\sqrt{2}-3\\d=1\end{cases}$满足 $a^2+d^2+(2+\sqrt{2})bc-\sqrt{2}ad=0$,那么 $f(x)=\dfrac{x+1}{(2\sqrt{2}-3)x+1}$ 是 8 次迭代还原函数.

(3) 由结论 4 的证明过程可知,当 $t=1,n=100$, $f(x)=\dfrac{ax+b}{cx+d}$ 满足 $a^2+d^2+2bc=2\cos\dfrac{\pi}{50}(ad-bc)$ 时,$f(x)$ 是 100 次迭代还原函数.

对于函数方程 $f^n(x)=x$,本节只从具有特殊代数结构的函数 $f(x)=\dfrac{ax+b}{cx+d}$ 中寻找解,并且能利用得到的结论构造出任意正整数次的迭代还原函数.

1.5 高考数列问题的统一解题策略

浙江省余姚市第二中学的黄建锋老师在 2015 年纵观高考中的数列问题发现,除了求数列的通项外,常见的问题还有证明数列不等式 $\dfrac{1}{a_1}+\dfrac{1}{a_2}+\cdots+\dfrac{1}{a_n}\leqslant$

(⩾)M,其中 M 是常数,他通过待定系数法构造单调数列,统一证明此类数列不等式.

例1 已知数列$\{a_n\}$满足 $a_1=1, a_{n+1}=3a_n+1$.

(1) 证明$\left\{a_n+\frac{1}{2}\right\}$是等比数列,并求$\{a_n\}$的通项公式;

(2) 证明$\frac{1}{a_1}+\frac{1}{a_2}+\cdots+\frac{1}{a_n}<\frac{3}{2}$.

(2014年高考全国新课标卷Ⅱ理科数学第17题)

分析 将线性分式函数 $f(x)=\frac{ax+b}{cx+d}(a,b,c,d\in\mathbf{R}, ad\neq bc)$ 的 n 次迭代问题转化为与之对应的矩阵$\begin{pmatrix}a & b\\ c & d\end{pmatrix}$的 n 次方幂问题,由于例题中的数列递推问题可以看成是相应线性分式函数的迭代问题,从而可以转化为矩阵的方幂问题,在此启发下得到了如下证法.

证明 (1) 令 $f(x)=3x+1$,则 $a_{n+1}=f(a_n)=f(f(a_{n-1}))=\cdots=f_n(a_1)$.

易知函数 $f(x)=3x+1$ 的对应矩阵为 $\mathbf{A}=\begin{pmatrix}3 & 1\\ 0 & 1\end{pmatrix}$, $f_n(x)$ 的对应矩阵为 $\mathbf{A}^n$.

因为

$$|\lambda \boldsymbol{I}-\mathbf{A}|=\begin{vmatrix}\lambda-3 & -1\\ 0 & \lambda-1\end{vmatrix}=(\lambda-3)(\lambda-1)=0$$

所以 $\mathbf{A}$ 的特征值为 $\lambda_1=1, \lambda_2=3$,对应于 λ_1, λ_2 的特征

向量分别为 $\boldsymbol{\zeta}_1=\begin{pmatrix}1\\-2\end{pmatrix}$，$\boldsymbol{\zeta}_2=\begin{pmatrix}1\\0\end{pmatrix}$.

现考虑

$$\begin{aligned}\boldsymbol{A}\begin{pmatrix}1&1\\-2&0\end{pmatrix}&=\boldsymbol{A}(\boldsymbol{\zeta}_1,\boldsymbol{\zeta}_2)=(\boldsymbol{A}\boldsymbol{\zeta}_1,\boldsymbol{A}\boldsymbol{\zeta}_2)\\&=(\lambda_1\boldsymbol{\zeta}_1,\lambda_2\boldsymbol{\zeta}_2)=(\boldsymbol{\zeta}_1,\boldsymbol{\zeta}_2)\begin{pmatrix}\lambda_1&0\\0&\lambda_2\end{pmatrix}\\&=\begin{pmatrix}1&1\\-2&0\end{pmatrix}\begin{pmatrix}\lambda_1&0\\0&\lambda_2\end{pmatrix}\end{aligned}$$

令 $\boldsymbol{P}=\begin{pmatrix}1&1\\-2&0\end{pmatrix}$，则 $\boldsymbol{P}$ 的逆矩阵为

$$\boldsymbol{P}^{-1}=\begin{pmatrix}0&-\frac{1}{2}\\1&\frac{1}{2}\end{pmatrix}$$

所以

$$\boldsymbol{A}=\begin{pmatrix}1&1\\-2&0\end{pmatrix}\begin{pmatrix}\lambda_1&0\\0&\lambda_2\end{pmatrix}\begin{pmatrix}1&1\\-2&0\end{pmatrix}^{-1}=\boldsymbol{P}\begin{pmatrix}\lambda_1&0\\0&\lambda_2\end{pmatrix}\boldsymbol{P}^{-1}$$

$$\boldsymbol{A}^n=\boldsymbol{P}\begin{pmatrix}\lambda_1^n&0\\0&\lambda_2^n\end{pmatrix}\boldsymbol{P}^{-1}=\begin{pmatrix}1&1\\-2&0\end{pmatrix}\begin{pmatrix}\lambda_1^n&0\\0&\lambda_2^n\end{pmatrix}\begin{pmatrix}0&-\frac{1}{2}\\1&\frac{1}{2}\end{pmatrix}$$

$$=\begin{pmatrix}\lambda_2^n&-\frac{1}{2}\lambda_1^n+\frac{1}{2}\lambda_2^n\\0&\lambda_1^n\end{pmatrix}=\begin{pmatrix}3^n&-\frac{1}{2}+\frac{1}{2}\cdot 3^n\\0&1\end{pmatrix}$$

故 $f_n(x)=3^n x+\left(-\frac{1}{2}+\frac{1}{2}\cdot 3^n\right)$，从而有 $a_{n+1}=$

$f_n(a_1)=f_n(1)=-\frac{1}{2}+\frac{1}{2}\cdot 3^{n+1}$，因此，$a_n=-\frac{1}{2}+\frac{1}{2}\cdot 3^n(n\in\mathbf{N}^*)$.

(2) 要证明$\frac{2}{3^1-1}+\frac{2}{3^2-1}+\cdots+\frac{2}{3^n-1}<\frac{3}{2}$，但发现不等式的左端随着 n 的增大而增大，如果能够将不等式的左端变成随着 n 的增大而减小，那么只需要求出其相应的最大值小于$\frac{3}{2}$. 于是，构造函数 $f(n)=\frac{2}{3^1-1}+\frac{2}{3^2-1}+\cdots+\frac{2}{3^n-1}+\frac{a}{3^n}$，$a$ 待定，令

$$\begin{aligned}f(n+1)-f(n)&=\frac{2}{3^{n+1}-1}+\frac{a}{3^{n+1}}-\frac{a}{3^n}\\&=\frac{2}{3^{n+1}-1}-\frac{2a}{3^{n+1}}\leqslant 0\end{aligned}$$

从而有

$$a\geqslant\frac{3^{n+1}}{3^{n+1}-1}=1+\frac{1}{3^{n+1}-1}$$

易知

$$\left(1+\frac{1}{3^{n+1}-1}\right)_{\max}=\frac{9}{8}$$

因此，当 $a\geqslant\frac{9}{8}$ 时，$f(n)$ 关于 n 是单调递减的.

特别地，取 $a=\frac{9}{8}$，则 $f(n)\leqslant f(1)=\frac{11}{8}$，即

$$\frac{2}{3^1-1}+\frac{2}{3^2-1}+\cdots+\frac{2}{3^n-1}\leqslant\frac{11}{8}-\frac{\frac{9}{8}}{3^n}<\frac{11}{8}<\frac{3}{2}$$

注 从第(2)题的证明可以看出,这道高考题可以加强为:证明$\frac{1}{a_1}+\frac{1}{a_2}+\cdots+\frac{1}{a_n}<\frac{11}{8}$. 当然加强后的新命题也可以用数学归纳法证明,感兴趣的读者可以自行证明.

例 2 设数列$\{a_n\}$的前 n 项和 S_n 满足 $2S_n=a_{n+1}-2^{n+1}+1,n\in\mathbf{N}^*$,且 a_1,a_2+5,a_3 成等差数列.

(1) 求 a_1 的值;

(2) 求数列$\{a_n\}$的通项公式;

(3) 证明:对一切正整数n,有$\frac{1}{a_1}+\frac{1}{a_2}+\cdots+\frac{1}{a_n}<\frac{3}{2}$.

(2012 年高考广东卷理科第 19 题)

解 (1) 易知 $a_1=1$.

(2) 由 $2S_n=a_{n+1}-2^{n+1}+1,2S_{n+1}=a_{n+2}-2^{n+2}+1$,得 $a_{n+2}=3a_{n+1}+2^{n+1}$.

又因为$a_1=1,a_2=5$也满足$a_2=3a_1+2$,所以$a_{n+1}=3a_n+2^n$ 对 $n\in\mathbf{N}^*$ 成立. 于是

$$\begin{pmatrix}a_n\\2^n\end{pmatrix}=\begin{pmatrix}3&1\\0&2\end{pmatrix}\begin{pmatrix}a_{n-1}\\2^{n-1}\end{pmatrix}=\begin{pmatrix}3&1\\0&2\end{pmatrix}^{n-1}\begin{pmatrix}a_1\\2\end{pmatrix}$$

$$=\begin{pmatrix}3&1\\0&2\end{pmatrix}^{n-1}\begin{pmatrix}1\\2\end{pmatrix}$$

令 $\mathbf{A}=\begin{pmatrix}3&1\\0&2\end{pmatrix}$,则

$$|\lambda\boldsymbol{I}-\mathbf{A}|=\begin{vmatrix}\lambda-3&-1\\0&\lambda-2\end{vmatrix}=(\lambda-3)(\lambda-2)=0$$

所以 $\mathbf{A}$ 的特征根为$\lambda_1=3,\lambda_2=2$,对应于 λ_1,λ_2 的特征

向量分别为

$$\boldsymbol{\zeta}_1 = \begin{pmatrix} 1 \\ 0 \end{pmatrix}, \boldsymbol{\zeta}_2 = \begin{pmatrix} 1 \\ -1 \end{pmatrix}$$

现在考虑

$$\boldsymbol{A}\begin{pmatrix} 1 & 1 \\ 0 & -1 \end{pmatrix} = \boldsymbol{A}(\boldsymbol{\zeta}_1, \boldsymbol{\zeta}_2) = (\boldsymbol{A}\boldsymbol{\zeta}_1, \boldsymbol{A}\boldsymbol{\zeta}_2) = (\lambda_1\boldsymbol{\zeta}_1, \lambda_2\boldsymbol{\zeta}_2)$$

$$= (\boldsymbol{\zeta}_1, \boldsymbol{\zeta}_2)\begin{pmatrix} \lambda_1 & 0 \\ 0 & \lambda_2 \end{pmatrix} = \begin{pmatrix} 1 & 1 \\ 0 & -1 \end{pmatrix}\begin{pmatrix} \lambda_1 & 0 \\ 0 & \lambda_2 \end{pmatrix}$$

令 $\boldsymbol{P} = \begin{pmatrix} 1 & 1 \\ 0 & -1 \end{pmatrix}$，则 $\boldsymbol{P}$ 的逆矩阵 $\boldsymbol{P}^{-1} = \begin{pmatrix} 1 & 1 \\ 0 & -1 \end{pmatrix}$，

故

$$\boldsymbol{A} = \begin{pmatrix} 1 & 1 \\ 0 & -1 \end{pmatrix}\begin{pmatrix} \lambda_1 & 0 \\ 0 & \lambda_2 \end{pmatrix}\begin{pmatrix} 1 & 1 \\ 0 & -1 \end{pmatrix}^{-1} = \boldsymbol{P}\begin{pmatrix} \lambda_1 & 0 \\ 0 & \lambda_2 \end{pmatrix}\boldsymbol{P}^{-1}$$

$$\boldsymbol{A}^n = \boldsymbol{P}\begin{pmatrix} \lambda_1^n & 0 \\ 0 & \lambda_2^n \end{pmatrix}\boldsymbol{P}^{-1} = \begin{pmatrix} 1 & 1 \\ 0 & -1 \end{pmatrix}\begin{pmatrix} \lambda_1^n & 0 \\ 0 & \lambda_2^n \end{pmatrix}\begin{pmatrix} 1 & 1 \\ 0 & -1 \end{pmatrix}$$

$$= \begin{pmatrix} \lambda_1^n & \lambda_1^n - \lambda_2^n \\ 0 & \lambda_2^n \end{pmatrix} = \begin{pmatrix} 3^n & 3^n - 2^n \\ 0 & 2^n \end{pmatrix}$$

于是

$$\begin{pmatrix} a_n \\ 2^n \end{pmatrix} = \begin{pmatrix} 3 & 1 \\ 0 & 2 \end{pmatrix}^{n-1}\begin{pmatrix} 1 \\ 2 \end{pmatrix} = \begin{pmatrix} 3^{n-1} & 3^{n-1} - 2^{n-1} \\ 0 & 2^{n-1} \end{pmatrix}\begin{pmatrix} 1 \\ 2 \end{pmatrix}$$

$$= \begin{pmatrix} 3^n - 2^n \\ 2^n \end{pmatrix}$$

因此 $a_n = 3^n - 2^n$.

(3) 同例 1，构造函数

$$f(n) = \frac{1}{3^1 - 2^1} + \frac{1}{3^2 - 2^2} + \cdots + \frac{1}{3^n - 2^n} + \frac{a}{3^n}$$

使得 $f(n)$ 关于 n 单调递减,令

$$f(n+1)-f(n)=\frac{1}{3^{n+1}-2^{n+1}}+\frac{a}{3^{n+1}}-\frac{a}{3^n}$$
$$=\frac{1}{3^{n+1}-2^{n+1}}-\frac{2a}{3^{n+1}}\leqslant 0$$

从而有

$$a\geqslant\frac{3^{n+1}}{2(3^{n+1}-2^{n+1})}=\frac{1}{2}\cdot\frac{1}{1-\left(\frac{2}{3}\right)^{n+1}}$$

易知

$$\left[\frac{1}{2}\cdot\frac{1}{1-\left(\frac{2}{3}\right)^{n+1}}\right]_{\max}=\frac{9}{10}$$

因此,当 $a\geqslant\frac{9}{10}$ 时,$f(n)$ 是关于 n 单调递减的.

特别地,取 $a=\frac{9}{10}$,则 $f(n)\leqslant f(1)=\frac{13}{10}$,即

$$\frac{1}{3^1-2^1}+\frac{1}{3^2-2^2}+\cdots+\frac{1}{3^n-2^n}\leqslant\frac{13}{10}-\frac{\frac{9}{10}}{3^n}<\frac{13}{10}$$

1.6 4个美国大学生和博士生遇到的问题

例 1 若 $\boldsymbol{A}=\begin{pmatrix}\frac{3}{2} & \frac{1}{2}\\ -\frac{1}{2} & \frac{1}{2}\end{pmatrix}$,求 $\boldsymbol{A}^{100}$ 和 $\boldsymbol{A}^{-7}$.

(1987 年美国加州大学伯克利分校博士学位水平测试题)

解 由 $f(\lambda)=|\lambda\boldsymbol{I}-\boldsymbol{A}|=\lambda^2-2\lambda+1=(\lambda-1)^2$,

得 $\lambda=1$.

又由欧几里得(Euclid) 除法，设 $t^{100}=g(t)(t-1)^2+at+b$，对两边求导得

$$100t^{99}=g'(t)(t-1)^2+2g(t)(t-1)+a$$

将 $t=1$ 代入上述两个方程，可求得 $a=100, b=-99$.

注意到，由哈密尔顿－凯莱定理，有 $f(\boldsymbol{A})=\boldsymbol{0}$，则 $\boldsymbol{A}^{100}=100\boldsymbol{A}-99\boldsymbol{I}$，从而

$$\boldsymbol{A}^{100}=\begin{pmatrix}51 & 50\\ -50 & -49\end{pmatrix}$$

类似地，$\boldsymbol{A}^{7}=7\boldsymbol{A}-6\boldsymbol{I}=\begin{pmatrix}\frac{9}{2} & \frac{7}{2}\\ -\frac{7}{2} & -\frac{5}{2}\end{pmatrix}$，故

$$\boldsymbol{A}^{-7}=\begin{pmatrix}-\frac{5}{2} & -\frac{7}{2}\\ \frac{7}{2} & \frac{9}{2}\end{pmatrix}$$

注　当然，求解此问题亦可先求出 $\boldsymbol{A}$ 的特征值和特征向量，然后将 $\boldsymbol{A}$ 化为对角阵，比如 $\boldsymbol{A}=\boldsymbol{P}\begin{pmatrix}\lambda_1 & \\ & \lambda_2\end{pmatrix}\boldsymbol{P}^{-1}$，再去计算 $\boldsymbol{A}^{100}$ 和 $\boldsymbol{A}^{-7}$.

下面的例子在某种程度上可看成求解方程组的问题，又可视为矩阵方幂计算的反问题.

例 2　设 $\boldsymbol{M}\in\mathbf{R}^{3\times3}$，且 $\boldsymbol{M}^3=\boldsymbol{I}, \boldsymbol{M}\neq\boldsymbol{I}$.

(1) 求 $\boldsymbol{M}$ 的实特征值；

(2) 给出一个这样的矩阵.

(1977 年美国加州大学伯克利分校博士学位水平测试题)

解 (1) 由哈密尔顿—凯莱定理知 $\boldsymbol{M}$ 的最小化零多项式为

$$x^3 - 1 = (x-1)(x^2+x+1)$$

而 $x^2+x+1=0$ 无实根，从而 $\boldsymbol{M}$ 仅有实特征根 1.

(2) 由前文的题例知矩阵 $\boldsymbol{J} = \begin{pmatrix} \cos\frac{2\pi}{3} & \sin\frac{2\pi}{3} \\ -\sin\frac{2\pi}{3} & \cos\frac{2\pi}{3} \end{pmatrix}$ 的特征多项式为 x^2+x+1. 从而 $\boldsymbol{M} = \begin{pmatrix} 1 & \\ & \boldsymbol{J} \end{pmatrix}$ 满足 $\boldsymbol{M}^3 = \boldsymbol{I}$，且 $\boldsymbol{M} \neq \boldsymbol{I}$.

例 3 若 $d_n(n \geqslant 1)$ 是矩阵 $\boldsymbol{A}^n - \boldsymbol{I}$ 的元素的最大公因子，这里 $\boldsymbol{A} = \begin{pmatrix} 3 & 2 \\ 4 & 3 \end{pmatrix}$，$\boldsymbol{I} = \begin{pmatrix} 1 & 0 \\ 0 & 1 \end{pmatrix}$，证明：$\lim\limits_{n\to\infty} d_n - \infty$.

(1994 年美国 Putnam 考试试题)

证明 由

$$|\lambda\boldsymbol{I} - \boldsymbol{A}| = \begin{vmatrix} \lambda-3 & -2 \\ -4 & \lambda-3 \end{vmatrix} = (\lambda-3)^2 - 8$$
$$= \lambda^2 - 6\lambda + 1$$

容易算得 $\boldsymbol{A}$ 的特征值分别为 $\lambda_1 = 3+2\sqrt{2}$，$\lambda_2 = 3-2\sqrt{2}$.

这样 $\boldsymbol{A}^n$ 的元素皆可表示为 $\alpha_1\lambda_1^n + \alpha_2\lambda_2^n$ 的形式. 根据

$$\boldsymbol{A}=\begin{pmatrix}\frac{1}{2}(\lambda_1+\lambda_2) & \frac{1}{2\sqrt{2}}(\lambda_1-\lambda_2)\\ \frac{1}{\sqrt{2}}(\lambda_1-\lambda_2) & \frac{1}{2}(\lambda_1+\lambda_2)\end{pmatrix}$$

$$\boldsymbol{A}^2=\begin{pmatrix}\frac{1}{2}(\lambda_1^2+\lambda_2^2) & \frac{1}{2\sqrt{2}}(\lambda_1^2-\lambda_2^2)\\ \frac{1}{\sqrt{2}}(\lambda_1^2-\lambda_2^2) & \frac{1}{2}(\lambda_1^2+\lambda_2^2)\end{pmatrix}$$

用数学归纳法可以证明

$$\boldsymbol{A}^n=\begin{pmatrix}\frac{1}{2}(\lambda_1^n+\lambda_2^n) & \frac{1}{2\sqrt{2}}(\lambda_1^n-\lambda_2^n)\\ \frac{1}{\sqrt{2}}(\lambda_1^n-\lambda_2^n) & \frac{1}{2}(\lambda_1^n+\lambda_2^n)\end{pmatrix}$$

若 $\mu_1=1+\sqrt{2}$，$\mu_2=1-\sqrt{2}$，则 $\lambda_1=\mu_1^2$，$\lambda_2=\mu_2^2$.

又因为$\frac{1}{2\sqrt{2}}(\mu_1^n+\mu_2^n)$ 和$\frac{1}{2}(\mu_1^n+\mu_2^n)$ 均为有理数，所以由 d_n 是 $\boldsymbol{A}^n-\boldsymbol{I}$ 的最大公因子，可得

$$\begin{aligned}d_n&=\left(\frac{\lambda_1^n+\lambda_2^n}{2}-1,\frac{\lambda_1^n-\lambda_2^n}{2\sqrt{2}}\right)\\&=\left(\frac{\mu_1^{2n}+\mu_2^{2n}}{2}-1,\frac{\mu_1^{2n}-\mu_2^{2n}}{2\sqrt{2}}\right)\\&=\left(\frac{(\mu_1^n\pm\mu_2^n)^2}{2},\frac{(\mu_1^n-\mu_2^n)(\mu_1^n+\mu_2^n)}{2\sqrt{2}}\right)\\&=\frac{\mu_1^n\pm\mu_2^n}{\sqrt{2}}\left(\frac{\mu_1^n\pm\mu_2^n}{\sqrt{2}},\frac{\mu_1^n\mp\mu_2^n}{2}\right)\end{aligned}$$

这里(x,y) 表示 x 和 y 的最大公因子，且注意到 $\mu_1\mu_2=-1$，则

$$\frac{\mu_1^{2n}+\mu_2^{2n}}{2}-1=\frac{\mu_1^{2n}+\mu_2^{2n}-2}{2}$$

$$=\frac{\mu_1^{2n}+\mu_2^{2n}\pm 2\mu_1^n\mu_2^n}{2}$$

$$=\frac{1}{2}(\mu_1^n\pm\mu_2^n)^2$$

又因为 $|\mu_1|>1$，$|\mu_2|<1$，所以 $\lim\limits_{n\to\infty}(\mu_1^n-\mu_2^n)=\infty$. 从而 $\lim\limits_{n\to\infty}d_n=\infty$.

注 结论又可推广到下面的情形.

命题1 若 $\boldsymbol{A}\in\mathbf{R}^{2\times2}$，其元素皆为整数，且 $\det\boldsymbol{A}=1$，$\operatorname{tr}\boldsymbol{A}=\pm1$，$d_n$ 是 $\boldsymbol{A}^n-\boldsymbol{I}$ 的元素的最大公因子，则 $\lim\limits_{n\to\infty}d_n=\infty$.

例4 证明：线性变换 φ（或方阵 $\boldsymbol{A}$）的特征多项式 $f(\lambda)$ 是 φ（或 $\boldsymbol{A}$）的零化多项式.

证明 设 $\boldsymbol{\alpha}_1,\boldsymbol{\alpha}_2,\cdots,\boldsymbol{\alpha}_n$ 是 V 的基，则可设

$$(\varphi\boldsymbol{\alpha}_1,\cdots,\varphi\boldsymbol{\alpha}_n)=(\boldsymbol{\alpha}_1,\cdots,\boldsymbol{\alpha}_n)\boldsymbol{A}\quad(\boldsymbol{A}\text{ 为 }\varphi\text{ 的方阵表示})$$

即 $\varphi\boldsymbol{\alpha}_j$ 的坐标是 $\boldsymbol{A}$ 的第 j 列，即 $\boldsymbol{A}^{\mathrm{T}}$ 的第 j 行，从而

$$\begin{pmatrix}\varphi & & \\ & \ddots & \\ & & \varphi\end{pmatrix}\begin{pmatrix}\boldsymbol{\alpha}_1\\ \vdots\\ \boldsymbol{\alpha}_n\end{pmatrix}=\begin{pmatrix}\varphi\boldsymbol{\alpha}_1\\ \vdots\\ \varphi\boldsymbol{\alpha}_n\end{pmatrix}=\boldsymbol{A}^{\mathrm{T}}\begin{pmatrix}\boldsymbol{\alpha}_1\\ \vdots\\ \boldsymbol{\alpha}_n\end{pmatrix}$$

也可记为

$$\begin{pmatrix}\lambda & & \\ & \ddots & \\ & & \lambda\end{pmatrix}\begin{pmatrix}\boldsymbol{\alpha}_1\\ \vdots\\ \boldsymbol{\alpha}_n\end{pmatrix}=\boldsymbol{A}^{\mathrm{T}}\begin{pmatrix}\boldsymbol{\alpha}_1\\ \vdots\\ \boldsymbol{\alpha}_n\end{pmatrix}\quad(\lambda\text{ 是不定元})$$

即

$$(\lambda \boldsymbol{I} - \boldsymbol{A}^{\mathrm{T}}) \begin{pmatrix} \boldsymbol{\alpha}_1 \\ \vdots \\ \boldsymbol{\alpha}_n \end{pmatrix} = \boldsymbol{0}$$

在左边乘以$(\lambda \boldsymbol{I} - \boldsymbol{A}^{\mathrm{T}})^*$(即方阵$\lambda \boldsymbol{I} - \boldsymbol{A}^{\mathrm{T}}$的古典伴随方阵),则

$$\det(\lambda \boldsymbol{I} - \boldsymbol{A}^{\mathrm{T}}) \begin{pmatrix} \boldsymbol{\alpha}_1 \\ \vdots \\ \boldsymbol{\alpha}_n \end{pmatrix} = f(\lambda) \begin{pmatrix} \boldsymbol{\alpha}_1 \\ \vdots \\ \boldsymbol{\alpha}_n \end{pmatrix} = \boldsymbol{0}$$

也就是说,$f(\lambda)\boldsymbol{\alpha}_i = f(\varphi)\boldsymbol{\alpha}_i = \boldsymbol{0}(i=1,2,\cdots,n)$. 因为$\boldsymbol{\alpha}_1,\cdots,\boldsymbol{\alpha}_n$是基,故对任意$\boldsymbol{\alpha} \in V$,$f(\varphi)\boldsymbol{\alpha} = \boldsymbol{0}$,即得所证.

我们知道,可逆方阵$\boldsymbol{A}$的行列式$\det \boldsymbol{A} \neq 0$,因此方阵$\boldsymbol{A}$的特征多项式$\varphi(\lambda) = \lambda^n + a_1\lambda^{n-1} + \cdots + a_{n-1}\lambda + a_n$的常数项$a_n = (-1)^n \det \boldsymbol{A} \neq 0$,反之亦然. 由哈密尔顿-凯莱定理,有

$$\varphi(\boldsymbol{A}) = \boldsymbol{A}^n + a_1\boldsymbol{A}^{n-1} + \cdots + a_{n-1}\boldsymbol{A} + a_n\boldsymbol{I}_n = \boldsymbol{0}$$

所以

$$\boldsymbol{A}\left[-\frac{1}{a_n}(\boldsymbol{A}^{n-1} + a_1\boldsymbol{A}^{n-2} + \cdots + a_{n-1}\boldsymbol{I}_n)\right] = \boldsymbol{I}_n$$

因此

$$\boldsymbol{A}^{-1} = -\frac{1}{a_n}(\boldsymbol{A}^{n-1} + a_1\boldsymbol{A}^{n-2} + \cdots + a_{n-1}\boldsymbol{I}_n)$$

例 5 设

$$\boldsymbol{A} = \begin{pmatrix} 2 & -2 & 4 \\ 2 & 3 & 2 \\ -1 & 1 & -1 \end{pmatrix}$$

求 $\boldsymbol{A}^{-1}$.

解 方阵 $\boldsymbol{A}$ 的特征多项式为

$$\begin{aligned}\varphi(\lambda)&=\det(\lambda\boldsymbol{I}_n-\boldsymbol{A})\\&=\lambda^3-4\lambda^2+7\lambda-10\end{aligned}$$

因此

$$\boldsymbol{A}^{-1}=\frac{1}{10}(\boldsymbol{A}^2-4\boldsymbol{A}+7\boldsymbol{I}_3)$$

$$=\frac{1}{10}\begin{pmatrix}-5&2&-16\\0&2&4\\5&0&10\end{pmatrix}$$

例 6 若 $\boldsymbol{A}=(a_{jk})_{n\times n}$，其中 $a_{jk}=\cos(j\theta+k\theta)$，$\theta=\dfrac{2\pi}{n}(n\geqslant 0)$. 计算行列式 $|\boldsymbol{I}+\boldsymbol{A}|$.

（1999 年美国 Putnam 考试试题）

解 令 $\boldsymbol{v}=(\mathrm{e}^{\mathrm{i}\theta},\mathrm{e}^{2\mathrm{i}\theta},\cdots,\mathrm{e}^{n\mathrm{i}\theta})$，且 $\bar{\boldsymbol{v}}$ 表示 $\boldsymbol{v}$ 的共轭，由于 $\cos\alpha=\dfrac{1}{2}(\mathrm{e}^{\mathrm{i}\alpha}+\mathrm{e}^{-\mathrm{i}\alpha})$，则 $\boldsymbol{A}=\dfrac{1}{2}(\boldsymbol{v}^{\mathrm{T}}\boldsymbol{v}+\bar{\boldsymbol{v}}^{\mathrm{T}}\bar{\boldsymbol{v}})$，且 $r(\boldsymbol{A})\leqslant 2$.

又因为

$$\boldsymbol{v}\boldsymbol{v}^{\mathrm{T}}=\sum_{k=1}^{n}\mathrm{e}^{2k\mathrm{i}\theta}=\frac{\mathrm{e}^{2\mathrm{i}\theta}(\mathrm{e}^{2n\mathrm{i}\theta}-1)}{\mathrm{e}^{2\mathrm{i}\theta}-1}=0$$

同时 $\bar{\boldsymbol{v}}\bar{\boldsymbol{v}}^{\mathrm{T}}=\sum\limits_{k=1}^{n}1=n$，所以

$$\boldsymbol{A}^2=\frac{1}{4}[n(\boldsymbol{v}^{\mathrm{T}}\bar{\boldsymbol{v}}+\bar{\boldsymbol{v}}^{\mathrm{T}}\boldsymbol{v})]$$

$$\boldsymbol{A}^3=\frac{1}{4}n^2\boldsymbol{A}$$

即 $\boldsymbol{A}^3-\dfrac{1}{4}n^2\boldsymbol{A}=\boldsymbol{0}$.

显然,多项式 $x^3-\dfrac{1}{4}n^2x$ 是矩阵 $\boldsymbol{A}$ 的化零(最小)多项式,则可知 $\boldsymbol{A}$ 有特征值 $0,\pm\dfrac{n}{2}$.

又由 $r(\boldsymbol{A})\leqslant 2$,可知其特征值 $\pm\dfrac{n}{2}$ 是单根,则 $\boldsymbol{I}+\boldsymbol{A}$ 的特征值是

$$\underbrace{1,1,\cdots,1}_{n-2个},1+\frac{n}{2},1-\frac{n}{2}$$

从而

$$\det(\boldsymbol{A}+\boldsymbol{I})=1-\frac{n^2}{4}$$

例 7　令 F_p 表示模素数 p 的整数域,并令 n 是一个正整数,$\boldsymbol{v}$ 是 F_p^n 中的一个固定的向量,$\boldsymbol{M}$ 是其元在 F_p 中的 (n,n) - 矩阵,并用 $G(\boldsymbol{x})=\boldsymbol{v}+\boldsymbol{M}\boldsymbol{x}$ 定义 $G:F_p^n\to F_p^n$. 令 $G^{(k)}$ 表示 G 与其自身的 k 重复合,即 $G^{(1)}(\boldsymbol{x})=G(\boldsymbol{x})$,并且 $G^{(k+1)}(\boldsymbol{x})=G(G^{(k)}(\boldsymbol{x}))$. 确定所有的数对 p,n,对于这些数对,存在 $\boldsymbol{v}$ 和 $\boldsymbol{M}$,使得 p^n 个向量 $G^{(k)}(\boldsymbol{0})(k=1,2,\cdots,p^n)$ 各不相同.

(第 73 届美国大学生数学竞赛试题)

解　对于 $n=1$ 和所有的 p,以及 $n=2$ 和 $p=2$,这样的 $\boldsymbol{v}$ 和 $\boldsymbol{M}$ 存在.

对于 $n=1$,令 $\boldsymbol{v}=(1)$ 和 $\boldsymbol{M}=(1)$. 对于 $p=n=2$,令

$$\boldsymbol{v}=\begin{pmatrix}1\\0\end{pmatrix},\boldsymbol{M}=\begin{pmatrix}1&0\\1&1\end{pmatrix}$$

反之,假设 $\boldsymbol{v}$ 和 $\boldsymbol{M}$ 存在.首先我们观察到,为了得到不同的值,出现 $\mathbf{0}$ 的最早的可能是 $G^{p^n}(\mathbf{0})$.这样

$$\boldsymbol{v}+\boldsymbol{M}\boldsymbol{v}+\boldsymbol{M}^2\boldsymbol{v}+\cdots+\boldsymbol{M}^{p^n-1}\boldsymbol{v}=\mathbf{0}$$

用 $\boldsymbol{M}$ 相乘,比较两个表达式,得到 $\boldsymbol{M}^{p^n}\boldsymbol{v}=\boldsymbol{v}$.不过,对于所有的 k,有

$$\begin{aligned}&\boldsymbol{M}^{p^n}(\boldsymbol{v}+\boldsymbol{M}\boldsymbol{v}+\boldsymbol{M}^2\boldsymbol{v}+\cdots+\boldsymbol{M}^k\boldsymbol{v})\\=&\boldsymbol{v}+\boldsymbol{M}\boldsymbol{v}+\boldsymbol{M}^2\boldsymbol{v}+\cdots+\boldsymbol{M}^k\boldsymbol{v}\end{aligned}$$

这样,$\boldsymbol{M}^{p^n}$ 是单位矩阵.由此即得,$\boldsymbol{M}$ 的极小多项式整除 $x^{p^n}-1=(x-1)^{p^n}$.由哈密尔顿—凯莱定理知,$\boldsymbol{M}$ 的极小多项式整除其特征多项式.特别地,极小多项式至多是 n 次的,因而 $(\boldsymbol{M}-\boldsymbol{I})^n=\mathbf{0}$.

如果 $n=1$ 和 $p=n=2$ 都不成立,那么 $p^{n-1}-1\geqslant n$,因而 $(\boldsymbol{M}-\boldsymbol{I})^{p^{n-1}-1}=\mathbf{0}$.然而

$$\begin{aligned}(x-1)^{p^{n-1}-1}&=\frac{(x-1)^{p^{n-1}}}{x-1}=\frac{x^{p^{n-1}}-1}{x-1}\\&=1+x+\cdots+x^{p^{n-1}-1}\end{aligned}$$

又因为 $G^{(p^{n-1})}(\mathbf{0})=\mathbf{0}$,所以矛盾.

与美国相反,我国曾明文规定在数学专业的研究生入学考试中禁用哈密尔顿－凯莱定理.比如下列 1981 年北京师范大学的一份考题.

例 8　证明:一个非零复数 α 是某一有理系数非零多项式的根的充分必要条件是存在一个有理系数多项式 $f(x)$,使得

$$\frac{1}{\alpha}=f(\alpha)$$

例 9　(1) 设 V,W 是数域 F 上的有限维向量空间，$f:V\to W$ 是一个线性映射，令 $\mathrm{Ker}\ f$ 和 $\mathrm{Im}\ f$ 分别表示 f 的核和象，即

$$\mathrm{Ker}\ f=\{\boldsymbol{v}\in V \mid f(\boldsymbol{v})=\boldsymbol{0}\},\mathrm{Im}\ f=\{f(\boldsymbol{v})\mid \boldsymbol{v}\in V\}$$

证明

$$\dim V=\dim(\mathrm{Ker}\ f)+\dim(\mathrm{Im}\ f)$$

(2) 给定数域 F 上的有限维向量空间

$$V_0,V_1,V_2,\cdots,V_n,V_{n+1}$$

其中 $V_0=V_{n+1}=(\boldsymbol{0})$ 是零空间，线性映射

$$f_i:\boldsymbol{v}_i\to \boldsymbol{v}_{i+1}\quad (i=0,1,\cdots,n)$$

满足条件

$$\mathrm{Ker}\ f_{i+1}=\mathrm{Im}\ f_i\quad (i=0,1,\cdots,n-1)$$

证明

$$\sum_{i=1}^{n}(-1)^i\dim V_i=0$$

例 10　设 $M_n(F)$ 是数域 F 上一切 n 阶方阵所成的 n^2 维向量空间，$\boldsymbol{A}\in M_n(F)$ 是一个可以对角化的矩阵. 定义

$$f_{\boldsymbol{A}}:M_n(F)\to M_n(F)$$

$$\boldsymbol{X}\mapsto \boldsymbol{AX}-\boldsymbol{XA}\quad (\boldsymbol{X}\in M_n(F))$$

证明：$f_{\boldsymbol{A}}$ 是 $M_n(F)$ 的一个可以对角化的线性变换（即 $f_{\boldsymbol{A}}$ 是 $M_n(F)$ 的一个线性变换，并且存在 $M_n(F)$ 的一个基使得 $f_{\boldsymbol{A}}$ 关于这个基的矩阵是对角形式的）.

例 11　令 $\boldsymbol{A}$ 是复数域上的一个 n 阶方阵.

(1) 证明:$\boldsymbol{A}$ 相似于一个上三角形矩阵

$$\begin{pmatrix} \lambda_1 & & & * \\ & \lambda_2 & & \\ & & \ddots & \\ & \mathbf{0} & & \lambda_n \end{pmatrix}$$

这里主对角线以下的元素都是零.

(2) 令 $f(x)$ 是 $\boldsymbol{A}$ 的特征多项式. 证明

$$f(\boldsymbol{A})=\mathbf{0}$$

(不许使用哈密尔顿一凯莱定理的结论.)

例 12 令 L 是数域 F 上的一个 n 维向量空间,f 是定义在 L 上的一个对称双线性型[①],子空间 U 是迷向的,如果对一切 $\boldsymbol{u}\in U$,都有

$$f(\boldsymbol{u},\boldsymbol{u})=0$$

又令 $U^{\perp}$ 表示 U 的正交子空间,即

$$U^{\perp}=\{\boldsymbol{x}\in L \mid f(\boldsymbol{x},\boldsymbol{u})=0,\text{对于一切 } \boldsymbol{u}\in U\}$$

(1) 证明:子空间 U 是全迷向的必要条件是 $U\subseteq U^{\perp}$.

(2) 令 U,V 都是 L 的全迷向子空间,M,N 分别是 $U\cap V$ 在 U 和 V 中的一个余子空间,即

---

① 映射 f 叫作定义在向量空间 L 上的一个对称双线性型,如果对于 L 中任意一对向量 $\boldsymbol{u},\boldsymbol{v}$,有数域 F 上的一个数 $f(\boldsymbol{u},\boldsymbol{v})$ 与之对应,并且满足条件:

(a) $f(\boldsymbol{u},\boldsymbol{v})=f(\boldsymbol{v},\boldsymbol{u})$;

(b) $f(a\boldsymbol{u}+b\boldsymbol{v},\boldsymbol{w})=af(\boldsymbol{u},\boldsymbol{w})+bf(\boldsymbol{v},\boldsymbol{w})$,这里 $\boldsymbol{u},\boldsymbol{v},\boldsymbol{w}\in L$,$a,b\in F$.

$$U=(U\cap V)\oplus M, V=(U\cap V)\oplus N$$

证明

$$U\cap V^{\perp}=(U\cap V)\oplus(M\cap N^{\perp})$$

例 13 对于(m,n)一实矩阵$\boldsymbol{A}$，$\mathrm{e}^{\boldsymbol{A}}$的定义为$\sum_{n=0}^{\infty}\frac{1}{n!}\boldsymbol{A}^n$（求和对于任意矩阵都收敛）．证明或反驳：对于任意实多项式p和(m,m)一实矩阵$\boldsymbol{A}$，$\boldsymbol{B}$，$p(\mathrm{e}^{\boldsymbol{AB}})$是幂零的，当且仅当$p(\mathrm{e}^{\boldsymbol{BA}})$是幂零的．（一个矩阵$\boldsymbol{A}$称为幂零的，若存在正整数$k$，使得$\boldsymbol{A}^k=\boldsymbol{0}$．）

（2000年英国第7届国际大学生数学竞赛试题）

解 首先我们证明：对于任意实多项式q和(m,m)一实矩阵$\boldsymbol{A}$，$\boldsymbol{B}$，$q(\mathrm{e}^{\boldsymbol{AB}})$和$q(\mathrm{e}^{\boldsymbol{BA}})$的特征多项式是一样的．容易验证，对于任意矩阵$\boldsymbol{X}$，有

$$q(\mathrm{e}^{\boldsymbol{X}})=\sum_{n=0}^{\infty}c_n\boldsymbol{X}^n$$

其中实数c_n与q有关．设

$$\boldsymbol{C}=\sum_{n=1}^{\infty}c_n\cdot(\boldsymbol{BA})^{n-1}\boldsymbol{B}=\sum_{n=1}^{\infty}c_n\cdot\boldsymbol{B}(\boldsymbol{AB})^{n-1}$$

则

$$q(\mathrm{e}^{\boldsymbol{AB}})=c_0\boldsymbol{I}+\boldsymbol{AC}, q(\mathrm{e}^{\boldsymbol{BA}})=c_0\boldsymbol{I}+\boldsymbol{CA}$$

众所周知，$\boldsymbol{AC}$和$\boldsymbol{CA}$的特征多项式是一样的，记为$f(x)$，则矩阵$q(\mathrm{e}^{\boldsymbol{AB}})$和$q(\mathrm{e}^{\boldsymbol{BA}})$的特征多项式都为$f(x-c_0)$．

现在假设矩阵$p(\mathrm{e}^{\boldsymbol{AB}})$是幂零的，即存在正整数$k$，使得$(p(\mathrm{e}^{\boldsymbol{AB}}))^k=\boldsymbol{0}$．取$q=p^k$，矩阵$q(\mathrm{e}^{\boldsymbol{AB}})=\boldsymbol{0}$的特征多项式为$x^m$，因此，$q(\mathrm{e}^{\boldsymbol{BA}})$的特征多项式也为$x^m$．利用

哈密尔顿－凯莱定理，这表明

$$(q(e^{BA}))^m=(p(e^{BA}))^{km}=\mathbf{0}$$

因此，矩阵 $p(e^{BA})$ 也是幂零的.

例 14　对于 $n\geqslant 1$，令 $\boldsymbol{A}$ 是一个 $n\times n$ 阶实数矩阵. 对于每个正整数 k，令 $\boldsymbol{A}^{[k]}$ 是把 $\boldsymbol{A}$ 的每个元素自乘为其 k 次幂后得到的矩阵. 证明：如果对于 $k=1,2,\cdots,n+1$，有 $\boldsymbol{A}^k=\boldsymbol{A}^{[k]}$，那么对于所有 $k\geqslant 1$，有 $\boldsymbol{A}^k=\boldsymbol{A}^{[k]}$.

证明　令 V 是 (n,n)－矩阵 $\boldsymbol{X}$ 的集合，使得 $\boldsymbol{AX}$ 等于以相同位置元素间相乘的方式得到的矩阵 $\boldsymbol{A}\cdot\boldsymbol{X}$. 因为 $\boldsymbol{AX}=\boldsymbol{A}\cdot\boldsymbol{X}$ 即为 $\boldsymbol{X}$ 的元素的一个线性方程组，所以集合 V 是一个子空间. 题中假设蕴涵着 $\boldsymbol{A},\boldsymbol{A}^2,\cdots,\boldsymbol{A}^n\in V$. 令 $f(x)$ 是 $\boldsymbol{A}$ 的特征多项式. 由哈密尔顿－凯莱定理有 $f(\boldsymbol{A})=\mathbf{0}$. 用 $\boldsymbol{A}$ 的幂相乘，使得我们递归地把 $\boldsymbol{A}^{n+1},\boldsymbol{A}^{n+2},\cdots$ 表示为 $\boldsymbol{A},\boldsymbol{A}^2,\cdots,\boldsymbol{A}^n$ 的线性组合，因而对于所有 $k\geqslant 1$ 有 $\boldsymbol{A}^k\in V$. 由归纳法得，对于所有 $k\geqslant 1$ 有 $\boldsymbol{A}^k=\boldsymbol{A}^{[k]}$.

例 15　设 $\boldsymbol{A},\boldsymbol{B}\in M_n(\mathbf{C})$ 是两个 (n,n)－矩阵，满足

$$\boldsymbol{A}^2\boldsymbol{B}+\boldsymbol{BA}^2=2\boldsymbol{ABA}$$

证明：存在正整数 k，使得 $(\boldsymbol{AB}-\boldsymbol{BA})^k=\mathbf{0}$.

（2009 年匈牙利第 16 届国际大学生数学竞赛试题）

解法一　取定 $\boldsymbol{A}\in M_n(\mathbf{C})$. 对每一个矩阵 $\boldsymbol{X}\in M_n(\mathbf{C})$，令 $\Delta X:=\boldsymbol{AX}=\boldsymbol{XA}$，我们要证明矩阵 $\Delta\boldsymbol{B}$ 是幂零的.

注意到条件 $\boldsymbol{A}^2\boldsymbol{B}+\boldsymbol{BA}^2=2ABA$ 等价于

$$\Delta^2 \boldsymbol{B} = \Delta(\Delta \boldsymbol{B}) = \boldsymbol{0} \qquad (1)$$

Δ 是线性的，它还是一个导子，即它满足莱布尼茨(Leibniz) 法则

$$\Delta(\boldsymbol{XY}) = (\Delta \boldsymbol{X})\boldsymbol{Y} + \boldsymbol{X}(\Delta \boldsymbol{Y}) \quad (\forall \boldsymbol{X},\boldsymbol{Y} \in M_n(\mathbf{C}))$$

利用归纳法，我们很容易将上述公式推广到 k 个因子的情况，即

$$\begin{aligned}\Delta(\boldsymbol{X}_1 \cdots \boldsymbol{X}_k) = (\Delta \boldsymbol{X}_1)\boldsymbol{X}_2 \cdots \boldsymbol{X}_k + \cdots + \\ \boldsymbol{X}_1 \cdots \boldsymbol{X}_{j-1}(\Delta \boldsymbol{X}_j)\boldsymbol{X}_{j+1} \cdots \\ \boldsymbol{X}_k + \boldsymbol{X}_1 \cdots \boldsymbol{X}_{k-1}\Delta \boldsymbol{X}_k \end{aligned} \qquad (2)$$

对于任意矩阵 $\boldsymbol{X}_1,\boldsymbol{X}_2,\cdots,\boldsymbol{X}_k \in M_n(\mathbf{C})$. 利用式(1) 和式(2)，我们得到关于 $\Delta^k(\boldsymbol{B}^k)$ 的方程

$$\Delta^k(\boldsymbol{B}^k) = k!\ (\Delta \boldsymbol{B})^k \quad (\forall k \in \mathbf{N}) \qquad (3)$$

利用式(3)，我们只需证明 $\Delta^n(\boldsymbol{B}^n) = \boldsymbol{0}$.

为此，我们先观察到，由式(3) 和条件 $\Delta^2 \boldsymbol{B} = \boldsymbol{0}$ 可推出对于每一个 $k \in \mathbf{N}$，有 $\Delta^{k+1}\boldsymbol{B}^k = \boldsymbol{0}$. 因此，我们有

$$\Delta^k(\boldsymbol{B}^j) = \boldsymbol{0} \quad (\forall k,j \in \mathbf{N}, j < k) \qquad (4)$$

利用哈密尔顿－凯莱定理，存在复数 $\alpha_0,\alpha_1,\cdots,\alpha_{n-1} \in \mathbf{C}$，使得

$$\boldsymbol{B}^n = \alpha_0 \boldsymbol{I} + \alpha_1 \boldsymbol{B} + \cdots + \alpha_{n-1}\boldsymbol{B}^{n-1}$$

结合式(4)，得到 $\Delta^n \boldsymbol{B}^n = \boldsymbol{0}$.

解法二　设 $\boldsymbol{X} = \boldsymbol{AB} - \boldsymbol{BA}$. 矩阵 $\boldsymbol{X}$ 与 $\boldsymbol{A}$ 可交换，因为

$$\begin{aligned}\boldsymbol{AX} - \boldsymbol{XA} &= (\boldsymbol{A}^2\boldsymbol{B} - \boldsymbol{ABA}) - (\boldsymbol{ABA} - \boldsymbol{BA}^2) \\ &= \boldsymbol{A}^2\boldsymbol{B} + \boldsymbol{BA}^2 - 2\boldsymbol{ABA} = \boldsymbol{0}\end{aligned}$$

所以,对于任意的 $m \geqslant 0$,我们有

$$\boldsymbol{X}^{m+1} = \boldsymbol{X}^m(\boldsymbol{AB} - \boldsymbol{BA}) = \boldsymbol{AX}^m\boldsymbol{B} - \boldsymbol{X}^m\boldsymbol{BA}$$

对等式两边分别取迹,得

$$\operatorname{tr} \boldsymbol{X}^{m+1} = \operatorname{tr}(\boldsymbol{A}(\boldsymbol{X}^m\boldsymbol{B})) - \operatorname{tr}((\boldsymbol{X}^m\boldsymbol{B})\boldsymbol{A}) = 0$$

(因为对于任意矩阵 $\boldsymbol{U}$ 和 $\boldsymbol{V}$,我们有 $\operatorname{tr}(\boldsymbol{UV}) = \operatorname{tr}(\boldsymbol{VU})$.)因为 $\operatorname{tr} \boldsymbol{X}^{m+1}$ 为 $\boldsymbol{X}$ 的特征值的 $m+1$ 次幂的和,所以值 $\operatorname{tr} \boldsymbol{X},\cdots,\operatorname{tr} \boldsymbol{X}^n$ 唯一地确定 $\boldsymbol{X}$ 的特征值. 因此,所有的这些特值必为 0,这表明 $\boldsymbol{X}$ 是幂零的.

例 16 令 $\boldsymbol{A}$ 是(2,2)－矩阵. 证明:若对于一些复数 u 与 v,矩阵 $u\boldsymbol{I}_2 + v\boldsymbol{A}$ 是可逆的,则对于一些复数 u' 与 v',它的逆矩阵具有形式 $u'\boldsymbol{I}_2 + v'\boldsymbol{A}$.

证明 利用哈密尔顿－凯莱定理,由

$$\begin{aligned}\boldsymbol{I}_2 &= (u\boldsymbol{I}_2 + v\boldsymbol{A})(u'\boldsymbol{I}_2 + v'\boldsymbol{A}) \\ &= uu'\boldsymbol{I}_2 + (uv' + vu')\boldsymbol{A} + vv'\boldsymbol{A}^2\end{aligned}$$

得

$$\boldsymbol{I}_2 = (uu' - vv'\det \boldsymbol{A})\boldsymbol{I}_2 + (uv' + vu' + vv'\operatorname{tr} \boldsymbol{A})\boldsymbol{A}$$

于是 u' 与 v' 满足线性方程组

$$\begin{cases} uu' - (v\det \boldsymbol{A})v' = 1 \\ vu' + (u + v\operatorname{tr} \boldsymbol{A})v' = 0 \end{cases}$$

方程组的行列式是 $u^2 + uv\operatorname{tr} \boldsymbol{A} + v^2\det \boldsymbol{A}$,简单的代数计算证明了这等于 $\det(u\boldsymbol{I}_2 + v\boldsymbol{A})$,由假设,它不为零. 因此方程组可以解出,它的解确定了要求的逆矩阵.

例 17 求具有实元素的(2,2)－矩阵,它满足方程

$$\boldsymbol{X}^3 - 3\boldsymbol{X}^2 = \begin{pmatrix} -2 & -2 \\ -2 & -2 \end{pmatrix}$$

解 把矩阵方程改写为

$$X^2(X-3I_2)=\begin{pmatrix}-2 & -2\\ -2 & -2\end{pmatrix}$$

取行列式,得 $\det X=0$ 或 $\det(X-3I_2)=0$. 在第1种情形下,哈密尔顿—凯莱定理蕴涵 $X^2=(\operatorname{tr}X)X$,方程取形式

$$[(\operatorname{tr}X)^2-3\operatorname{tr}X]X=\begin{pmatrix}-2 & -2\\ -2 & -2\end{pmatrix}$$

对两边取迹,求出 X 的迹满足3次方程 $t^3-3t^2+4=0$,它有实根 $t=2$ 与 $t=-1$.

当 $\operatorname{tr}X=2$ 时,矩阵方程是

$$-2X=\begin{pmatrix}-2 & -2\\ -2 & -2\end{pmatrix}$$

解得

$$X=\begin{pmatrix}1 & 1\\ 1 & 1\end{pmatrix}$$

当 $\operatorname{tr}X=-1$ 时,矩阵方程是

$$4X=\begin{pmatrix}-2 & -2\\ -2 & -2\end{pmatrix}$$

解得

$$X=\begin{pmatrix}-\frac{1}{2} & -\frac{1}{2}\\ -\frac{1}{2} & -\frac{1}{2}\end{pmatrix}$$

现在研究 $\det(X-3I_2)=0$ 的情形. X 的两个特征值之一为3. 为求另一特征值,把 $4I_2$ 加到题目中的方

程，得

$$\boldsymbol{X}^3-3\boldsymbol{X}^2+4\boldsymbol{I}_2=(\boldsymbol{X}-2\boldsymbol{I}_2)^2(\boldsymbol{X}+\boldsymbol{I}_2)=\begin{pmatrix}-2&-2\\-2&-2\end{pmatrix}$$

取行列式，求出 $\det(\boldsymbol{X}-2\boldsymbol{I}_2)=0$ 或 $\det(\boldsymbol{X}+\boldsymbol{I}_2)=0$. 从而 $\boldsymbol{X}$ 的第 2 个特征值是 2 或 -1.

在 X 的特征值为 2 的情形下，$\boldsymbol{X}$ 的哈密尔顿－凯莱方程是

$$\boldsymbol{X}^2-5\boldsymbol{X}+6\boldsymbol{I}_2=\boldsymbol{0}$$

它可用来把原方程变换为

$$4\boldsymbol{X}-12\boldsymbol{I}_2=\begin{pmatrix}-2&-2\\-2&-2\end{pmatrix}$$

解得

$$\boldsymbol{X}=\begin{pmatrix}\frac{5}{2}&-\frac{1}{2}\\-\frac{1}{2}&\frac{5}{2}\end{pmatrix}$$

$\boldsymbol{X}$ 的特征值为 -1 的情形可类似地处理，得出解

$$\boldsymbol{X}=\begin{pmatrix}1&-2\\-2&1\end{pmatrix}$$

（2004 年罗马尼亚数学竞赛试题，由 A. Buju 提供）

例 18 令 $\boldsymbol{A},\boldsymbol{B},\boldsymbol{C},\boldsymbol{D}$ 是(2,2)－矩阵. 证明：矩阵 $[\boldsymbol{A},\boldsymbol{B}]\cdot[\boldsymbol{C},\boldsymbol{D}]+[\boldsymbol{C},\boldsymbol{D}]\cdot[\boldsymbol{A},\boldsymbol{B}]$ 是单位矩阵（这里 $[\boldsymbol{A},\boldsymbol{B}]=\boldsymbol{AB}-\boldsymbol{BA}$，称为 $\boldsymbol{A}$ 与 $\boldsymbol{B}$ 的换位子）的倍数.

证明 因为 $[\boldsymbol{A},\boldsymbol{B}]$ 的迹是 0，所以这个矩阵的哈密尔顿－凯莱方程是 $[\boldsymbol{A},\boldsymbol{B}]^2+(\det[\boldsymbol{A},\boldsymbol{B}])\boldsymbol{I}_2=\boldsymbol{0}$，它证明了 $[\boldsymbol{A},\boldsymbol{B}]^2$ 是单位矩阵的倍数. 同样的论证也可以

应用于矩阵$[\boldsymbol{C},\boldsymbol{D}]$与$[\boldsymbol{A},\boldsymbol{B}]+[\boldsymbol{C},\boldsymbol{D}]$，证明了它们的平方也是单位矩阵的倍数.

我们有

$$\begin{aligned}&[\boldsymbol{A},\boldsymbol{B}]\cdot[\boldsymbol{C},\boldsymbol{D}]+[C,D]\cdot[A,B]\\&=([\boldsymbol{A},\boldsymbol{B}]+[\boldsymbol{C},\boldsymbol{D}])^2-[\boldsymbol{A},\boldsymbol{B}]^2-[\boldsymbol{C},\boldsymbol{D}]^2\end{aligned}$$

因此$[\boldsymbol{A},\boldsymbol{B}]\cdot[\boldsymbol{C},\boldsymbol{D}]+[\boldsymbol{C},\boldsymbol{D}]\cdot[\boldsymbol{A},\boldsymbol{B}]$是单位矩阵的倍数，本题证毕.

(1981年罗马尼亚数学奥林匹克竞赛试题，由C. Năstăsescu提供)

例19 令$\boldsymbol{A}$与$\boldsymbol{B}$是(3,3)－矩阵. 证明

$$\det(\boldsymbol{AB}-\boldsymbol{BA})=\frac{\mathrm{tr}((\boldsymbol{AB}-\boldsymbol{BA})^3)}{3}$$

证明 由哈密尔顿－凯莱定理得

$$(\boldsymbol{AB}-\boldsymbol{BA})^3-c_1(\boldsymbol{AB}-\boldsymbol{BA})^2+c_2(\boldsymbol{AB}-\boldsymbol{BA})-c_3\boldsymbol{I}_3=\boldsymbol{0}$$

其中$c_1=\mathrm{tr}(\boldsymbol{AB}-\boldsymbol{BA})=0$，$c_3=\det(\boldsymbol{AB}-\boldsymbol{BA})$，取迹，利用事实：$\boldsymbol{AB}-\boldsymbol{BA}$的迹是0，得

$$\mathrm{tr}((\boldsymbol{AB}-\boldsymbol{BA})^3)-3\det(\boldsymbol{AB}-\boldsymbol{BA})=0$$

等式证毕.

(Revista Matematică din Timişoara，由T. Andreescu提供)

例20 证明：不存在(2,2)－实矩阵$\boldsymbol{A}$与$\boldsymbol{B}$，使它们的换位子不为0，且可与$\boldsymbol{A}$，$\boldsymbol{B}$二者交换.

证明 令$\boldsymbol{C}=\boldsymbol{AB}-\boldsymbol{BA}$，则有

$$\begin{aligned}\boldsymbol{AB}^2+\boldsymbol{BA}^2&=(\boldsymbol{AB}-\boldsymbol{BA})\boldsymbol{B}+\boldsymbol{B}(\boldsymbol{AB}-\boldsymbol{BA})\\&=\boldsymbol{CB}+\boldsymbol{BC}=2\boldsymbol{BC}\end{aligned}$$

令$P_{\boldsymbol{B}}(\lambda)=\lambda^2+r\lambda+s$是$\boldsymbol{B}$的特征多项式. 由哈密尔

顿一凯莱定理得 $P_B(\boldsymbol{B})=\boldsymbol{0}$. 我们有

$$\begin{aligned}\boldsymbol{0}&=\boldsymbol{A}P_B(\boldsymbol{B})-P_B(\boldsymbol{B})\boldsymbol{A}\\&=\boldsymbol{AB}^2-\boldsymbol{B}^2\boldsymbol{A}+r(\boldsymbol{AB}-\boldsymbol{BA})\\&=2\boldsymbol{BC}+r\boldsymbol{C}\end{aligned}$$

利用这点与事实:$\boldsymbol{C}$ 与 $\boldsymbol{A}$,$\boldsymbol{B}$ 可交换,得

$$\begin{aligned}\boldsymbol{0}&=\boldsymbol{A}(2\boldsymbol{BC}+r\boldsymbol{C})-(2\boldsymbol{BC}+r\boldsymbol{C})\boldsymbol{A}\\&=2(\boldsymbol{AB}-\boldsymbol{BA})\boldsymbol{C}\\&=2\boldsymbol{C}^2\end{aligned}$$

因此 $\boldsymbol{C}^2=\boldsymbol{0}$. 在某个基中

$$\boldsymbol{C}=\begin{pmatrix}0&\alpha\\0&0\end{pmatrix}$$

因此 $\boldsymbol{C}$ 只与 $\boldsymbol{C}$ 中的多项式可交换. 但是,若 $\boldsymbol{A}$ 与 $\boldsymbol{B}$ 是 $\boldsymbol{C}$ 中的多项式,则 $\boldsymbol{C}=\boldsymbol{0}$,矛盾. 从而 $\boldsymbol{C}$ 一定是数量矩阵,它的平方等于 $\boldsymbol{0}$,由此又有 $\boldsymbol{C}=\boldsymbol{0}$. 证明了样的 $\boldsymbol{A}$ 与 $\boldsymbol{B}$ 不存在.

(American Mathematical Monthly, 由 W. Gustafson 提供)

1.7 例 题

1. 令 $\boldsymbol{A}$ 是复数域上的一个 n 阶方阵.

(1) 证明:$\boldsymbol{A}$ 相似于一个上三角矩阵;

(2) 令 $f(\lambda)$ 是 $\boldsymbol{A}$ 的特征多项式,证明:$f(\boldsymbol{A})=\boldsymbol{0}$. (不许使用哈密尔顿一凯莱定理)

证明 (1) 设 $\boldsymbol{A}$ 的若尔当标准形为

$$\boldsymbol{J}=\begin{pmatrix}\boldsymbol{J}_1 & & \\ & \ddots & \\ & & \boldsymbol{J}_s\end{pmatrix}$$

其中

$$\boldsymbol{J}_k=\begin{pmatrix}\lambda_k & 1 & & \\ & \ddots & \ddots & \\ & & \ddots & 1 \\ & & & \lambda_k\end{pmatrix}\quad (k=1,2,\cdots,s)$$

由于 $\boldsymbol{J}_k$ 为三角矩阵,从而 $\boldsymbol{J}$ 为上三角矩阵,所以

$$\boldsymbol{T}^{-1}\boldsymbol{A}\boldsymbol{T}=\boldsymbol{J}\tag{1}$$

(2) 设 $f(\lambda)$ 为 $\boldsymbol{A}$ 的特征多项式,且

$$f(\lambda)=|\lambda\boldsymbol{I}-\boldsymbol{A}|=(\lambda-\lambda_1)^{k_1}(\lambda-\lambda_2)^{k_2}\cdots(\lambda-\lambda_s)^{k_s}$$

其中 $\lambda_1,\cdots,\lambda_s$ 互异,那么 $f(\boldsymbol{A})=(\boldsymbol{A}-\lambda_1\boldsymbol{I})^{k_1}\cdots(\boldsymbol{A}-\lambda_s\boldsymbol{I})^{k_s}$. 由式(1) 有

$$\boldsymbol{A}=\boldsymbol{T}\boldsymbol{J}\boldsymbol{T}^{-1}$$

$$\boldsymbol{A}-\lambda_i\boldsymbol{I}=\boldsymbol{T}(\boldsymbol{J}-\lambda_i\boldsymbol{I})\boldsymbol{T}^{-1}$$

$$\Rightarrow(\boldsymbol{A}-\lambda_i\boldsymbol{I})^{k_i}=\boldsymbol{T}(\boldsymbol{J}-\lambda_i\boldsymbol{I})^{k_i}\boldsymbol{T}^{-1}$$

$$=\boldsymbol{T}\begin{pmatrix}(\boldsymbol{J}_1-\lambda_i\boldsymbol{I})^{k_i} & & & & \\ & \ddots & & & \\ & & (\boldsymbol{J}_i-\lambda_i\boldsymbol{I})^{k_i} & & \\ & & & \ddots & \\ & & & & (\boldsymbol{J}_s-\lambda_i\boldsymbol{I})^{k_s}\end{pmatrix}\boldsymbol{T}^{-1}$$

$$= \boldsymbol{T}\begin{pmatrix} (\boldsymbol{J}_1-\lambda_i\boldsymbol{I})^{k_i} & & & & \\ & \ddots & & & \\ & & \begin{pmatrix} 0 & & * \\ & \ddots & \\ & & 0 \end{pmatrix} & & \\ & & & \ddots & \\ & & & & (\boldsymbol{J}_s-\lambda_i\boldsymbol{I})^{k_s} \end{pmatrix}\boldsymbol{T}^{-1}$$

$$\boldsymbol{T}^{-1}f(\boldsymbol{A})\boldsymbol{T}$$

$$=[\boldsymbol{T}^{-1}(\boldsymbol{A}-\lambda_1\boldsymbol{I})^{k_1}\boldsymbol{T}]\cdots[\boldsymbol{T}^{-1}(\boldsymbol{A}-\lambda_i\boldsymbol{I})^{k_1}\boldsymbol{T}]$$

$$= \boldsymbol{T}^{-1}\begin{pmatrix} \begin{pmatrix} 0 & & * \\ & \ddots & \\ & & 0 \end{pmatrix} & & & \\ & (\boldsymbol{J}_2-\lambda_1\boldsymbol{I})^{k_1} & & \\ & & \ddots & \\ & & & (\boldsymbol{J}_s-\lambda_1\boldsymbol{I})^{k_s} \end{pmatrix}\cdot$$

$$\begin{pmatrix} (\boldsymbol{J}_1-\lambda_2\boldsymbol{I})^{k_2} & & & \\ & \begin{pmatrix} 0 & & * \\ & \ddots & \\ & & 0 \end{pmatrix} & & \\ & & \ddots & \\ & & & (\boldsymbol{J}_s-\lambda_1\boldsymbol{I})^{k_s} \end{pmatrix}\cdot\cdots\cdot$$

$$\begin{bmatrix} (\boldsymbol{J}_1-\lambda_s\boldsymbol{I})^{k_s} & & & \\ & (\boldsymbol{J}_s-\lambda_2\boldsymbol{I})^{k_2} & & \\ & & \ddots & \\ & & & \begin{pmatrix} 0 & & * \\ & \ddots & \\ & & 0 \end{pmatrix} \end{bmatrix}\boldsymbol{T}$$

$$=\boldsymbol{T}^{-1}\boldsymbol{0}\boldsymbol{T}=\boldsymbol{0}$$

所以 $f(\boldsymbol{A})=\boldsymbol{0}$.

注　(2) 也是下题的证明.

题目(四川大学,2009 **年)**　不用哈密尔顿-凯莱定理证明:对于数域 F 上的 n 阶矩阵,存在 F 上的多项式 $f(x)$,使得 $f(\boldsymbol{A})=\boldsymbol{0}$.

2. 设 $\boldsymbol{A}$ 是 n 阶实可逆矩阵,证明:存在实系数多项式 $g(x)$,使得 $\boldsymbol{A}^{-1}=g(\boldsymbol{A})$.

证明　设 $f(\lambda)$ 为 $\boldsymbol{A}$ 的特征多项式,则

$$f(\lambda)=|\lambda\boldsymbol{I}-\boldsymbol{A}|=\lambda^n+b_{n-1}\lambda^{n-1}+\cdots+b_1\lambda+b_0 \tag{1}$$

其中 $b_0=(-1)^n|\boldsymbol{A}|\neq 0, b_i\in\mathbf{R}(i=0,1,\cdots,n-1)$.

由哈密尔顿-凯莱定理有

$$\boldsymbol{A}^n+b_{n-1}\boldsymbol{A}^{n-1}+\cdots+b_1\boldsymbol{A}+b_0\boldsymbol{I}=\boldsymbol{0}$$

所以

$$\boldsymbol{A}\left[-\frac{1}{b_0}(\boldsymbol{A}^{n-1}+b_{n-1}\boldsymbol{A}^{n-2}+\cdots+b_1\boldsymbol{I})\right]=\boldsymbol{I} \tag{2}$$

令 $g(x)=\frac{1}{b_0}(x^{n-1}+b_{n-1}x^{n-2}+\cdots+b_1)\in\mathbf{R}[x]$,则由式(2) 知 $\boldsymbol{A}^{-1}=g(\boldsymbol{A})$.

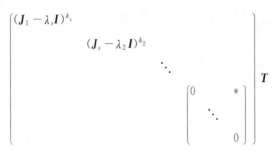

注 若 $\mathbf{A} \in P^{n\times n}$，$\mathbf{A}$ 可逆，则存在 $g(x) \in P[x]$，使得 $\mathbf{A}^{-1} = g(\mathbf{A})$.

3. 令 G 是一个有 n 个元素的阿贝尔(Abel)群，并令

$$\{g_1 = e, g_2, \cdots, g_k\} \subsetneq G$$

是 G 的不同生成元的一个(不必最小的)集合，将以等概率地选取诸元素 $g_1, g_2, \cdots, g_k$ 之一的一个特殊的骰子掷 m 次，并把所选择的 m 个元素相乘，以产生一个元素 $g \in G$.

证明：存在一个实数 $b \in (0,1)$，使得[①]

$$\lim_{m\to\infty} \frac{1}{b^{2m}} \sum_{x\in G} \left(\text{Prob}(g = x) - \frac{1}{n}\right)^2$$

是正的和有限的.

证明 考虑由群元素 x 加标点的概率向量 $\boldsymbol{p} = [\text{Prob}(g = x)]^{\mathrm{T}}$. 用一个特别的群元素相乘的作用就像在 $\boldsymbol{p}$ 上乘一个置换矩阵. 因为置换矩阵是正交的，所以它可被一个酉矩阵对角比，并且其本征值皆为绝对值为 1 的复数.

骰子的滚动由一个二重随机矩阵(即其所有元素非负，且所有行和列的和都是 1 的矩阵)$\boldsymbol{P}$ 所表示，$\boldsymbol{P}$ 是 k 个这样的置换矩阵的平均，因为 G 是交换群，各置换矩阵相互间可交换，因而它们被一个酉矩阵同时对角化，即它们在 $\mathbf{C}^n$ 中有一个公共的本征向量基，此基也

① 下式中 $\text{Prob}(g = x)$ 是事件 $\{g = x\}$ 的概率.

是 $\boldsymbol{P}$ 的本征向量. $\boldsymbol{P}$ 的每个本征值是 k 个绝对值为1的复数的平均值,本征值中有一个(相应于 $g_1=\mathrm{e}$) 等于1. 由此即得,在 $\boldsymbol{P}$ 的所有本征值中,除1以外,其余的绝对值都(严格)小于1. 并且,$\boldsymbol{P}$ 的相应于 $\lambda=1$ 的任意本征函数也是所有 k 个置换矩阵相应于 $\lambda=1$ 的本征函数;因为 $\{g_1,g_2,\cdots,g_k\}$ 生成 G,所以我们即知相应于本征值1的本征空间由概率向量 $\left(\frac{1}{n},\cdots,\frac{1}{n}\right)^{\mathrm{T}}$ 所张成. 这样,由正交性,相应于其他本征值的本征向量的元素之和为0.

因为 $(1,0,\cdots,0)^{\mathrm{T}}$ 的元素之和为1,所以这个向量可如下地写成本征向量的线性组合

$$(1,0,\cdots,0)^{\mathrm{T}}=\left(\frac{1}{n},\cdots,\frac{1}{n}\right)^{\mathrm{T}}+\boldsymbol{v}_2+\cdots+\boldsymbol{v}_j$$

令 $\boldsymbol{P}\boldsymbol{v}_i=\lambda_i\boldsymbol{v}_i$. 因为生成集合并非 G 的全部,所以诸 λ_i 不能全为零,因而 $\boldsymbol{P}(1,0,\cdots,0)^{\mathrm{T}}\neq\left(\frac{1}{n},\cdots,\frac{1}{n}\right)^{\mathrm{T}}$. 我们有

$$\boldsymbol{P}^m(1,0,\cdots,0)^{\mathrm{T}}=\left(\frac{1}{n},\cdots,\frac{1}{n}\right)^{\mathrm{T}}+\lambda_2^m\boldsymbol{v}_2+\cdots+\lambda_j^m\boldsymbol{v}_j$$

并且 $\boldsymbol{P}^m(1,0,\cdots,0)^{\mathrm{T}}$ 的诸分量是各个不同的概率 $\mathrm{Prob}(g=x)$,因而,由毕达哥拉斯(Pythagoras) 定理

$$\begin{aligned}&\sum_{x\in G}\left(\mathrm{Prob}(g=x)-\frac{1}{n}\right)^2\\&=\left\|\boldsymbol{P}^m(1,0,\cdots,0)^{\mathrm{T}}-\left(\frac{1}{n},\cdots,\frac{1}{n}\right)^{\mathrm{T}}\right\|^2\\&=\|\lambda_2\|^{2m}\|\boldsymbol{v}_2\|^2+\cdots+|\lambda_j|^{2m}\|\boldsymbol{v}_j\|^2\end{aligned}$$

这就证明了题中的陈述对于 $b=\max\{|\lambda_i|\}$ 成立(其中的极限将是相应的本征向量长度的平方和).

4. 证明:对于任意两个有界函数 $g_1,g_2:\mathbf{R}\to[1,\infty)$,存在函数 $h_1,h_2:\mathbf{R}\to\mathbf{R}$,使得对每个 $x\in\mathbf{R}$,有

$$\sup_{s\in\mathbf{R}}(g_1(s)^x g_2(s))=\max_{i\in\mathbf{R}}(xh_1(t)+h_2(t))$$

证明 注意,每个形如

$$f(x)=\sup_{t\in\mathbf{R}}(xh_1(t)+h_2(t)) \tag{1}$$

的函数 $f:\mathbf{R}\to\mathbf{R}$ 是凸的,其中 $h_1,h_2:\mathbf{R}\to\mathbf{R}$ 是两个任意的函数,对于每个 $x\in\mathbf{R}$,式(1)右端的上确界存在.事实上,对于每个 $x,y\in\mathbf{R}$ 和每个 $\lambda\in(0,1)$,有

$$\begin{aligned}&\lambda f(x)+(1-\lambda)f(y)\\&=\sup_{t\in\mathbf{R}}(\lambda xh_1(t)+\lambda h_2(t))+\sup_{t\in\mathbf{R}}((1-\lambda)yh_1(t)+(1-\lambda)h_2(t))\\&\geqslant\sup_{t\in\mathbf{R}}((\lambda x+(1-\lambda)y)h_1(t)+(\lambda+(1-\lambda))h_2(t))\\&=f(\lambda x+(1-\lambda)y)\end{aligned}$$

反之亦真,即每个凸函数 $f:\mathbf{R}\to\mathbf{R}$ 对于某两个 $h_1,h_2:\mathbf{R}\to\mathbf{R}$ 满足式(1).事实上,我们断言,可以选取 h_1 和 h_2,使得它们满足更强一些的条件

$$f(x)=\max_{t\in\mathbf{R}}(xh_1(t)+h_2(t)) \tag{2}$$

事实上,因为 f 是凸的,我们知道:f 是一个连续函数,并且在每一点处都具有左导数和右导数,它们对任意的 $a,b\in\mathbf{R}$ 且 $a<b$,满足

$$f'_-(a)\leqslant f'_+(a)\leqslant\frac{f(b)-f(a)}{b-a}\leqslant f'_-(b)$$

由此即得,对于每个 $t\in\mathbf{R}$,有

$$f(x) \geqslant (x-t)f'_-(t) + f(t)$$

当 $t=x$ 时，等号成立. 立即得到，当

$$h_1(t) = f'_-(t), h_2(t) = f(t) - tf'_-(t)$$

时，式(2) 成立.

令 $g_1, g_2: \mathbf{R} \to [1, \infty)$ 如问题的叙述中所述. 在上面讨论的第一部分中，我们已经证明了

$$f(x) = \sup_{t \in \mathbf{R}} (x \ln g_1(t) + \ln g_2(t))$$

定义一个凸函数 $f: \mathbf{R} \to \mathbf{R}$，因为 $\ln g_1, \ln g_2: \mathbf{R} \to \mathbf{R}$ 是有界的，因而 $e^{f(x)}$ 也是凸的. 这是众所周知的，并且由

$$\lambda e^{f(x)} + (1-\lambda) e^{f(y)} \geqslant e^{\lambda f(x) + (1-\lambda) f(y)} \geqslant e^{f(\lambda x + (1-\lambda) y)}$$

也可得到，其中第 1 步利用了指数函数的凸性，第 2 步利用了函数 f 的凸性以及指数函数的单调性. 由于 $e^{f(x)}$ 是一个凸函数，由式(2) 即得，对于某两个函数 $h_1, h_2: \mathbf{R} \to \mathbf{R}$，有

$$e^{f(x)} = \max_{t \in \mathbf{R}} (x h_1(t) + h_2(t))$$

这等价于我们所要证明的.

5. 设 $\boldsymbol{A}$ 为三阶正交阵，且 $|\boldsymbol{A}|=1$. 证明：存在实数 $t(-1 \leqslant t \leqslant 3)$，使得

$$\boldsymbol{A}^3 - t\boldsymbol{A}^2 + t\boldsymbol{A} - \boldsymbol{I} = \boldsymbol{0}$$

证明 设 $\boldsymbol{A}$ 的特征值为 $\lambda_1 = 1, \lambda_2, \lambda_3$，则 $\lambda_1\lambda_2\lambda_3 = |\boldsymbol{A}| = 1, \lambda_2\lambda_3 = 1$. 进一步有

$$\begin{aligned} f(\lambda) &= (\lambda-\lambda_1)(\lambda-\lambda_2)(\lambda-\lambda_3) \\ &= \lambda^3 - (\lambda_1+\lambda_2+\lambda_3)\lambda^2 + (\lambda_1\lambda_2 + \lambda_2\lambda_3 + \\ &\quad \lambda_1\lambda_3)\lambda - \lambda_1\lambda_2\lambda_3 \end{aligned}$$

$$\lambda_1 + \lambda_2 + \lambda_3 = 1 + \lambda_2 + \lambda_3$$

$$\lambda_1\lambda_2+\lambda_2\lambda_3+\lambda_1\lambda_3=\lambda_2\lambda_3+\lambda_1(\lambda_2+\lambda_3)=1+\lambda_2+\lambda_3$$

$$-(|\lambda_2|+|\lambda_3|)\leqslant\lambda_2+\lambda_3\leqslant|\lambda_2|+|\lambda_3|$$

$$-2\leqslant\lambda_2+\lambda_3\leqslant 2,\ -1\leqslant 1+\lambda_2+\lambda_3\leqslant 3$$

令 $t=1+\lambda_2+\lambda_3$,由哈密尔顿—凯莱定理即得结论.

注 关于正交矩阵有下面一些结论:

(1) 正交矩阵的行(列)向量组是标准正交基;

(2) 正交矩阵的特征值的模为 1;

(3) 行列式为 1 的奇数阶正交矩阵必有特征值 1.

6. 设矩阵 $\boldsymbol{A}$ 与 $\boldsymbol{B}$ 没有公共的特征值,$f(\lambda)$ 是矩阵 $\boldsymbol{A}$ 的特征多项式,试证明以下的结论:

(1) 矩阵 $f(\boldsymbol{B})$ 可逆;

(2) 矩阵方程 $\boldsymbol{AX}=\boldsymbol{XB}$ 只有零解.

证明 (1) 证法 1:设 $\lambda_1,\lambda_2,\cdots,\lambda_n$ 是 $\boldsymbol{A}$ 的特征值,则 $f(\lambda)=(\lambda-\lambda_1)(\lambda-\lambda_2)\cdots(\lambda-\lambda_n)$,于是 $f(\boldsymbol{B})=(\boldsymbol{B}-\lambda_1\boldsymbol{I})(\boldsymbol{B}-\lambda_2\boldsymbol{I})\cdots(\boldsymbol{B}-\lambda_n\boldsymbol{I})$. 因为任何 λ_i 都不是 $\boldsymbol{B}$ 的特征值,所以 $|\boldsymbol{B}-\lambda_i\boldsymbol{I}|\neq 0$,从而 $|f(\boldsymbol{B})|=|\boldsymbol{B}-\lambda_1\boldsymbol{I}|\cdot|\boldsymbol{B}-\lambda_2\boldsymbol{I}|\cdots|\boldsymbol{B}-\lambda_n\boldsymbol{I}|\neq 0$,于是矩阵 $f(\boldsymbol{B})$ 可逆.

证法 2:设 $\boldsymbol{B}$ 的特征多项式是 $g(\lambda)$,因为 $\boldsymbol{A},\boldsymbol{B}$ 没有公共特征值,即 f 和 g 没有公共根,所以 f 与 g 互素,于是存在多项式 $u(\lambda),v(\lambda)$,满足

$$u(\lambda)f(\lambda)+v(\lambda)g(\lambda)=1$$

由此得到 $u(\boldsymbol{B})f(\boldsymbol{B})+v(\boldsymbol{B})g(\boldsymbol{B})=\boldsymbol{I}$. 依哈密尔顿—凯莱定理. $g(\boldsymbol{B})=\boldsymbol{0}$,所以 $u(\boldsymbol{B})f(\boldsymbol{B})=\boldsymbol{I}$,从而矩阵 $f(\boldsymbol{B})$ 可逆.

(2) 设 $f(x)=x_n+a_1x^{n-1}+\cdots+a_n$. 注意 $\boldsymbol{IX}=$

$\boldsymbol{XI}$，$\boldsymbol{AX}=\boldsymbol{XB}$ 以及

$$\boldsymbol{A}^2\boldsymbol{X}=\boldsymbol{A}(\boldsymbol{AX})=\boldsymbol{A}(\boldsymbol{XB})=(\boldsymbol{AX})\boldsymbol{B}=(\boldsymbol{XB})\boldsymbol{B}=\boldsymbol{XB}^2$$

$$\boldsymbol{A}^3\boldsymbol{X}=\boldsymbol{A}(\boldsymbol{A}^2\boldsymbol{X})=\boldsymbol{A}(\boldsymbol{XB}^2)=(\boldsymbol{AX})\boldsymbol{B}^2=(\boldsymbol{XB})\boldsymbol{B}^2=\boldsymbol{XB}^3$$

继续进行类似的计算，可知 $\boldsymbol{A}^k\boldsymbol{X}=\boldsymbol{XB}^k(k=0,1,\cdots,n)$，于是

$$\sum_{k=0}^{n}a_k\boldsymbol{A}^k\boldsymbol{X}=\sum_{k=0}^{n}a_k\boldsymbol{XB}^k$$

即 $f(\boldsymbol{A})\boldsymbol{X}=\boldsymbol{X}f(\boldsymbol{B})$. 仍然由哈密尔顿一凯莱定理知 $f(\boldsymbol{A})=\boldsymbol{0}$，所以 $\boldsymbol{X}f(\boldsymbol{B})=\boldsymbol{0}$. 因为 $f(\boldsymbol{B})$ 可逆，所以 $\boldsymbol{X}=\boldsymbol{0}$.

基 础 篇

第2章

2.1 从线性方程和行列式谈起

2.1.1 线性方程组

我们现在来讨论线性代数的一个特别重要的内容，这里的整套理论有其历史上的起源.

定义 1 (1) 一个具有 m 个方程及 n 个未知量的线性方程组(简记为(m,n)－线性方程组)是指形如

$$\sum_{j=1}^{n} a_{ij}x_j = b_i \quad (1 \leqslant i \leqslant m)$$

的一个式子，这里 a_{ij} 和 b_i 是域 K 中的元素. 如果我们用(a_{ij})表示(m,n)－矩阵 $\boldsymbol{A}$，用 x_j 表示向量 $\boldsymbol{x} \in K^n$，用 b_i 表示向量 $\boldsymbol{b} \in K^m$，那么它可以写成

$$\boldsymbol{Ax} = \boldsymbol{b}$$

或

$$\begin{pmatrix} a_{11} & \cdots & a_{1n} \\ \vdots & & \vdots \\ a_{m1} & \cdots & a_{mn} \end{pmatrix} \begin{pmatrix} x_1 \\ \vdots \\ x_n \end{pmatrix} = \begin{pmatrix} b_1 \\ \vdots \\ b_m \end{pmatrix}$$

(2)$\boldsymbol{Ax}=\boldsymbol{b}$ 的一个解是指一个元素 $\boldsymbol{a}\in K^n$ 使得 $\boldsymbol{Aa}=\boldsymbol{b}$.

注　在定义 1 中,$\boldsymbol{x}=(x_1,\cdots,x_n)$ 是作为记号出现的,正如我们即将要看到的那样,这并不总是意味着方程组应该给出一个解. 尽管这样,我们还是常常用 $\boldsymbol{x}$ 表示一个解.

因为能把一个(m,n)－矩阵 $\boldsymbol{A}$ 解释成线性映射 $A:K^n\to K^m$,所以给出了一个线性方程组就相当于给出了一个线性映射 $A:K^n\to K^m$ 及一个向量 $\boldsymbol{b}\in K^m$. 解 $\boldsymbol{x}$ 是指一个元素 $\boldsymbol{x}\in K^n$ 在 A 下被映至元素 $\boldsymbol{b}$.

线性方程组的基本定理如下:

定理 1　设 $\boldsymbol{Ax}=\boldsymbol{b}$ 是一个(m,n)－线性方程组.

(1) 存在性. 方程组有解的充要条件是 $\boldsymbol{b}\in \operatorname{Im}\boldsymbol{A}$. 因此这等价于 $\operatorname{rg}\boldsymbol{A}=\operatorname{rg}(\boldsymbol{A},\boldsymbol{b}^{\mathrm{T}})$. 这里记$(\boldsymbol{A},\boldsymbol{b}^{\mathrm{T}})$为一个$(m,n+1)$－矩阵,它是由用$(m,1)$－矩阵 $\boldsymbol{b}^{\mathrm{T}}$ 将(m,n)－矩阵 $\boldsymbol{A}$ 向右扩张出一列而形成的.

(2) 唯一性. 设 $\boldsymbol{x}\in K^n$ 是一个解. 它是唯一解的充要条件是 $\operatorname{Ker}\boldsymbol{A}=\boldsymbol{0}$ 或 $\operatorname{rg}\boldsymbol{A}=n$.

证明　(1)$\boldsymbol{x}\in K^n$ 是解 $\Leftrightarrow \boldsymbol{Ax}=\boldsymbol{b}\Leftrightarrow \boldsymbol{b}\in \operatorname{Im}\boldsymbol{A}$(视 $\boldsymbol{A}$ 为 $L(K^n;K^m)$ 中的元素).

可将$(\boldsymbol{A},\boldsymbol{b}^{\mathrm{T}})$视为 $L(K^{n+1};K^m)$ 中的元素. 于是

$$\mathrm{rg}(\boldsymbol{A},\boldsymbol{b}^{\mathrm{T}})=\dim \mathrm{Im}(\boldsymbol{A},\boldsymbol{b}^{\mathrm{T}})=\dim \mathrm{Im}\,\boldsymbol{A}=\mathrm{rg}\,\boldsymbol{A}$$
$$\Leftrightarrow \boldsymbol{b}\in \mathrm{Im}\,\boldsymbol{A}$$

(2) 设 $\boldsymbol{y}\in \mathrm{Ker}\,\boldsymbol{A}$. 如果 $\boldsymbol{x}$ 是解，那么 $\boldsymbol{x}+\boldsymbol{y}$ 也是解，这是因为

$$\boldsymbol{A}(\boldsymbol{x}+\boldsymbol{y})=\boldsymbol{A}\boldsymbol{x}+\boldsymbol{A}\boldsymbol{y}=\boldsymbol{A}\boldsymbol{x}+\boldsymbol{0}=\boldsymbol{b}$$

反过来，如果 $\boldsymbol{x}$ 和 $\boldsymbol{x}'$ 是解，那么 $\boldsymbol{x}-\boldsymbol{x}'\in \mathrm{Ker}\,\boldsymbol{A}$，这是因为

$$\boldsymbol{A}(\boldsymbol{x}-\boldsymbol{x}')=\boldsymbol{A}\boldsymbol{x}-\boldsymbol{A}\boldsymbol{x}'=\boldsymbol{b}-\boldsymbol{b}=\boldsymbol{0}$$

于是解的唯一性等价于 $\mathrm{Ker}\,\boldsymbol{A}=\boldsymbol{0}$.

由 $\dim \mathrm{Ker}\,\boldsymbol{A}=0$ 得 $\dim \mathrm{Im}\,\boldsymbol{A}=\mathrm{rg}\,\boldsymbol{A}=n$.

补充　$\mathrm{rg}\,\boldsymbol{A}=m$ 的充要条件是对于每一个 $\boldsymbol{b}\in K^m$，$\boldsymbol{A}\boldsymbol{x}=\boldsymbol{b}$ 都有解.

证明　$\mathrm{rg}\,\boldsymbol{A}=m\Leftrightarrow \mathrm{Im}\,\boldsymbol{A}=K^m$. 于是结论可从定理 1 中的(1) 得出.

当方程组中方程的个数与未知量的个数相同时，定理 1 和定理 1 的补充有如下陈述：

定理 2　设 $\boldsymbol{A}$ 是一个 (n,n) – 矩阵. $\mathrm{rg}\,\boldsymbol{A}=n$ 的充要条件是对每一个 $\boldsymbol{b}\in K^n$，(n,n) – 线性方程组 $\boldsymbol{A}\boldsymbol{x}=\boldsymbol{b}$ 有唯一确定的解.

证明　按照定理 1，唯一性等价于 $\mathrm{rg}\,\boldsymbol{A}=n$，又由定理 1 的补充得这等价于对于每一个 $\boldsymbol{b}\in K^n$ 有解.

注　对于一个 (n,n) – 线性方程组 $\boldsymbol{A}\boldsymbol{x}=\boldsymbol{b}$，$\mathrm{rg}\,\boldsymbol{A}=n$ 等价于 $A:K^n\to K^n$ 是一个同构. 这是因为 $\mathrm{rg}\,\boldsymbol{A}=n$ 或者 $\mathrm{Im}\,\boldsymbol{A}=K^n$ 意味着 $\dim \mathrm{Ker}\,\boldsymbol{A}=0$. 显然，对于 $\boldsymbol{b}\in K^n$，元素 $\boldsymbol{A}^{-1}\boldsymbol{b}$ 是 $\boldsymbol{A}\boldsymbol{x}=\boldsymbol{b}$ 的唯一确定的解.

定义 2　(1) 称形如 $\boldsymbol{Ax}=\mathbf{0}$ 的线性方程组为齐次线性方程组;

(2) 设 $\boldsymbol{Ax}=\boldsymbol{b}$ 是任意的一个线性方程组,于是称 $\boldsymbol{Ax}=\mathbf{0}$ 为相应的齐次线性方程组.

引理 1　齐次线性方程组 $\boldsymbol{Ax}=\mathbf{0}$ 总有一个解,即 $\boldsymbol{x}=\mathbf{0}$. 方程组有唯一解的充要条件是 $\mathbf{Ker}\,\boldsymbol{A}=\mathbf{0}$.

证明　$\boldsymbol{Ax}=\mathbf{0}\Leftrightarrow\boldsymbol{x}\in\mathrm{Ker}\,\boldsymbol{A}$.

定理 3　设 $\boldsymbol{Ax}=\boldsymbol{b}$ 是一个 (m,n) - 线性方程组. 当 $\boldsymbol{x}_0$ 是解时,每个 $\boldsymbol{x}=\boldsymbol{x}_0+\boldsymbol{y}$ 也是解,其中 $\boldsymbol{y}$ 是齐次线性方程组 $\boldsymbol{Ax}=\mathbf{0}$ 的解. 而且 $\boldsymbol{Ax}=\boldsymbol{b}$ 的每个解 $\boldsymbol{x}$ 都能表示成这种形式.

注　当 $\boldsymbol{Ax}=\boldsymbol{b}$ 的解写成形式 $\boldsymbol{x}=\boldsymbol{x}_0+\boldsymbol{y}$,其中 $\boldsymbol{x}_0$ 是特选的固定解时,称 $\boldsymbol{x}_0$ 为特解,$\boldsymbol{x}=\boldsymbol{x}_0+\boldsymbol{y}$ 为通解.

证明　由 $\boldsymbol{Ax}_0=\boldsymbol{b}$ 及 $\boldsymbol{y}\in\mathrm{Ker}\,\boldsymbol{A}$ 可得出 $\boldsymbol{A}(\boldsymbol{x}_0+\boldsymbol{y})=\boldsymbol{Ax}_0+\mathbf{0}=\boldsymbol{b}$.

由 $\boldsymbol{Ax}_0=\boldsymbol{Ax}=\boldsymbol{b}$ 可得出 $\boldsymbol{A}(\boldsymbol{x}-\boldsymbol{x}_0)=\boldsymbol{Ax}-\boldsymbol{Ax}_0=\mathbf{0}$,于是 $\boldsymbol{x}=\boldsymbol{x}_0+(\boldsymbol{x}-\boldsymbol{x}_0)$,且 $\boldsymbol{A}(\boldsymbol{x}-\boldsymbol{x}_0)=\mathbf{0}$.

2.1.2　高斯消去法

在本节中我们要描述一种计算方法,用它能找到线性方程组的解.

定义 3　称两个 (m,n) - 线性方程组

$$\boldsymbol{Ax}=\boldsymbol{b}\text{ 和 }\boldsymbol{A}'\boldsymbol{x}=\boldsymbol{b}'$$

是等价的,如果存在一个 $\boldsymbol{S}\in GL(m,K)$,使得 $\boldsymbol{A}'=\boldsymbol{SA}$,$\boldsymbol{b}'=\boldsymbol{Sb}$.

命题 1　(1) 在定义 3 中定义的关系是在定义 7 的

意义下的一种等价关系；

(2) 两个等价方程组的解集是相同的.

证明 (1) 线性方程组与其自身是等价的. 由 $\boldsymbol{A}'=\boldsymbol{S}\boldsymbol{A}, \boldsymbol{b}'=\boldsymbol{S}\boldsymbol{b}$ 可得出 $\boldsymbol{A}=\boldsymbol{S}^{-1}\boldsymbol{A}', \boldsymbol{b}=\boldsymbol{S}^{-1}\boldsymbol{b}'$. 由 $\boldsymbol{A}'=\boldsymbol{S}\boldsymbol{A}, \boldsymbol{A}''=\boldsymbol{S}'\boldsymbol{A}', \boldsymbol{b}'=\boldsymbol{S}\boldsymbol{b}, \boldsymbol{b}''=\boldsymbol{S}'\boldsymbol{b}'$ 可得出 $\boldsymbol{A}''=\boldsymbol{S}'\boldsymbol{S}\boldsymbol{A}, \boldsymbol{b}''=\boldsymbol{S}'\boldsymbol{S}\boldsymbol{b}$.

(2) $\boldsymbol{A}\boldsymbol{x}=\boldsymbol{b}\Leftrightarrow\boldsymbol{S}\boldsymbol{A}\boldsymbol{x}=\boldsymbol{S}\boldsymbol{b}$.

命题 2 对于 $i\neq j$ 及 $a\in K$，定义 (m,m) 一矩阵 $\boldsymbol{B}_{ij}(a)$ 为 $\boldsymbol{I}+a\boldsymbol{I}_{ij}$，则有 $\boldsymbol{B}_{ij}(a)\in GL(m,K)$.

设 $\boldsymbol{A}\boldsymbol{x}=\boldsymbol{b}$ 是一个 (m,n) 一线性方程组. 我们把 $\boldsymbol{A}$ 的第 j 行的 a 倍加到 $\boldsymbol{A}$ 的第 i 行，把 $\boldsymbol{b}$ 的第 j 行的 a 倍加到 $\boldsymbol{b}$ 的第 i 行，就得到了等价的方程组 $\boldsymbol{A}'\boldsymbol{x}=\boldsymbol{b}'$，这里 $\boldsymbol{A}'=\boldsymbol{B}_{ij}(a)\boldsymbol{A}, \boldsymbol{b}'=\boldsymbol{B}_{ij}(a)\boldsymbol{b}$. 这里所做的都在定义 1 中.

证明 由矩阵乘法可立即得出 $\boldsymbol{B}_{ij}(a)\boldsymbol{B}_{ij}(-a)=\boldsymbol{I}$ 为单位矩阵. 对 $\boldsymbol{A}'=\boldsymbol{B}_{ij}(a)\boldsymbol{A}$ 做描述的论证是简单的.

引理 2 (m,n) 一线性方程组 $\boldsymbol{A}\boldsymbol{x}=\boldsymbol{b}$ 可以等价于一个以行阶梯形式出现的线性方程组 $\boldsymbol{A}^*\boldsymbol{x}=\boldsymbol{b}^*$，即 $\boldsymbol{A}^*$ 中的元素 a_{ij}^* 具有下列性质：存在 r 个整数 $1\leqslant j_1<j_2<\cdots<j_r\leqslant r, r=\mathrm{rg}\,\boldsymbol{A}$，使得对于 $j<j_1$ 或者 $i>r$，有 $a_{ij}^*=0$，而且 $a_{1j_1}^*\cdots a_{rj_r}^*\neq 0$.

$\boldsymbol{A}^*$ 是用形如命题 2 中的 $\boldsymbol{B}_{ij}(a)$ 的矩阵多次左乘 $\boldsymbol{A}$ 得到的.

注 矩阵在行阶梯形式中的格式具有下列形式

$$\begin{pmatrix} 0 & \cdots & a^*_{1j_1} & \cdots & \cdots & \cdots & \cdots & \cdots & \cdots \\ 0 & \cdots & 0 & \cdots & 0 & a^*_{2j_2} & \cdots & \cdots & \cdots \\ 0 & \cdots & 0 & \cdots & 0 & 0 & \cdots & a^*_{rj_r} & \cdots \\ 0 & \cdots & 0 & \cdots & 0 & 0 & \cdots & 0 & 0 \end{pmatrix}$$

这里位于“阶梯”左边的元素全为零.

证明　对于零矩阵,结论显然是成立的. 于是我们能假设存在首次出现的一列(a_{ij_1}),$1 \leqslant i \leqslant m$,它不全是零,让它与一个形如 $\boldsymbol{B}_{1j}(1)$ 的适当的矩阵相乘后可得出一个与之等价的矩阵 $\boldsymbol{A}'$,且 $a'_{1j_1} \neq 0$. 再通过与矩阵 $\boldsymbol{B}_{i1}\left(\dfrac{-a'_{ij_1}}{a'_{1j_1}}\right)$ ($2 \leqslant i \leqslant m$) 相乘,我们得到一个矩阵 $\boldsymbol{A}''$,使得对于 $i > 1$,有 $a''_{ij_1} = 0$. 再把 $\boldsymbol{A}''$ 改写为 $\boldsymbol{A}$,存在 $j > j_1$,使得在列 $\boldsymbol{A}_j$ 中有元 $a_{ij} \neq 0$,这里 $i > 1$. 设 j 是具有此性质的最小整数. 如上面所述的那样,在乘以适当的 $\boldsymbol{B}_{2j}(1)$ 后所得到的矩阵 $\boldsymbol{A}'$ 中,有 $a'_{2j_2} \neq 0$. 再乘以矩阵 $\boldsymbol{B}_{i2}\left(\dfrac{-a'_{ij_2}}{a'_{2j_2}}\right)$ ($3 \leqslant i \leqslant m$),我们就得到一个矩阵 $\boldsymbol{A}''$,使得对于 $i > 2$,有 $a''_{ij_2} = 0$.

我们可按此进行,最终得到所希望的行阶梯形矩阵 $\boldsymbol{A}^*$. 因为 $\boldsymbol{A}^*$ 的行秩等于 r,及 $\mathrm{rg}\,\boldsymbol{A}^* = \mathrm{rg}\,\boldsymbol{A}$,所以得到 $r = \mathrm{rg}\,\boldsymbol{A}$.

现在我们来描述一种入门的计算方法,称为高斯消去法.

定理 4　设 $\boldsymbol{A}\boldsymbol{x} = \boldsymbol{b}$ 是一个 (m,n) 一线性方程组,其中 $\mathrm{rg}\,\boldsymbol{A} = r$. 设 $\boldsymbol{A}^*\boldsymbol{x} = \boldsymbol{b}^*$ 是与其等价的行阶梯形的

(m,n)－线性方程组.

$\boldsymbol{Ax}=\boldsymbol{b}$ 有解的充要条件是向量 $\boldsymbol{b}^*$ 对于 $i>r$ 的分量 b_i^* 为零. 当此条件满足时,我们可如下地找到解的全体:对于 $j\notin\{j_1,\cdots,j_r\}$,可任选 x_j,且可从 $\boldsymbol{A}^*\boldsymbol{x}=\boldsymbol{b}^*$ 的第 r 行

$$a_{rj_r}^* x_{j_r} + \text{其他项} = b_r^*$$

中确定出元素 x_{j_r}. 于是可从第 $r-1$ 行

$$a_{r-1,j_{r-1}}^* x_{j_{r-1}} + \text{其他项} = b_{r-1}^*$$

中确定出元素 $x_{j_{r-1}}$,依此类推.

证明 对于 $i>r$,$\boldsymbol{b}^*\in \operatorname{Im}\boldsymbol{A}^*$ 等价于 $b_i^*=0$. 如果这个条件满足,那么给出了所描述的求解方法. 它是 $\boldsymbol{A}^*\boldsymbol{x}=\boldsymbol{b}^*$ 的所有解,因而也是 $\boldsymbol{Ax}=\boldsymbol{b}$ 的所有解. 这是因为解中的元素 $x_{j_r},\cdots,x_{j_1}$ 可以用 $x_j(j\notin\{j_1,\cdots,j_r\})$ 及 $b_i^*(1\leqslant i\leqslant r)$ 描述出来.

2.1.3 对称群

我们现在来进一步研究对称群 S_n^* 的结构. 我们用一个点来标记 S_n 中的连接关系

$$(\sigma,\sigma')\in S_n \longmapsto \sigma\cdot\sigma'\in S_n$$

我们从一个关于一般的(也不一定是交换的)环 R 的引理来开始进行讨论.

引理 3 设 R 是一个环,R^* 是 R 中的可逆元的乘法群. 在 R 上定义关系"x 共轭于 x'"(记为 $x\sim x'$),如下:存在 $a\in R^*$,使得 $x'=axa^{-1}$. 于是这给出了一个等价关系.

对于群 G,也可同样地定义 $x\sim x'$:存在 $a\in G$,使

得 $x'=axa^{-1}$.

证明　取 $a=1$,则有 $x\sim x$. 由 $x'=axa^{-1}$ 可得出$x=a^{-1}x'(a^{-1})^{-1}$. 由 $x'=axa^{-1}$,$x''=a'x'a'^{-1}$ 可推出 $x''=(a'a)x(a'a)^{-1}$.

例 1　设 R 是环 $M_k(n,n)$,则 $R^*=GL(n,K)$.

定义 4　称元素 $\sigma\in S_n$ 为$\{1,\cdots,n\}$ 中关于元素 i 和 j 的对换,如果对于 $i\neq j$,有 $\sigma(i)=j$ 及$\sigma(j)=i$,而且对于所有其他的 $k\in\{1,\cdots,n\}$,有 $\sigma(k)=k$. 我们记 S_n 中的这个元素为(i,j).

注　对于 $S_1=\mathrm{id}$,不存在对换. $S_2=\{\mathrm{id},(1,2)\}$.

命题 3　(1)S_n 的阶(即 S_n 中元素的个数) 为 $n!$;

(2) 对于 $n\geqslant 3$,S_n 不是交换的;

(3)$(i,j)\cdot(i,j)=\mathrm{id}=S_n$ 中的中性元;

(4) 每一个对换(i,j) 均共轭于对换$(1,2)$.

证明　(1)S_1 中元素的个数 $\# S_1=1$. 假设我们已经证明了 $\# S_{n-1}=(n-1)!$. 对于$\{1,\cdots,n\}$ 中的 n 个元素中的每一个元素 i,集合 $A_i=\{\sigma\in S_n\mid\sigma(i)=i\}$ 构成了一个同构于 S_{n-1} 的子群. 对于每一个 $\sigma\in S_n$,可用下面的方法将它一一对应于 i 及一个 $\sigma_i\in A_i$:

(i) 当 $\sigma(n)\neq n$ 时,则取 $i=\sigma(n)$,$\sigma_i=(\sigma(n),n)\cdot\sigma\in A_{\sigma(n)}$;

(ii) 当 $\sigma(n)=n$ 时,则取 $i=n$,$\sigma_i=\sigma\in A_n$,于是有 $\# S_n=n\cdot(n-1)!=n!$.

(2) 注意,对于 $n\geqslant 3$,S_n 包含一个与 S_3 同构的子群.

(3) 这是显然的.

(4) 设 $\tau=(i,j)$. 存在 $\sigma\in S_n$, 使得 $\sigma(1)=i,\sigma(2)=j$. 于是 $\sigma\cdot\tau\cdot\sigma^{-1}=(1,2)$. 这是因为 $\sigma\cdot\tau\cdot\sigma^{-1}(2)=\tau\cdot\sigma^{-1}(j)=\sigma^{-1}(i)=1$. 同样可得 $\sigma\cdot\tau\cdot\sigma^{-1}(1)=2$. 对于 $k\notin 1,2$, 有 $\sigma(k)\notin\{i,j\}$, 于是 $\sigma\cdot\tau\cdot\sigma^{-1}(k)=k$.

引理 4　每个置换 $\sigma\in S_n(n\geqslant 2)$ 可表示为个数小于或等于 n 的对换的乘积. 对于 $\sigma\neq\mathrm{id}$, 只需小于或等于 $n-1$ 次对换.

证明　对于 $\sigma=\mathrm{id}$, 有 $\sigma=(1,2)\cdot(1,2)$. 设 $\sigma\neq\mathrm{id}$, 于是存在一个最小的 i_1, 使得 $\sigma(i_1)=j_1\neq i_1$. 令 $\sigma\cdot(i_1,j_1)=\sigma_1$. 对于 $i\leqslant i_1$, 有 $\sigma_1(i)=i$. 当 $\sigma_1=\mathrm{id}$ 时, 我们已经证得. 否则就存在一个最小的 i_2, 使得 $\sigma_1(i_2)=j_2\neq i_2$. 令 $\sigma_1\cdot(i_2,j_2)=\sigma_2$. 对于 $i\leqslant i_2$, 有 $\sigma_2(i)=i$, 因此一直这样做下去, 总能得到一个 $\sigma_k,k\leqslant n-1$, 使得对于 $i<n$, 有 $\sigma_k(i)=i$, 因此 $\sigma_k=\mathrm{id}$. 于是

$$\sigma=(i_k,j_k)\cdot\cdots\cdot(i_1,j_1)$$

定义 5　设 $\sigma\in S_n,n\geqslant 2$. 称偶 $(i,j)(1\leqslant i<j\leqslant n)$ 是 σ 的逆置, 如果 $\sigma(i)>\sigma(j)$. 定义 σ 的符号为

$$\varepsilon(\sigma)=\prod_{i<j}\frac{\sigma(j)-\sigma(i)}{j-i}\in\{+1,-1\}$$

根据 $\varepsilon(\sigma)=+1$ 或 -1, 我们称 σ 为偶置换或奇置换. 对于 $n=1$, 令 $\varepsilon(\sigma)=1$.

注　根据当分母中有 $j-i$ 时, 分子中出现 $-(j-i)$ 还是 $+(j-i)$, 可确定 $\varepsilon(\sigma)=+1$ 或 -1.

对于 (l,k), 虽然有 $\sigma(l)=j,\sigma(k)=i$, 但还要看 (l,k) 是否是逆置的. 特别地, $\varepsilon(\sigma)=(-1)^l$, 这里 l 为 σ 的

逆置的总数.

命题 4　设 $n \geqslant 2$.

(1) 映射

$$\varepsilon : \sigma \in S_n \longmapsto \varepsilon(\sigma) \in \{+1, -1\}$$

是到乘法群 $\{+1, -1\} \subset Z$ 上的一个群同态.

(2) 当 σ 被表示为 k 个对换的乘积时, $\varepsilon(\sigma) = (-1)^k$.

注　在引理 4 中,我们指出,每个 $\sigma \in S_n$ 可被表示为对换的乘积. 在这样一个表示中,元素的个数 k 不是唯一确定的. 例如,我们可以在已有的乘积上再增加两个对换 $(1,2) \cdot (1,2)$. 但是这个数目在模 2 下是唯一的.

命题 4 的证明　对于(1),有

$$\begin{aligned}\varepsilon(\sigma' \cdot \sigma) &= \prod_{i<j} \frac{\sigma(\sigma'(j)) - \sigma(\sigma'(i))}{j - i} \\ &= \prod_{i<j} \frac{\sigma(\sigma'(j)) - \sigma(\sigma'(i))}{\sigma'(j) - \sigma'(i)} \cdot \\ &\quad \prod_{i<j} \frac{\sigma'(j) - \sigma'(i)}{j - i}\end{aligned}$$

第二个乘积等于 $\varepsilon(\sigma')$. 为了看出第一个乘积是否等于 $\varepsilon(\sigma)$,我们注意到

$$\frac{\sigma(\sigma'(j)) - \sigma(\sigma'(i))}{\sigma'(j) - \sigma'(i)} = \frac{\sigma(\sigma'(i)) - \sigma(\sigma'(j))}{\sigma'(i) - \sigma'(j)}$$

于是我们能把第一个乘积中的“$\prod\limits_{i<j}$”换写成“$\prod\limits_{\sigma'(i)<\sigma'(j)}$”.

(2) 由(1),我们只需证明:对于一个对换 $\tau = (k, l)$, $k < l$, 有 $\varepsilon(\tau) = -1$. (k, l) 是 τ 的逆置. 对于 $k <$

$i < l$,(k,i) 和(i,l) 同时为逆置. 于是 τ 的逆置的数目是奇数.

定义 6 设 $n \geqslant 2$. 我们称偶置换子群$\{\sigma \in S_n, \varepsilon(\sigma)=1\}$ 为交错群 A_n.

命题 5 A_n 是 S_n 的不变子群,有$\dfrac{S_n}{A_n} \cong \{1,-1\}$.

可将每个 $\sigma \in \dfrac{S_n}{A_n}$ 写成$\sigma = \tau \cdot \sigma'$,这里 τ 为对换,$\sigma' \in A_n$,A_n 的阶数为$\dfrac{n!}{2}$.

证明 由定义知 $A_n = \mathrm{Ker}\ \varepsilon$. 注意,对换属于$\dfrac{S_n}{A_n}$.

2.1.4 行列式

现在我们来讨论经典线性代数中的一个重要的概念. K 表示一个(交换) 域,或者更一般的是一个带有单位元 1 的交换环.

定义 7 我们把具有下列性质的映射

$$\det : M_K(n,n) \to K$$

称为行列式映射.

(1)det 对每一行都是线性的;

(2) 若两行相同,则 $\det \boldsymbol{A}=0$;

(3)$\det \boldsymbol{I}_n = 1$,

称值 $\det \boldsymbol{A} \in K$ 为 $\boldsymbol{A}$ 的行列式.

注 (1) 目前还不清楚行列式映射是否存在,稍后我们将指出:正好有一个这样的映射存在.

(2) 我们把$\boldsymbol{A} \in M_K(n,n)$ 的第 i 行记为$\boldsymbol{A}^i$,于是$\boldsymbol{A}$

就可写为

$$\begin{pmatrix} \boldsymbol{A}^1 \\ \vdots \\ \boldsymbol{A}^i \\ \vdots \\ \boldsymbol{A}^n \end{pmatrix}$$

由此，定义 7 中的条件(1) 到条件(3) 可写为

$$\det\begin{pmatrix} \boldsymbol{A}^1 \\ \vdots \\ a\boldsymbol{A}^i + a'\boldsymbol{A}'^i \\ \vdots \\ \boldsymbol{A}^n \end{pmatrix} = a\det\begin{pmatrix} \boldsymbol{A}^1 \\ \vdots \\ \boldsymbol{A}^i \\ \vdots \\ \boldsymbol{A}^n \end{pmatrix} + a'\det\begin{pmatrix} \boldsymbol{A}^1 \\ \vdots \\ \boldsymbol{A}'^i \\ \vdots \\ \boldsymbol{A}^n \end{pmatrix}$$

$$\det\begin{pmatrix} \boldsymbol{A}^1 \\ \vdots \\ \boldsymbol{A}^i \\ \vdots \\ \boldsymbol{A}^j = \boldsymbol{A}^i \\ \vdots \\ \boldsymbol{A}^n \end{pmatrix} = 0$$

$$\det\begin{pmatrix} \boldsymbol{e}_1 \\ \vdots \\ \boldsymbol{e}_i \\ \vdots \\ \boldsymbol{e}_n \end{pmatrix} = 1$$

命题 6　定义 7 中的映射 det 具有下列更进一步

的性质

$$\det\begin{pmatrix} \boldsymbol{A}^1 \\ \vdots \\ \boldsymbol{A}^i + a\boldsymbol{A}^j \\ \vdots \\ \boldsymbol{A}^j \\ \vdots \\ \boldsymbol{A}^n \end{pmatrix} = \det\begin{pmatrix} \boldsymbol{A}^1 \\ \vdots \\ \boldsymbol{A}^i \\ \vdots \\ \boldsymbol{A}^j \\ \vdots \\ \boldsymbol{A}^n \end{pmatrix} \quad (i \neq j) \qquad (1)$$

$$\det\begin{pmatrix} \boldsymbol{A}^1 \\ \vdots \\ \boldsymbol{A}^i \\ \vdots \\ \boldsymbol{A}^j \\ \vdots \\ \boldsymbol{A}^n \end{pmatrix} = -\det\begin{pmatrix} \boldsymbol{A}^1 \\ \vdots \\ \boldsymbol{A}^j \\ \vdots \\ \boldsymbol{A}^i \\ \vdots \\ \boldsymbol{A}^n \end{pmatrix} \quad (i \neq j) \qquad (2)$$

证明　对于式(1),有

$$\det\begin{pmatrix} \boldsymbol{A}^1 \\ \vdots \\ \boldsymbol{A}^i + a\boldsymbol{A}^j \\ \vdots \\ \boldsymbol{A}^j \\ \vdots \\ \boldsymbol{A}^n \end{pmatrix} \overset{\text{条件(1)}}{=} \det\begin{pmatrix} \boldsymbol{A}^1 \\ \vdots \\ \boldsymbol{A}^i \\ \vdots \\ \boldsymbol{A}^j \\ \vdots \\ \boldsymbol{A}^n \end{pmatrix} + a\det\begin{pmatrix} \boldsymbol{A}^1 \\ \vdots \\ \boldsymbol{A}^j \\ \vdots \\ \boldsymbol{A}^j \\ \vdots \\ \boldsymbol{A}^n \end{pmatrix}$$

$$\overset{\text{条件(2)}}{=} \det\begin{pmatrix} \boldsymbol{A}^1 \\ \vdots \\ \boldsymbol{A}^i \\ \vdots \\ \boldsymbol{A}^j \\ \vdots \\ \boldsymbol{A}^n \end{pmatrix} + 0$$

对于式(2),有

$$0 \overset{\text{条件(2)}}{=} \det\begin{pmatrix} \boldsymbol{A}^1 \\ \vdots \\ \boldsymbol{A}^i + \boldsymbol{A}^j \\ \vdots \\ \boldsymbol{A}^j + \boldsymbol{A}^i \\ \vdots \\ \boldsymbol{A}^n \end{pmatrix}$$

$$\overset{\text{条件(1)}}{=} \det\begin{pmatrix} \boldsymbol{A}^1 \\ \vdots \\ \boldsymbol{A}^i \\ \vdots \\ \boldsymbol{A}^j + \boldsymbol{A}^i \\ \vdots \\ \boldsymbol{A}^n \end{pmatrix} + \det\begin{pmatrix} \boldsymbol{A}^1 \\ \vdots \\ \boldsymbol{A}^j \\ \vdots \\ \boldsymbol{A}^j + \boldsymbol{A}^i \\ \vdots \\ \boldsymbol{A}^n \end{pmatrix}$$

$$\overset{\text{式(1)}}{=} \det \begin{pmatrix} \boldsymbol{A}^1 \\ \vdots \\ \boldsymbol{A}^i \\ \vdots \\ \boldsymbol{A}^j \\ \vdots \\ \boldsymbol{A}^n \end{pmatrix} + \det \begin{pmatrix} \boldsymbol{A}^1 \\ \vdots \\ \boldsymbol{A}^j \\ \vdots \\ \boldsymbol{A}^i \\ \vdots \\ \boldsymbol{A}^n \end{pmatrix}$$

定理 5　行列式映射可用定义 7 中的条件唯一地确定出来. 如果矩阵 $\boldsymbol{A}$ 是由其元素 a_{ij} 给出的,那么有

$$\det \boldsymbol{A} = \sum_{\sigma \in S_n} \varepsilon(\sigma) a_{1\sigma(1)} \cdot \cdots \cdot a_{n\sigma(n)}$$

此公式也称为莱布尼茨公式.

证明　将 $\boldsymbol{A}$ 的第 i 行 $\boldsymbol{A}^i$ 写成形如 $\boldsymbol{A}^i = \sum_{k_i} a_{ik_i} \boldsymbol{e}_{k_i}$ 的形式. 我们有

$$\det \boldsymbol{A} = \sum_{k_1} a_{1k_1} \cdot \det \begin{pmatrix} \boldsymbol{e}_{k_1} \\ \vdots \\ \boldsymbol{A}^n \end{pmatrix}$$

$$= \sum_{k_1, \cdots, k_n} a_{1k_1} \cdot \cdots \cdot a_{nk_n} \cdot \det \begin{pmatrix} \boldsymbol{e}_{k_1} \\ \vdots \\ \boldsymbol{e}_{k_n} \end{pmatrix}$$

出现在最后的和式中的许多行列式是多余的,只需保留$(k_1, \cdots, k_n)$是$(1, \cdots, n)$的一个置换的那种行列式. 于是我们仅需证明

$$\det\begin{pmatrix}\boldsymbol{e}_{\sigma(1)}\\ \vdots\\ \boldsymbol{e}_{\sigma(n)}\end{pmatrix}=\varepsilon(\sigma)$$

对于 $\sigma=\mathrm{id}$,这个式子是正确的. 当 σ 是一个对换时,上式两边均为 -1,见命题 4 及命题 6 中的(2). 在一般情形中,σ 是 k 个对换的乘积,而且有 $\varepsilon(\sigma)=(-1)^k$,见命题 4. 每个对换都将行列式的符号改变一次. 于是位于左边的行列式的值是 $(-1)^k$ 乘以 $\sigma=\mathrm{id}$ 时的行列式的值 1.

例 2 (1)$n=2$. S_2 是由 id 及 (1, 2) 构成的,$\varepsilon(1,2)=-1$. 于是

$$\det\begin{pmatrix}a_{11} & a_{12}\\ a_{21} & a_{22}\end{pmatrix}=a_{11}a_{22}-a_{12}a_{21}$$

(2)$n=3$. 我们写 $S_3=A_3\cup\tau A_3$,其中 $\tau=(1,2)$. A_3 由三个元素

$$\begin{pmatrix}1 & 2 & 3\\ 1 & 2 & 3\end{pmatrix},\begin{pmatrix}1 & 2 & 3\\ 2 & 3 & 1\end{pmatrix},\begin{pmatrix}1 & 2 & 3\\ 3 & 1 & 2\end{pmatrix}$$

构成. 于是

$$\det \boldsymbol{A}=\sum_{\sigma\in A_3}a_{1\sigma(1)}a_{2\sigma(2)}a_{3\sigma(3)}-\sum_{\sigma\in A_3}a_{1\tau\cdot\sigma(1)}a_{2\tau\cdot\sigma(2)}a_{3\tau\cdot\sigma(3)}$$

det $\boldsymbol{A}$ 的计算也可用沙鲁斯(Sarrus) 规则来描述.

人们可做出在 3 个“\” 对角线中的元素的乘积之和,再减去在 3 个“/” 对角线中的元素的乘积.

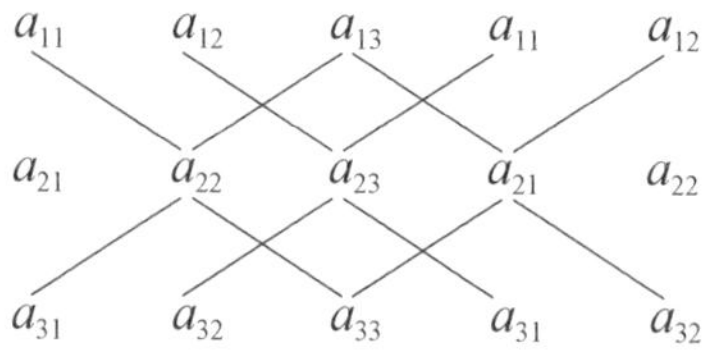

定理 6**(行列式乘法定理)** 设 $\boldsymbol{A}$ 和 $\boldsymbol{B}$ 是 $M_K(n,n)$ 中的元素，K 是一个具有单位元 1 的交换环. 于是下式成立

$$\det(\boldsymbol{AB}) = \det \boldsymbol{A} \cdot \det \boldsymbol{B}$$

当我们将 det 限制在可逆矩阵的乘法群 $GL(n,K)$ 上时，$\det: GL(n,K) \to K^*$ 是一个从 $GL(n,K)$ 到 K 的乘法可逆元素群 K^* 上的满射.

证明 我们如定理 5 的证明那样去做. $\boldsymbol{AB}$ 的第 i 行可写成

$$\sum_{l_i, k_i} a_{il_i} b_{l_i k_i} \boldsymbol{e}_{k_i}$$

利用 $\boldsymbol{f}_{l_i} = \sum_{k_i} b_{l_i k_i} \boldsymbol{e}_{k_i}$，我们有

$$\det(\boldsymbol{AB}) = \sum_{l_1, \cdots, l_n} a_{1l_1} \cdot \cdots \cdot a_{nl_n} \cdot \det \begin{pmatrix} \boldsymbol{f}_{l_1} \\ \vdots \\ \boldsymbol{f}_{l_n} \end{pmatrix}$$

$$= \sum_{\sigma \in S_n} a_{1\sigma(1)} \cdot \cdots \cdot a_{n\sigma(n)} \cdot \varepsilon(\sigma) \cdot \det \begin{pmatrix} \boldsymbol{f}_{l_1} \\ \vdots \\ \boldsymbol{f}_{l_n} \end{pmatrix}$$

$$= \det \boldsymbol{A} \cdot \det \boldsymbol{B}$$

系 当 $\boldsymbol{A}$ 是可逆阵时，有 $\det \boldsymbol{A}^{-1} = (\det \boldsymbol{A})^{-1}$.

同样地,立即可得出下面的定理.

定理 7　设 $\mathbf{A} \in M_K(n,n)$. $\det \mathbf{A} \neq 0$ 等价于 $\mathbf{A}$ 为可逆的,它又等价于 $\operatorname{rg} \mathbf{A} = n$.

证明　在定理 5 的证明中已指出 $\det \mathbf{A} \neq 0$ 等价于 $\operatorname{rg} \mathbf{A} = n$. 由定理 2 的注,这等价于 $\mathbf{A}$ 是可逆的.

定义 8　称态射 $\det: GL(n,K) \to K^*$ 的核为特殊线性群 $SL(n,K)$.

例 3　(1) 我们对 $\sigma \in S_n$ 定义了置换矩阵 $\mathbf{A}_\sigma$. 我们断言: $\det \mathbf{A}_\sigma = \varepsilon(\sigma)$. 特别地, 当 $\sigma \in \mathbf{A}_n$ 时, $\mathbf{A}_\sigma \in SL(n,K)$.

因为 $\sigma \in S_n \longmapsto \mathbf{A}_\sigma \in GL(n,K)$ 和 $\det: GL(n,K) \to K^*$ 是态射,所以由命题 3 及引理 4,只需证明:对于置换 $\tau = (1,2)$,有 $\det \mathbf{A}_\tau = -1$. 现在注意: $\mathbf{A}_\tau$ 相应于单位矩阵的前面两行的对换.

(2) 对于对角矩阵或一般的三角矩阵,其行列式为对角元的乘积 $a_{11} \cdot \cdots \cdot a_{nn}$. 当此行列式等于1时,该矩阵属于 $SL(n,K)$.

引理 5　$\det \mathbf{A}^{\mathrm{T}} = \det \mathbf{A}$.

证明　因为 $a_{ij} = a_{ji}$ ($\mathbf{A}^{\mathrm{T}}$ 的第 j 行,第 i 列),所以

$$\begin{aligned} \det \mathbf{A}^{\mathrm{T}} &= \sum_{\sigma \in S_n} \varepsilon(\sigma) a_{\sigma(1)1} \cdot \cdots \cdot a_{\sigma(n)n} \\ &= \sum_{\sigma^{-1} \in S_n} \varepsilon(\sigma^{-1}) a_{1\sigma^{-1}(1)} \cdot \cdots \cdot a_{n\sigma^{-1}(n)} \end{aligned}$$

这是因为 $\varepsilon(\sigma^{-1}) = \varepsilon(\sigma)$,并且由于关于 $\sigma^{-1} \in S_n$ 求和与关于 $\sigma \in S_n$ 求和得到的结果相同, 于是右边 $= \det \mathbf{A}$.

2.1.5 行列式展开定理

我们用一个至少在理论上是有用的公式来充实关于行列式的章节，它表明：一个(n,n)－矩阵的行列式可以通过子行列式的计算而得出.

定义 9 设$\boldsymbol{A}=(a_{ij})\in M_K(n,n)$，$n>1$. 对于每一个偶$(k,l)$，$1\leqslant k,l\leqslant n$，用形式

$$\begin{pmatrix} a_{11} & \cdots & 0 & \cdots & a_{1n} \\ \vdots & & \vdots & & \vdots \\ 0 & \cdots & 1 & \cdots & 0 \\ \vdots & & \vdots & & \vdots \\ a_{n1} & \cdots & 0 & \cdots & a_{nn} \end{pmatrix} k \text{ 行}$$

l 列

来定义一个(n,n)－矩阵$\boldsymbol{A}_{kl}$，即$\boldsymbol{A}_{kl}$是将$\boldsymbol{A}$中的第k行$\boldsymbol{A}^k$换成典范基的元$\boldsymbol{e}_l=(0,\cdots,1,\cdots,0)$（第$l$个位置为1，其他位置为0），将$\boldsymbol{A}$中的第$l$列换成$\boldsymbol{e}_k$的转置$\boldsymbol{e}_k^{\mathrm{T}}$所得到的矩阵.

命题 7 $\sum\limits_{l=1}^{n}a_{il}\det\boldsymbol{A}_{kl}=\delta_{ik}\det\boldsymbol{A}.$

证明 设$\boldsymbol{A}'=\boldsymbol{A}'_{kl}$是将$\boldsymbol{A}$的第$k$行$\boldsymbol{A}^k$用$\boldsymbol{e}_l$替代后所得的矩阵. $\boldsymbol{A}_{kl}$能从$\boldsymbol{A}'$通过命题 6 的性质变为式(1) 的行运算（对于$i\neq k$，用$-a_{il}$乘$\boldsymbol{A}'$的第k行$\boldsymbol{A}'^k$，再将它加到第i行$\boldsymbol{A}'^i$上去）而得出

于是$\det\boldsymbol{A}'_{kl}=\det\boldsymbol{A}_{kl}$. 将$\boldsymbol{A}$的第$i$行$\boldsymbol{A}^i$写为$\sum\limits_{l}a_{il}\boldsymbol{e}_l$. 于是

$$\sum_l a_{il} \det \boldsymbol{A}_{kl}$$
$$= \sum_l a_{il} \det \boldsymbol{A}'_{kl}$$
$$= \det(\text{将 } \boldsymbol{A} \text{ 中的 } \boldsymbol{A}^k \text{ 用 } \boldsymbol{A}^i \text{ 来替换后所得的矩阵})$$

定义 10　设 $\boldsymbol{A}=(a_{ij}) \in M_K(m,n), n>1$.

(1) 对于任意的 $i,j,1 \leqslant i,j \leqslant n$,我们用 $S_{ij}(\boldsymbol{A})$ 记在 $\boldsymbol{A}$ 中删除第 i 行和第 j 列后所得到的 $(n-1,n-1)-$ 矩阵,称 $S_{ij}(\boldsymbol{A})$ 为关于 (i,j) 的删除矩阵;

(2) 将关于 $a_{il} \in \boldsymbol{A}$ 的代数余子式 α_{li} 定义为 $(-1)^{i+l} \det S_{il}(\boldsymbol{A})$.

命题 8　$\det \boldsymbol{A}_{il} = \alpha_{li} = (-1)^{i+l} \det S_{il}(\boldsymbol{A})$.

证明　通过 $l-1$ 次相邻列的交换,我们能由 $\boldsymbol{A}_{il}$ 得到矩阵 $\boldsymbol{B}_{il}$. 对于 $j<l$, $\boldsymbol{B}_{il}$ 的 $j+1$ 列是 $\boldsymbol{A}_{il}$ 的第 j 列,且其首列为 $\boldsymbol{A}_{il}$ 的第 l 列

$$\det \boldsymbol{A}_{il} = (-1)^{l-1} \det \boldsymbol{B}_{il}$$

根据类似的 $i-1$ 次相邻行的交换过程,我们能从 $\boldsymbol{B}_{il}$ 得到矩阵 $\boldsymbol{C}_{il}$,且有 $\det \boldsymbol{B}_{il} = (-1)^{i-1} \det \boldsymbol{C}_{il}$,这里 $\boldsymbol{C}_{il}$ 具有形式

$$\left(\begin{array}{c|cc} 1 & 0 & 0 \\ \hline 0 & & \\ & \multicolumn{2}{c}{S_{il}(\boldsymbol{A})} \\ 0 & & \end{array}\right)$$

显然有 $\det \boldsymbol{C}_{il} = \det S_{il}(\boldsymbol{A})$.

现在我们能证明拉普拉斯(Laplace)展开定理.

定理 8　设 $\boldsymbol{A}=(a_{ij}) \in M_K(n,n), n>1$. 于是借助在定义 10 中定义的代数余子式,我们有

$$\det \boldsymbol{A} = \begin{cases} \sum_{l=1}^{n} a_{il}\alpha_{li} \\ \sum_{k=1}^{n} a_{kj}\alpha_{jk} \end{cases}$$

注 右边两行分别称为“按第 i 行展开”和“按第 j 列展开”.

证明 第一行的等式可直接由命题 7 和命题 8 得到,因为 $\det \boldsymbol{A}^{\mathrm{T}} = \det \boldsymbol{A}$,作为应用,我们可由第一行得到第二行的结论.

定理 9 设 $\boldsymbol{A} \in GL(n,k)$. 逆矩阵 $\boldsymbol{A}^{-1}$ 在(j,k)位置上的元素可由$\frac{\alpha_{jk}}{\det \boldsymbol{A}}$给出.

证明 利用命题 7 和命题 8,我们有

$$\sum_{j} a_{ij} \frac{\alpha_{jk}}{\det \boldsymbol{A}} = \sum_{j} a_{ij} \frac{\det \boldsymbol{A}_{kj}}{\det \boldsymbol{A}} = \delta_{ik}$$

我们用克莱姆(Cramer)法则来结束本节. 它提供了一个详尽的公式,用来唯一确定系数行列式不为 0 的(n,n)一线性方程组的解.

定理 10 设在(n,n)一线性方程组 $\boldsymbol{Ax} = \boldsymbol{b}$ 中,$\det \boldsymbol{A} \neq 0$. 于是解的分量 $x_j(1 \leqslant j \leqslant n)$ 可由

$$x_j = \frac{\det \boldsymbol{B}_j}{\det \boldsymbol{A}}$$

给出. 这里 $\boldsymbol{B}_j$ 是将 $\boldsymbol{A}$ 中的第 j 列用 $\boldsymbol{b}^{\mathrm{T}}$ 替代后所得的(n,n)一矩阵.

证明 将 $\boldsymbol{B}_j$ 按第 j 列展开后得到

$$\det \boldsymbol{B}_j = \sum_{l=1}^{n} b_l \alpha_{jl}$$

于是由定理 9,得出了 $\boldsymbol{A}^{-1}\boldsymbol{b}$ 的形如上述的 $\boldsymbol{x}$.

例 4　根据

$$\begin{pmatrix} \overline{3} & \overline{4} & \overline{0} \\ \overline{1} & \overline{1} & \overline{2} \\ \overline{3} & \overline{4} & \overline{1} \end{pmatrix} \begin{pmatrix} x_1 \\ x_2 \\ x_3 \end{pmatrix} = \begin{pmatrix} \overline{1} \\ \overline{1} \\ \overline{0} \end{pmatrix}$$

其系数在 $K=Z_5$ 中,求解 x_1,x_2,x_3 的值.

解　根据题意,有

$$\det\begin{pmatrix} \overline{3} & \overline{4} & \overline{0} \\ \overline{1} & \overline{1} & \overline{2} \\ \overline{3} & \overline{4} & \overline{1} \end{pmatrix} = \overline{3}+\overline{4}-\overline{4}-\overline{4} = -\overline{1} = \overline{4}$$

$$\frac{1}{\det \boldsymbol{A}} = \overline{4}$$

$$x_1 = \overline{4}\det\begin{pmatrix} \overline{1} & \overline{4} & \overline{0} \\ \overline{1} & \overline{1} & \overline{2} \\ \overline{0} & \overline{4} & \overline{1} \end{pmatrix} = \overline{4}(\overline{1}-\overline{3}-\overline{4}) = \overline{1}$$

$$x_2 = \overline{4}\det\begin{pmatrix} \overline{3} & \overline{1} & \overline{0} \\ \overline{1} & \overline{1} & \overline{2} \\ \overline{3} & \overline{0} & \overline{1} \end{pmatrix} = \overline{4}(\overline{3}+\overline{1}-\overline{1}) = \overline{2}$$

$$x_3 = \overline{4}\det\begin{pmatrix} \overline{3} & \overline{4} & \overline{1} \\ \overline{1} & \overline{1} & \overline{1} \\ \overline{3} & \overline{4} & \overline{0} \end{pmatrix} = \overline{4}(\overline{2}+\overline{4}-\overline{3}-\overline{2}) = \overline{4}$$

2.2 特征值

2.2.1 特征值

现在我们来研究线性映射的一个更进一步的不变量. 不过,在这里我们必须要求域满足某些性质,本书的后续部分将越来越多地限制所取的域为实数域 **R** 和复数域 **C**. 对于复数域 **C**,所谈及的不变量总是存在的.

现在我们不再只考虑有限维向量空间.

定义 1 设 V 是域 K 上的一个向量空间.

(1) 设 $f:V\to V$ 是线性的,称 $\lambda\in K$ 为 f 的特征值,如果映射

$$(f-\lambda\mathrm{id}):V\to V$$

具有一个非零的核;

(2) 设 λ 是 f 的特征值,则称 $\mathrm{Ker}(f-\lambda\mathrm{id})$ 为对应于 λ 的特征空间,称元素 $\boldsymbol{x}\in\mathrm{Ker}(f-\lambda\mathrm{id})$ 为对应于特征值 λ 的特征向量;

(3) 设 $\mathbf{A}$ 是 K 上的一个 (n,n) 一矩阵. 我们可以把 $\mathbf{A}$ 看成一个线性映射 $A:K^n\to K^n$,于是也可以定义 $\mathbf{A}$ 的特征值、$\mathbf{A}$ 的特征空间和特征向量等概念.

注 我们说 λ 是 $f:V\to V$ 的特征值,这就意味着 V 中存在一个 $\boldsymbol{x}\neq\mathbf{0}$,使得 $f(\boldsymbol{x})=\lambda\boldsymbol{x}$. 当 $f=\mathbf{A}\in M_K(n,n)$ 时,(n,n) 一线性方程组 $(\mathbf{A}-\lambda\boldsymbol{I}_n)\boldsymbol{x}=\mathbf{0}$ 必有一个解 $\boldsymbol{x}\neq\mathbf{0}$.

例 1　如果 $\operatorname{Ker} f \neq \{0\}$，那么 $0 \in K$ 是 f 的特征值. 如果 $\operatorname{rg} \mathbf{A} < n$，即如果 $\mathbf{A}$ 是不可逆的，那么 0 是 $\mathbf{A} \in M_K(n,n)$ 的特征值.

我们考虑在 $\mathbf{R}$ 和 $\mathbf{C}$ 上的 $(2,2)$ − 矩阵

$$\mathbf{A} = \begin{pmatrix} \cos\alpha & -\sin\alpha \\ \sin\alpha & \cos\alpha \end{pmatrix}$$

假设 λ 是 $\mathbf{A}$ 的特征值. 这就是说，存在 $\boldsymbol{x} = (x_1, x_2) \neq (0,0)$，使得

$$\cos\alpha x_1 - \sin\alpha x_2 - \lambda x_1 = 0$$

$$\sin\alpha x_1 + \cos\alpha x_2 - \lambda x_2 = 0$$

于是矩阵 $(\mathbf{A} - \lambda \boldsymbol{I}_2)$ 的行列式必为 0，即

$$\det\begin{pmatrix} \cos\alpha - \lambda & -\sin\alpha \\ \sin\alpha & \cos\alpha - \lambda \end{pmatrix} = \lambda^2 - 2\lambda\cos\alpha + 1 = 0$$

即 $\lambda = \cos\alpha \pm \sqrt{-\sin^2\alpha}$. $\lambda \in \mathbf{R}$ 的充要条件是 $\sin\alpha = 0$，于是有 $\alpha = 0$ 或 π，因此 $\lambda = +1$ 或 -1.

在所有其他的情形中，矩阵在 $\mathbf{R}$ 中没有特征值，特征值仅在 $\mathbf{C}$ 中，即 $\cos\alpha \pm \mathrm{i}\sin\alpha$.

定义 2　设 $\mathbf{A} = (a_{ij}) \in M_K(n,n)$. 所谓 $\mathbf{A}$ 的特征多项式是指

$$\chi_{\mathbf{A}}(t) = \det(t\boldsymbol{I}_n - \mathbf{A})$$

所给出的多项式.

注　(1) 我们在这里第一次涉及计算这样的一个 (n,n) − 矩阵的行列式，这个矩阵的元素不是属于一个域，而是属于一个环，即系数取自 K 中的多项式环 $K[t]$.

(2) 设 $p(t)=\sum_{i\in\mathbf{N}}a_it^i$ 是一个系数在域K 中的多项式. 如果 $a_n\neq 0$,且对于 $i>n$,有 $a_i=0$,那么称 $p(t)$ 的阶为 n,记为 grad $p(t)$. 对于零多项式,即对于所有 i,有 $a_i=0$,则定义它的阶为 $-\infty$.

(3) 设 $p(t)\in K[t]$ 的阶为 $n\geqslant 1$. 称 $\lambda\in K$ 是 $p(t)$ 的零点(或根),如果 $p(\lambda)=0$. 注意,如果 λ 是 $p(t)$ 的零点,那么 $p(t)$ 可写成 $(t-\lambda)q(t)$,这里 $\operatorname{grad} q(t)=\operatorname{grad} p(t)-1$. 这是因为 $p(t)=p(t)-p(\lambda)=\sum_{i\geqslant 1}a_i(t^i-\lambda^i)$,而 $t^i-\lambda^i$ 形如 $(t-\lambda)(t^{i-1}+t^{i-2}\lambda+\cdots+\lambda^i)$.

命题 1 设 $\boldsymbol{A}=(a_{ij})\in M_K(n,n)$. 于是 $\chi_{\boldsymbol{A}}(t)$ 的阶为 n. 精确地说,如果我们将 $\chi_{\boldsymbol{A}}(t)$ 写成 $\sum_{i=0}^{\infty}\alpha_it^i$ 的形式,那么对于 $i>n$,有 $\alpha_i=0$,$\alpha_n=1$,$\alpha_{n-1}=-\sum_i a_{ii}$,$\cdots$,$\alpha_0=(-1)^n\det\boldsymbol{A}$. 也称 $-\alpha_{n-1}$ 为 $\boldsymbol{A}$ 的迹,记为 tr $\boldsymbol{A}$.

证明 考察在行列式公式定义 2 的注中关于 $\sigma=\mathrm{id}$ 的求和项

$$(t-a_{11})\cdots(t-a_{nn})=t^n-\sum_i a_{ii}t^{n-1}\cdots$$

在所有剩下的其他求和项中遇到的形如 $t-a_{ii}$ 的因子的次数只能小于或等于 $n-2$. 于是上述的乘积给出了关于 t^n 和 t^{n-1} 的系数.

如将 $t=0$ 代入,就得到了 $\chi_{\boldsymbol{A}}(t)$ 中的常系数.

例 2

$$A=\begin{pmatrix}1&0&2\\0&0&1\\0&-1&0\end{pmatrix}$$

$$\chi_{A}(t)=\det\begin{pmatrix}t-1&0&-2\\0&t&-1\\0&1&t\end{pmatrix}=t^3-t^2+t-1$$

引理 1　设 $\boldsymbol{A}$ 和 $\boldsymbol{A}'$ 在环 $M_K(n,n)$（见 2.1.3 中的引理 3）中是互相共轭的元素，则

$$\chi_{A}(t)=\chi_{A'}(t)$$

成立.

证明　$\boldsymbol{A}$ 与 $\boldsymbol{A}'$ 共轭表明 $\boldsymbol{A}'=\boldsymbol{TAT}^{-1}$，这里 $\boldsymbol{T}\in GL(n,K)$，见 2.1.3 中的引理 3. 于是

$$t\boldsymbol{I}_n-\boldsymbol{A}'=\boldsymbol{T}(t\boldsymbol{I}_n-\boldsymbol{A})\boldsymbol{T}^{-1}$$

成立. 因此，由 2.1.4 中的定理 6 知

$$\begin{aligned}\chi_{A'}(t)&=\det(t\boldsymbol{I}_n-\boldsymbol{A}')\\&=\det\boldsymbol{T}\cdot\det(t\boldsymbol{I}_n-\boldsymbol{A})\cdot\det\boldsymbol{T}^{-1}\\&=\chi_{A}(t)\end{aligned}$$

命题 2　设 $f:V\to V$ 是线性的. 特征多项式 $\chi_f(t)$ 的定义为 $\chi_{A}(t)$. 这里 $\boldsymbol{A}=\Phi_{\boldsymbol{B}}\circ f\circ\Phi_{\boldsymbol{B}}^{-1}$ 是 f 的一个矩阵表示. f 的行列式 $\det f$ 及 f 的迹分别定义为 $\det\boldsymbol{A}$ 和 $\operatorname{tr}\boldsymbol{A}$. 这些定义与矩阵表示的选取无关.

证明　注意，$\det\boldsymbol{A}$ 及 $\operatorname{tr}\boldsymbol{A}$ 作为 $\chi_{A}(t)$ 的系数出现，见命题 1. 于是由引理 1 就得出了结论.

现在我们来讨论在上面所导入的概念之间的一个

基本关系.

定理 1 $\boldsymbol{A}$ 或 f 的特征多项式的根一一对应于 $\boldsymbol{A}$ 或 f 的特征值.

证明 我们限于对 (n,n) - 矩阵 $\boldsymbol{A}$ 进行讨论. 于是

$$\lambda\ \text{是特征值} \Leftrightarrow \mathrm{rg}(\boldsymbol{A}-\lambda\boldsymbol{I}_n)<n \Leftrightarrow \chi_{\boldsymbol{A}}(\lambda)=0$$

成立.

例 3 (1) 由例 2,矩阵 $\boldsymbol{A}$ 的特征值是 $(t-1)(t^2+1)=0$ 的根. 于是 $\lambda=1$ 是特征值,且对于 $K=\mathbf{R}$,这是唯一的特征值. 对于 $K=\mathbf{C}$, $\pm\mathrm{i}$ 也是特征值.

(2) 在例 1 中,对于 $K=\mathbf{C}$,已存在特征值 $\cos\alpha\pm\mathrm{i}\sin\alpha$. 当 $\alpha=0$ 或 $\alpha=\pi$ 时,必须把它们计算两次,对于重数的定义,可参见定义 3 的补充.

(3) 设 $\boldsymbol{A}=(a_{ij})$ 是一个三角矩阵,于是 $\chi_{\boldsymbol{A}}(t)=(t-a_{11})\cdot\cdots\cdot(t-a_{nn})$,即特征值位于对角线上.

2.2.2 标准形、初等理论

现在我们来研究,在 (n,n) - 矩阵的共轭类中(见 2.1.3 中的引理 3)是否存在一个特别简单的表示. 将它与相似矩阵的分类问题做比较. 对此我们需要假设特征多项式可分解成线性因子. 一般地,这意味着关于基域 K 的一个条件,在 $K=\mathbf{C}$ 的情形下,这个条件总是满足的. 这里所考察的向量空间是有限维的.

定理 2 (1) 矩阵 $\boldsymbol{A}\in M_K(n,n)$ 共轭于对角矩阵的充要条件是在 K^n 中存在一组由 $\boldsymbol{A}$ 的特征向量所构成的基

$$\boldsymbol{B}=\{\boldsymbol{b}_1,\cdots,\boldsymbol{b}_n\}$$

我们在这里把 $\boldsymbol{A}$ 理解为线性映射；

(2) 线性映射 $f:V\to V$ 具有一个由一个对角矩阵组成的坐标表示 $\Phi_{\boldsymbol{B}}\circ f\circ\Phi_{\boldsymbol{B}}^{-1}$ 的充要条件为所属的基由特征向量所构成.

证明　显然只需证明(2). 当元素 $\boldsymbol{b}_j(1\leqslant j\leqslant n)$ 是 $\boldsymbol{B}$ 的特征向量时，$f(\boldsymbol{b}_j)=\lambda_j\boldsymbol{b}_j$，于是，矩阵 $\Phi_{\boldsymbol{B}}\circ f\circ\Phi_{\boldsymbol{B}}^{-1}$ 是由 $(\langle f(\boldsymbol{b}_j),\boldsymbol{b}_i^*\rangle)=(\delta_{ij}\lambda_j)$ 给出的. 反过来，如果 $\Phi_{\boldsymbol{B}}\circ f\circ\Phi_{\boldsymbol{B}}^{-1}$ 有此形式，那么有 $f(\boldsymbol{b}_j)=\lambda_j\boldsymbol{b}_j$.

例 4　矩阵 $\boldsymbol{A}=\begin{pmatrix}1 & 1\\ 0 & 1\end{pmatrix}$ 不共轭于对角矩阵，其特征多项式为 $(t-1)^2$，于是 $\lambda=1$ 是其唯一的特征值. 特征向量是由方程 $\boldsymbol{Ax}=\boldsymbol{x}$ 所确定的，于是 $\boldsymbol{x}_1+\boldsymbol{x}_2=\boldsymbol{x}_1$，$\boldsymbol{x}_2=\boldsymbol{x}_2$. 因此 $\boldsymbol{x}=(1,0)$ 的倍数是唯一的特征向量.

如我们所见，$\boldsymbol{A}$ 的特征多项式确实是二阶的，但并不具有两个不相同的根，见定理 4.

引理 2　设 $f:V\to V$ 是线性的，$\boldsymbol{b}_1,\cdots,\boldsymbol{b}_r$ 是 f 的非零特征向量，它们有互不相同的特征值 $\lambda_1,\cdots,\lambda_r$，则 $\boldsymbol{b}_1,\cdots,\boldsymbol{b}_r$ 是线性无关的.

证明　我们对 r 施行归纳法. 对于 $r=1$，结论是显然的. 假设当 $r-1$ 时结论已经得证，于是在引理的假设下，$\boldsymbol{b}_1,\cdots,\boldsymbol{b}_{r-1}$ 是线性无关的.

考察形如 $\sum\limits_{i=1}^{r}\alpha_i\boldsymbol{b}_i=\boldsymbol{0}$ 的关系式. 于是在该式两边作用了 $f-\lambda_r\mathrm{id}$ 后就得到了 $\sum\limits_{i=1}^{r-1}\alpha_i(\lambda_i-\lambda_r)\boldsymbol{b}_i=\boldsymbol{0}$. 因为

$\lambda_i - \lambda_r \neq 0$，于是得出：对于 $i < r$，有 $\alpha_i = 0$，于是亦有 $\alpha_r = 0$.

我们从定理 1 得知，特征多项式的根对应于特征值. 于是我们插入一段对于多项式的一般的考察.

对于域 K 上的多项式环 $K[t]$ 的结构，其根本的重要性是所谓"欧几里得算法"的有效性. 下面我们来讨论整数环 Z 中的"带余除法"的下列类似结果.

定理 3　设 $p(t)$ 和 $q(t)$ 是系数在 K 中的两个多项式，且

$$\text{grad } p(t) = n \geqslant 0, \text{grad } q(t) = m \geqslant 0$$

于是存在唯一确定的多项式 $m(t)$ 及 $r(t)$，使得

$$p(t) = m(t)q(t) + r(t), \text{grad } r(t) < m \tag{1}$$

当 $n < m$ 时，有 $m(t) = 0, r(t) = p(t)$；当 $n \geqslant m$ 时，有 $\text{grad } m(t) = n - m, \text{grad } r(t) < m$，也包括 $r(t) = 0$，即 $\text{grad } r(t) = -\infty$ 的情形.

证明　设

$$p(t) = \sum_{i=0}^{n} a_i t^i \quad (a_n \neq 0)$$

$$q(t) = \sum_{j=0}^{m} b_j t^j \quad (b_m \neq 0)$$

我们假设 $n - m \geqslant 0$. 令

$$m(t) = \sum_{k=0}^{n-m} c_k t^k \quad (c_{n-m} \neq 0)$$

$$r(t) = \sum_{l=0}^{m-1} d_l t^l$$

我们指出，条件(1) 唯一地确定了系数 c_k 和 d_l.

为此，我们对上述所写出的多项式 $m(t)$，$q(t)$，$r(t)$ 实施式(1) 的右边的乘法和加法，再把 t 的不同幂次所包含的系数与和式(1) 的左边 $p(t)$ 相应的幂次的系数相比较. 我们发现，对于每个满足 $m \leqslant n-j \leqslant n$ 的 j，有

$$a_{n-j}=\sum_{i=m-j}^{m} c_{n-i-j} b_{i}$$

对于 $j=0$，有 $a_n=c_{n-m}b_m$. 由此可确定出 c_{n-m}. 如果已按此方式确定了 c_{n-i-j}，这里 $n-i-j>n-m-j$，那么上述关于值 j 的方程给出了系数 c_{n-m-j}.

在以此方式确定了所有的 $c_k(0 \leqslant k \leqslant n-m)$ 以后，$d_{n-j}(0 \leqslant n-j<m)$ 就可由方程

$$a_{n-j}=\sum_{i=0}^{n-j} c_{n-i-j} b_{i}+d_{n-j}$$

确定.

系　设 $p(t) \in K[t]$ 是一个阶为 $n \geqslant 1$ 的多项式. $\lambda \in K$ 是 $p(t)$ 的零点(即 $p(\lambda)=0$) 的充要条件是存在一个阶为 $n-1$ 的多项式 $m(t)$，使得

$$p(t)=m(t)(t-\lambda)$$

证明　当 $p(t)$ 有一个这样的表示时，则有 $p(\lambda)=0$. 反过来，我们从定理 3 知道，对于 $p(t)$，利用 $q(t)=t-\lambda$，有形如 $p(t)=m(t)(t-\lambda)+r(t)$ 的表示，这里 $\operatorname{grad} r(t)<\operatorname{grad}(t-\lambda)=1$，于是 $r(t)=d_0=$ 常数. 当 $p(\lambda)=0$ 时，$0=p(\lambda)=m(\lambda)(\lambda-\lambda)+d_0=d_0$ 成立.

定义 3　我们说阶为 $n \geqslant 1$ 的多项式 $p(t)=\sum_{i=0}^{n} a_i t^i \in$

$K[t]$ 能完全分解成线性因子，如果在 K 中存在(不必须互不相等的)元素 $\lambda_1, \cdots, \lambda_n$，使得

$$p(t) = a_n(t-\lambda_1)\cdots(t-\lambda_n)$$

称 $\lambda_i (1 \leqslant i \leqslant n)$ 为 $p(t)$ 的零点(或根).

注 (1) 称 λ_i 为"零点"是确切的，因为显然有 $p(\lambda_i)=0$，而对于 $\lambda \notin \{\lambda_1, \cdots, \lambda_n\}$，有

$$p(\lambda) = a_n \prod_i (\lambda - \lambda_i) \neq 0$$

(2) 集合 $\{\lambda_1, \cdots, \lambda_n\}$ 中的 n 个元素并不需要互不相同. 我们可在此集合上将恒同关系定义为等价关系，并在陪集中选择代表元素. 当把这些代表元素记为 $\{\mu_1, \cdots, \mu_r\}$ 时，我们有下列补充：

补充 设定义 3 中的 $p(t)$ 形如

$$p(t) = a_n(t-\mu_1)^{m_1}\cdots(t-\mu_r)^{m_r}$$

且 $\{\mu_1, \cdots, \mu_r\}$ 中的元素互不相等，于是称 m_j 为零点 μ_j 的重数.

注 (1) 显然有 $\sum_{j=1}^{r} m_j = n$，其中 r 是介于 1 和 n 之间的一个整数，$m_j \geqslant 1$.

(2) 存在着这样的问题：是否每个多项式 $p(t) \in K[t]$ 都能分解成线性因子. 这是关于 K 的一个条件. 譬如对于 $K=\mathbf{R}$，这是不满足的，例如我们可以考察 $p(t)=t^2+1$. 但如果把 $p(t)$ 看成是 $\mathbf{C}[t]$ 中的元素，那么有表示 $p(t)=(t-\mathrm{i})(t+\mathrm{i})$. 在域的理论中，要研究哪些多项式 $p(t) \in K[t]$ 可分解成线性因子的问题. 我们总能把一个给定的域扩张成一个域，使得在这

个域中所有的多项式都可分解成线性因子. 我们只限于引用所谓的代数基本定理：每个多项式 $p(t)\in\mathbf{C}[t]$ 可分解成线性因子. 而对其证明，存在着一个利用函数论方法的简单的证明.

(3) 我们在这里叙述这个定理的一个简单的推论，称它为实多项式的基本定理：每个多项式 $p(t)\in\mathbf{R}[t]$ 可分解为 1 阶和 2 阶多项式的乘积. 我们在稍后将需要它.

证明可直接由注得到：$p(t)$ 能被考虑成 $\mathbf{C}[t]$ 中的多项式，于是可分解成线性因子

$$p(t)=a_n(t-\lambda_1)\cdots(t-\lambda_n)\quad(\lambda_j\in\mathbf{C})$$

因为 $p(t)$ 的系数是实的，所以 $\overline{p}(t)=p(t)$，于是

$$(t-\overline{\lambda}_1)\cdots(t-\overline{\lambda}_n)=(t-\lambda_1)\cdots(t-\lambda_n)$$

即 λ_j 和 $\overline{\lambda}_j$ 都是 $p(t)$ 的根. 当 $\lambda_j\neq\overline{\lambda}_j$ 时，存在 k，使得 $\overline{\lambda}_j=\lambda_k$. 两个因子 $t-\lambda_j$ 和 $t-\lambda_k=t-\overline{\lambda}_j$ 的乘积是实的 2 次多项式

$$(t-\lambda_j)(t-\overline{\lambda}_j)=t^2-(\lambda_j+\overline{\lambda}_j)t+\lambda_j\overline{\lambda}_j$$

标准形的初等理论所达到的顶峰是：

定理 4　设 $f:V\to V$ 是线性的，当 $\chi_f(t)$ 完全分解成线性因子 $\chi_f(t)=(t-\lambda_1)\cdots(t-\lambda_n)$，且其中的根互不相同时，$f$ 是具有形如 $(\delta_{ij}\lambda_j)$ 的坐标表示.

空间 V 是由对应于 λ_i 的 n 个特征向量所构成的 1 维子空间 $V_f(\lambda_i)$ 的直和.

特别地，如果 $\chi_{\mathbf{A}}(t)$ 完全分解成线性因子，且有互不相同的根，那么 $\mathbf{A}\in M_K(n,n)$ 共轭于一个对角矩

阵.

证明 对于每个 i,令 $\boldsymbol{b}_i$ 是对应于 λ_i 的非零特征向量. 按照引理 2,$B=\{\boldsymbol{b}_1,\cdots,\boldsymbol{b}_n\}$ 是自由的,且包含 $n=\dim V$ 个元素. 于是 B 是一组基,现在结论可由定理 2 得到.

2.2.3 哈密尔顿－凯莱定理

设 V 是 K 上的一个 n 维向量空间. 我们固定一个线性映射 $f\in L(V;V)$. 于是可由此确定出环 $K[t]$ 到环 $L(V;V)$ 中的一个态射,它对于进一步的理论有着根本的意义.

定义 4 设 $f:V\rightarrow V$ 是线性的. 定义映射

$$\psi_f:K[t]\rightarrow L(V;V)$$

如下:对于多项式 $p(t)=\sum\limits_i a_i t^i$,使它与线性映射

$$\psi_f(p(t))=p(f)=\sum_i a_i f^i:V\rightarrow V$$

相对应.

注 注意 $L(V;V)$ 是一个环(甚至还是一个 K－代数),于是有 $\sum\limits_i a_i f^i\in L(V;V)$. 这里 f^0 代表恒等元 id_V.

引理 3 定义 4 中的映射 ψ_f 是一个环态射(甚至还是 K－代数态射),即

$$\psi_f(ap(t)+a'p'(t))=a\psi_f(p(t))+a'\psi_f(p'(t))$$

$$\psi_f(p(t)q(t))=\psi_f(p(t))\psi_f(q(t))$$

我们也用 $K[f]$ 来记 $\mathrm{Im}\ \psi_f$.

证明 显然 ψ_f 是线性的,于是只需证明

$$\psi_f(t^k)\,\psi_f(t^l)=\psi_f(t^{k+l})$$

而这也是显然的：$f^k f^l=f^{k+l}$.

哈密尔顿－凯莱定理是：

定理 5　设 $f\in L(V;V)$，$\chi_f(t)\in K[t]$ 是 f 的特征多项式，于是 $\psi_f(\chi_f(t))=\chi_f(f)=0\in L(V;V)$.

证明　如我们在定义 2 的注(1)中已经注意到的那样，在 2.1.4 和 2.1.5 中所阐明的行列式理论，对于元素在交换环 R 中的矩阵来说，也是成立的. 现在我们选取 R 为 $L(V;V)$ 的子环 $K[f]=\mathrm{Im}\,\psi_f$.

设 $B=\{\boldsymbol{b}_1,\cdots,\boldsymbol{b}_n\}$ 是 V 的一组基，$B^*=\{\boldsymbol{b}_1^*,\cdots,\boldsymbol{b}_n^*\}$ 是其对偶基. f 的矩阵表示 $\Phi_B\circ f\circ\Phi_B^{-1}$ 是由 $\boldsymbol{A}=(a_{ij})$ 给出的，这里 $a_{ij}=\langle\boldsymbol{b}_i^*,f(\boldsymbol{b}_j)\rangle$. 于是，特别地，对于所有的 l，有

$$\sum_i(f\delta_{il}-a_{il})\boldsymbol{b}_i=\boldsymbol{0} \tag{2}$$

考察元素在 $K[f]$ 中的矩阵 $f\boldsymbol{I}-\boldsymbol{A}=(f\delta_{ij}-a_{ij})$，如在2.1.5 中的定义 9 和命题 7 中的那样，我们定义$(f\boldsymbol{I}-\boldsymbol{A})_{kl}$ =(简记为)$\boldsymbol{A}_{kl}(f)$，于是

$$\sum_i(f\delta_{il}-a_{il})\det\boldsymbol{A}_{kl}(f)=\delta_{ik}\det(f\boldsymbol{I}-\boldsymbol{A})=\delta_{ik}\chi_f(f)$$

将此方程式应用于一个基元素 $\boldsymbol{b}_i$，并关于 i 作和，利用式(2)，可以得出(注意 $K[f]$ 是交换的)

$$\boldsymbol{0}=\sum_l\det\boldsymbol{A}_{kl}(f)\sum_i(f\delta_{il}-a_{il})(\boldsymbol{b}_i)=\chi_f(f)(\boldsymbol{b}_k)$$

作为定理 5 的第一个应用，我们来证明以下内容.

定理 6　设 $f:V\to V$ 是线性的，于是恰好存在一个首项系数为 1 的多项式 $\mu_f(t)$，使得每一个满足

$p(f)=0$ 的多项式 $p(t)$ 都是 $\mu_f(t)$ 的倍式. 特别地, $\mu_f(t)$ 是特征多项式 $\chi_f(t)$ 的因式.

定义 5　称上述所定义的多项式 $\mu_f(t)$ 为 f 的极小多项式. 它是首项系数为 1 的最小阶的非零多项式, 使得当用 f 去替代 t 时, V 成为它的零空间.

定理 6 **的证明**　用 $N_f[t]$ 来记使 $p(f)=0$ 的多项式 $p(t)\in K[t]$ 的集合, 即对于所有 $x\in V$, 有 $p(f)x=0$, 当 $p\neq 0$ 时, 首项系数应为 1.

按照定理 5, $\chi(t)\equiv\chi_f(t)$ 属于 $N_f[t]$. 于是在 $N_f[t]$ 中存在一个最小阶的多项式 $\mu(t)\equiv\mu_f(t)\neq 0$, $\mu(t)$ 的阶 $\leqslant\chi(t)$ 的阶 $=n=\dim V$.

设 $p(t)\in N_f[t]$, $p(t)\neq 0$. 定理 3(欧氏算法) 给出了公式

$$p(t)=m(t)\mu(t)+r(t)$$

且 $\operatorname{grad} r(t)<\operatorname{grad}\mu(t)$. 由 $p(f)=0$ 及 $\mu(f)=0$ 得出 $r(f)=0$, 于是由 $\mu(t)$ 的定义知 $r(t)=0$.

现设 $\mu'(t)$ 是如上所定义的极小多项式, 于是 $\mu'(t)$ 是 $\mu(t)$ 的倍式, 因为这两个多项式的首项系数均为 1, 所以得出 $\mu'(t)=\mu(t)$.

我们重提在 2.2.2 中所提到的线性映射的简单的矩阵表示的问题作为目前的结果. 我们指出:

定理 7　$f\in L(V;V)$ 具有一个三角矩阵的坐标表示的充要条件为 $\chi_f(t)$ 可完全分解成线性因子.

证明　设 $\Phi\circ f\circ\Phi^{-1}=\boldsymbol{A}=(a_{ij})$ 是一个(上) 三角矩阵, 即对于 $i>j$, 有 $a_{ij}=0$. 于是 $t\boldsymbol{I}-\boldsymbol{A}$ 也是上三角

矩阵,且由命题 2 知,对于 $\chi_{\mathbf{A}}(t)=\chi_f(t)$,可以得到

$$\chi_f(t)=(t-a_{11})\cdots(t-a_{nn})$$

反过来,现设 $\chi_f(t)=(t-\lambda_1)\cdots(t-\lambda_n)$. 我们对 n 运用归纳法,利用三角矩阵证明 f 的坐标表示 $\Phi\circ f\circ\Phi^{-1}$ 的存在性. 对于 $n=1$,结论显然是正确的. 现在设对于 $f':V'\to V'$,有 $\dim V'=n-1$,结论已被证明.

现在对于 $f:V\to V$,考察对应于特征值 λ_1 的非零特征向量 $\boldsymbol{b}_1$. 设 U 是由 $\boldsymbol{b}_1$ 所生成的子空间,V' 是 U 在 V 中的补. 定义 $f':V'\to V'$ 为 $f|_{V'}:V'\to V$ 与投影 $V=U+V'\to V'$ 的复合. 我们断言

$$\chi_{f'}(t)=(t-\lambda_2)\cdots(t-\lambda_n)$$

事实上,通过 V' 的一组基 B' 补充 $\boldsymbol{b}_1$,使其成为 V 的一组基 B. 矩阵 $\Phi_B\circ f\circ\Phi_B^{-1}=\mathbf{A}=(a_{ij})$ 的第一列为 $a_{i1}=\delta_{i1}\lambda_1$. 于是矩阵 $t\mathbf{I}-\mathbf{A}$ 的第一列为 $\delta_{i1}(t-\lambda_1)$. 与 $t\mathbf{I}-\mathbf{A}$ 的(1,1)元素 $t-\lambda_1$ 相补的 $(n-1,n-1)-$矩阵 $S_{11}(t\mathbf{I}-\mathbf{A})$ 是矩阵 $t\mathbf{I}'-\mathbf{A}'$,其中 $\mathbf{A}'=\Phi_{B'}\circ f\circ\Phi_{B'}^{-1}$,以及 $\mathbf{I}'$ 为 $(n-1,n-1)-$单位矩阵,于是有

$$\begin{aligned}\chi_f(t)&=\det(t\mathbf{I}-\mathbf{A})\\&=(t-\lambda_1)\det(t\mathbf{I}'-\mathbf{A}')\\&=(t-\lambda_1)\chi_{f'}(t)\end{aligned}$$

因而得到了我们的结论.

因此我们能按照对 V' 的归纳假设去选取基 B',使得 $\mathbf{A}'=\Phi_{B'}\circ f'\circ\Phi_{B'}^{-1}$ 是一个 $(n-1,n-1)-$矩阵. 因而 $\mathbf{A}=\Phi_B\circ f\circ\Phi_B^{-1}$ 也是一个三角矩阵.

推论 如果 $\lambda_1,\cdots,\lambda_n$ 是矩阵 $\boldsymbol{A}$ 的特征值，那么

$$\det \boldsymbol{A}=\lambda_1\cdot\cdots\cdot\lambda_n$$

证明 在三角矩阵中，特征值排列在对角线上，对于这样的矩阵，行列式是对角元素的乘积.

2.3 矩阵在相似变换下的若尔当标准形

设 $\boldsymbol{A}$ 是 n 阶方阵，对于任一非奇异矩阵 $\boldsymbol{P}$，$\boldsymbol{A}\mapsto \boldsymbol{P}^{-1}\boldsymbol{AP}$ 称为相似变换. 由定义容易看出，矩阵的特征值是在相似变换下的不变量. 求 $\boldsymbol{A}$ 在相似变换下的标准形的问题是矩阵论的最基本的问题之一. 我们将用线性空间的直和分解的方法来叙述有关结论，好处是避免了一般教科书上的关于 $\lambda-$ 矩阵的讨论，且能给出变换矩阵 $\boldsymbol{P}$ 的求法. 本节一律在复数域里讨论.

定义 1 设 $\mathscr{A}:U^n\to U^n$ 是一个线性变换，$S\subset U^n$ 是子空间，如果有 $\mathscr{A}S\subset S$，那么称 S 是 $\mathscr{A}$ 的不变子空间.

定义 2 设 $\mathscr{A}:U^n\to U^n$ 是线性变换，如果 $\boldsymbol{x}\neq\boldsymbol{0}$ 满足

$$\mathscr{A}\boldsymbol{x}=\lambda\boldsymbol{x}$$

那么称 $\boldsymbol{x}$ 是对应于特征值 λ 的特征向量，其中 λ 称为算子 $\mathscr{A}$ 的特征值.

例 1 n 阶方阵 $\boldsymbol{A}$ 可看作 U^n 上的线性算子. 若 λ 是矩阵 $\boldsymbol{A}$ 的特征值，则有 $\det(\lambda\boldsymbol{I}-\boldsymbol{A})=0$. 因此，方程 $(\lambda\boldsymbol{I}-\boldsymbol{A})\boldsymbol{x}=\boldsymbol{0}$ 有非零解 $\boldsymbol{x}$，可推出 $\boldsymbol{Ax}=\lambda\boldsymbol{x}$，得到的 λ 是

算子 $\boldsymbol{A}$ 的特征值，而 $\boldsymbol{x}$ 是对应于 λ 的特征向量. 因此，算子的特征值与它的表示矩阵的特征值是相同的. 并且由 $\boldsymbol{Ax}=\lambda\boldsymbol{x}\in R(\boldsymbol{x})$，得 $R(\boldsymbol{x})$ 是 $\boldsymbol{A}$ 的不变子空间.

若 $\operatorname{rank}(\lambda\boldsymbol{I}-\boldsymbol{A})=r$，则 $N(\boldsymbol{A}-\lambda\boldsymbol{I})$ 的维数为 $n-r$，因此，对应于 λ 的线性无关的特征向量至多可以有 $n-r$ 个. 它们所构成的子空间恰好是 $N(\boldsymbol{A}-\lambda\boldsymbol{I})$，它是算子 $\boldsymbol{A}$ 的不变子空间(思考题)，又称作特征值 λ 的特征子空间，简记为 S_λ.

定理 1　如果 U^n 可分解为 $\boldsymbol{A}$ 的不变子空间 $S_1,\cdots,S_k$ 的直和，即 $\boldsymbol{A}S_i\subset S_i,i=1,\cdots,k,U^n=S_1\oplus S_2\oplus\cdots\oplus S_k$，那么可选

$$\boldsymbol{p}_{i1},\cdots,\boldsymbol{p}_{ir_i}\in S_i\quad(i=1,\cdots,k)$$

使得 $\{\boldsymbol{p}_{i1},\cdots,\boldsymbol{p}_{ir_i}\}(i=1,\cdots,k)$ 是 U^n 的基. 并且当记

$$\boldsymbol{P}_i\triangleq[\boldsymbol{p}_{i1}\mid\cdots\mid\boldsymbol{p}_{ir_i}],\boldsymbol{P}\triangleq[\boldsymbol{p}_1\mid\cdots\mid\boldsymbol{p}_k]$$

时，有

$$\boldsymbol{P}^{-1}\boldsymbol{AP}=\begin{pmatrix}\boldsymbol{D}_1 & & \boldsymbol{0}\\ & \ddots & \\ \boldsymbol{0} & & \boldsymbol{D}_k\end{pmatrix}\tag{1}$$

是分块对角阵.

证明　根据直和的定义，显然可选由定理所述的基. 因为 S_i 是不变子空间，所以有 $R(\boldsymbol{AP}_i)\subset R(\boldsymbol{P}_i)$，$\boldsymbol{AP}_i=\boldsymbol{P}_i\boldsymbol{D}_i$，这里 $\boldsymbol{D}_i$ 是一个 r_i 阶的方阵. 于是

$$\boldsymbol{AP}=\boldsymbol{P}\begin{pmatrix}\boldsymbol{D}_1 & & \\ & \ddots & \\ & & \boldsymbol{D}_k\end{pmatrix}\Rightarrow\text{式(1)}$$

下面我们将把特征子空间的概念扩充为广义特征子空间,然后化 R^n 为广义特征子空间的直和,且在广义特征子空间中选取适当的基向量,使 $\boldsymbol{A}$ 化为分块对角阵,并且,每一对角块都是所谓的若尔当块,即如下的 k 阶上三角阵

$$\boldsymbol{J}_k(\lambda_i)=\begin{pmatrix}\lambda_1 & 1 & & 0\\ & \ddots & \ddots & \\ & & \ddots & 1\\ 0 & & & \lambda\end{pmatrix} \tag{2}$$

定义 3　设 $\boldsymbol{A}$ 是 n 阶方阵,λ 是它的特征值. 显然有

$$N(\boldsymbol{A}-\lambda\boldsymbol{I})\subset N((\boldsymbol{A}-\lambda\boldsymbol{I})^2)\subset\cdots\subset$$
$$N((\boldsymbol{A}-\lambda\boldsymbol{I})^k)\subset N((\boldsymbol{A}-\lambda\boldsymbol{I})^{k+1})\subset\cdots$$

因为空间维数的有限性,所以在上述序列中,必有相邻两空间相等的情形出现(否则,对应的维数序列严格递增,而这是不可能的),设第一次出现相等的是 $N((\boldsymbol{A}-\lambda\boldsymbol{I})^r)=N((\boldsymbol{A}-\lambda\boldsymbol{I})^{r+1})$. 这时必有

$$\operatorname{rank}(\boldsymbol{A}-\lambda\boldsymbol{I})^r=\operatorname{rank}(\boldsymbol{A}-\lambda\boldsymbol{I})^{r+1}$$

由 $\forall k>r$,必有

$$N((\boldsymbol{A}-\lambda\boldsymbol{I})^k)=N((\boldsymbol{A}-\lambda\boldsymbol{I})^r)$$

我们称 $N((\boldsymbol{A}-\lambda\boldsymbol{I})^r)$ 为 $\boldsymbol{A}$ 的对应于 λ 的广义特征子空间,称 r 为 λ 的指标,或矩阵 $\boldsymbol{A}-\lambda\boldsymbol{I}$ 的指标.

对于任一 $\boldsymbol{x}\in N((\boldsymbol{A}-\lambda\boldsymbol{I})^r)$,必有 $(\boldsymbol{A}-\lambda\boldsymbol{I})^r\boldsymbol{x}=\boldsymbol{0}$. 当 $\boldsymbol{x}\neq\boldsymbol{0}$ 时,必有一正整数 $k\leqslant r$ 满足

$$(\boldsymbol{A}-\lambda\boldsymbol{I})^{k-1}\boldsymbol{x}\neq\boldsymbol{0},(\boldsymbol{A}-\lambda\boldsymbol{I})^k\boldsymbol{x}=\boldsymbol{0} \tag{3}$$

称 $\boldsymbol{x}$ 为 $\boldsymbol{A}$ 的相应于 λ 的秩为 k 的广义特征向量. 易见,秩为 1 的正是特征向量.

定理 2　$\boldsymbol{A}$ 的相应于 λ 的秩各不相同的广义特征向量集是线性无关的.

证明　设此广义特征向量集为 $\{\boldsymbol{x}_1,\cdots,\boldsymbol{x}_l\}$,其中 $\boldsymbol{x}_i$ 的秩是 k_i,并有 $k_1<k_2<\cdots<k_l$. 于是,若有

$$\sum_{i=1}^{l}\alpha_i\boldsymbol{x}_i=\boldsymbol{0}$$

用 $(\boldsymbol{A}-\lambda\boldsymbol{I})^{k_l-1}$ 去作用,得

$$(\boldsymbol{A}-\lambda\boldsymbol{I})^{k_l-1}\left(\sum_{i=1}^{l}\alpha_i\boldsymbol{x}_i\right)=\alpha_l(\boldsymbol{A}-\lambda\boldsymbol{I})^{k_l-1}\boldsymbol{x}_l=\boldsymbol{0}$$

$$\overset{\text{式(3)}}{\Rightarrow}\alpha_l=0$$

再将 $(\boldsymbol{A}-\lambda\boldsymbol{I})^{k_{l-1}-1}$ 作用于 $\sum_{i=1}^{l-1}\alpha_i\boldsymbol{x}_i=\boldsymbol{0}$, 又可推出 $\alpha_{l-1}=0$,依此类推,得 $\alpha_1=\alpha_2=\cdots=\alpha_{l-1}=\alpha_l=0$,定理 2 得证.

定理 3　$N((\boldsymbol{A}-\lambda\boldsymbol{I})^r)$ 与 $R((\boldsymbol{A}-\lambda\boldsymbol{I})^r)$ 都是 $\boldsymbol{A}$ 的不变子空间,并且

$$U^n=R((\boldsymbol{A}-\lambda\boldsymbol{I})^r)\oplus N((\boldsymbol{A}-\lambda\boldsymbol{I})^r)\tag{4}$$

证明　根据 $\boldsymbol{A}$ 与 $(\boldsymbol{A}-\lambda\boldsymbol{I})^r$ 的乘积可交换性,易于由定义直接得到定理的前一结论.

因为 $\text{rank}(\boldsymbol{A}-\lambda\boldsymbol{I})^{2r}=\text{rank}(\boldsymbol{A}-\lambda\boldsymbol{I})^r$(注意:$N((\boldsymbol{A}-\lambda\boldsymbol{I})^{2r})=N((\boldsymbol{A}-\lambda\boldsymbol{I})^r)$),所以

$$R((\boldsymbol{A}-\lambda\boldsymbol{I})^r)\cap N((\boldsymbol{A}-\lambda\boldsymbol{I})^r)=\{\boldsymbol{0}\}$$

易知二者之和为直和,又由

$$\dim R((\boldsymbol{A}-\lambda\boldsymbol{I})^r)+\dim N((\boldsymbol{A}-\lambda\boldsymbol{I})^r)=n$$

得式(4).

以后简记 $N_\lambda \triangleq N((\boldsymbol{A}-\lambda\boldsymbol{I})^r)$,$R_\lambda \triangleq R((\boldsymbol{A}-\lambda\boldsymbol{I})^r)$,$r$ 是 λ 的指标.

定理 4 设 λ_1,λ_2 是 $\boldsymbol{A}$ 的相异特征根,它们的指标分别为 r_1 和 r_2,则有

$$N_{\lambda_2} \subset R_{\lambda_1} \tag{5}$$

证明 由定理 3,有 $U^n = R_{\lambda_1} \oplus N_{\lambda_1}$. 任给 $\boldsymbol{x} \in N_{\lambda_2} \subset U^n$,有 $\boldsymbol{x}=\boldsymbol{y}+\boldsymbol{z}$,$\boldsymbol{y} \in R_{\lambda_1}$,$\boldsymbol{z} \in N_{\lambda_1}$,于是

$$\boldsymbol{y}=(\boldsymbol{A}-\lambda_1\boldsymbol{I})^{r_1}\boldsymbol{t},(\boldsymbol{A}-\lambda_1\boldsymbol{I})^{r_1}\boldsymbol{z}=\boldsymbol{0}$$

从而得

$$\begin{aligned}
\boldsymbol{0} &= (\boldsymbol{A}-\lambda_2\boldsymbol{I})^{r_2}\boldsymbol{x}=(\boldsymbol{A}-\lambda_2\boldsymbol{I})^{r_2}((\boldsymbol{A}-\lambda_1\boldsymbol{I})^{r_1}\boldsymbol{t}+\boldsymbol{z}) \\
&= (\boldsymbol{A}-\lambda_2\boldsymbol{I})^{r_2}(\boldsymbol{A}-\lambda_1\boldsymbol{I})^{r_1}\boldsymbol{t}+(\boldsymbol{A}-\lambda_2\boldsymbol{I})^{r_2}\boldsymbol{z} \\
&\triangleq \boldsymbol{u}+[\boldsymbol{A}-\lambda_1\boldsymbol{I}+(\lambda_1-\lambda_2)\boldsymbol{I}]^{r_2}\boldsymbol{z} \\
&= \boldsymbol{u}+\sum_{i=0}^{r_2}\binom{r_2}{i}(\boldsymbol{A}-\lambda_1\boldsymbol{I})^{r_2-i}(\lambda_1-\lambda_2)^i\boldsymbol{z} \\
&= \boldsymbol{u}+\sum_{i=0}^{r_2-1}\binom{r_2}{i}(\boldsymbol{A}-\lambda_1\boldsymbol{I})^{r_2-i}(\lambda_1-\lambda_2)^i\boldsymbol{z}+ \\
&\quad (\lambda_1-\lambda_2)^{r_2}\boldsymbol{z}
\end{aligned}$$

当 $\boldsymbol{z}=\boldsymbol{0}$ 时,得 $\boldsymbol{x} \in R_{\lambda_1}$,已得要证的结论. 现设 $\boldsymbol{z} \neq \boldsymbol{0}$,它的秩为 k. 因此由上式得

$$\begin{aligned}
\boldsymbol{0} &\neq (\boldsymbol{A}-\lambda_1\boldsymbol{I})^{k-1}\boldsymbol{z} \\
&= (\boldsymbol{A}-\lambda_1\boldsymbol{I})^{k-1}\Big[-(\lambda_1-\lambda_2)^{-r_2}\boldsymbol{u}- \\
&\quad (\lambda_1-\lambda_2)^{-r_2}\sum_{i=0}^{r_2-1}\binom{r_2}{i}(\boldsymbol{A}-\lambda_1\boldsymbol{I})^{r_2-i}(\lambda_1-\lambda_2)^i\boldsymbol{z}\Big] \\
&= -(\lambda_1-\lambda_2)^{-r_2}(\boldsymbol{A}-\lambda_1\boldsymbol{I})^{k-1}\boldsymbol{u}+\boldsymbol{0}
\end{aligned}$$

$$=-(\lambda_1-\lambda_2)^{-r_2}(\boldsymbol{A}-\lambda_1\boldsymbol{I})^{k-1}(\boldsymbol{A}-\lambda_2\boldsymbol{I})^{r_2}(\boldsymbol{A}-\lambda_1\boldsymbol{I})^{r_1}\boldsymbol{t}$$

$$=(\boldsymbol{A}-\lambda_1\boldsymbol{I})^{r_1}[-(\lambda_1-\lambda_2)^{-r_2}(\boldsymbol{A}-\lambda_1\boldsymbol{I})^{k-1}\times$$

$$(\boldsymbol{A}-\lambda_2\boldsymbol{I})^{r_2}\boldsymbol{t}]\in R_{\lambda_1}$$

另外,由 $\boldsymbol{z}\in N_{\lambda_1}\Rightarrow(\boldsymbol{A}-\lambda_1\boldsymbol{I})^{k-1}\boldsymbol{z}\in N_{\lambda_1}$,得

$$\boldsymbol{0}\neq(\boldsymbol{A}-\lambda_1\boldsymbol{I})^{k-1}\boldsymbol{z}\in R_{\lambda_1}\cap N_{\lambda_1}$$

与定理 3 矛盾. 因此,只能有 $\boldsymbol{z}=\boldsymbol{0}$.

定理 5　设 $\lambda_1,\cdots,\lambda_k$ 是 $\boldsymbol{A}$ 的全部相异特征根,则有

$$U^n=N_{\lambda_1}\oplus\cdots\oplus N_{\lambda_k}\tag{6}$$

证明　首先,由式(4)得

$$U^n=N_{\lambda_1}\oplus R_{\lambda_1}$$

其次,由 $N_{\lambda_2}\subset R_{\lambda_1}$ 得

$$R_{\lambda_1}=N_{\lambda_2}\oplus R_{\lambda_1}\cap R_{\lambda_2}$$

又由 $N_{\lambda_3}\subset R_{\lambda_1}\cap R_{\lambda_2}$ 得

$$R_{\lambda_1}\cap R_{\lambda_2}=N_{\lambda_3}\oplus R_{\lambda_1}\cap R_{\lambda_2}\cap R_{\lambda_3}$$

如此继续下去,得到

$$U^n=N_{\lambda_1}\oplus N_{\lambda_2}\oplus\cdots\oplus N_{\lambda_k}\oplus R_{\lambda_1}\cap R_{\lambda_2}\cap\cdots\cap R_{\lambda_k}$$

如果 $R_{\lambda_1}\cap R_{\lambda_2}\cap\cdots\cap R_{\lambda_k}\neq\{\boldsymbol{0}\}$,因为它是 $\boldsymbol{A}$ 的不变子空间,其中必有 $\boldsymbol{A}$ 的特征向量 $\boldsymbol{x}\neq\boldsymbol{0}$,然而,作为 $\boldsymbol{A}$ 的特征向量,$\boldsymbol{x}\in N_{\lambda_1}\oplus\cdots\oplus N_{\lambda_k}$,与直和分解相矛盾. 因此,必有 $R_{\lambda_1}\cap R_{\lambda_2}\cap\cdots\cap R_{\lambda_k}=\{\boldsymbol{0}\}$,即得式(6).

为了选取 N_λ 中的基向量,我们需要进一步剖析 N_λ 的结构. 令

$$N^j=\{\boldsymbol{x}:(\boldsymbol{A}-\lambda\boldsymbol{I})^j\boldsymbol{x}=\boldsymbol{0}\}\quad(j=1,\cdots,r)\tag{7}$$

这里 r 是 λ 的指标. 显然有

$$N^1 \subset N^2 \subset \cdots \subset N^r = N_\lambda$$

注意到在集合 $N^{j+1} - N^j$ 中包含所有秩为 $j+1$ 的广义特征向量,可在其中选取线性无关集与 N^j 中的基合并成 N^{j+1} 的基. 设所选的线性无关集构成 N^{j+1} 的子空间 $\mathscr{I}^j$,于是有

$$N^{j+1} = \mathscr{I}^j \oplus N^j \quad (j = 1, \cdots, r-1)$$

记 $\mathscr{I}^0 = N^1$,我们得以下定理.

定理 6　设 λ 是 $\boldsymbol{A}$ 的指标为 r 的特征根,则有

$$N_\lambda = \mathscr{I}^{r-1} \oplus \mathscr{I}^{r-2} \oplus \cdots \oplus \mathscr{I}^1 \oplus \mathscr{I}^0 \tag{8}$$

我们还需要以下定理.

定理 7　设无关集 $\{\boldsymbol{x}_1, \cdots, \boldsymbol{x}_l\} \subset \mathscr{I}^j$,则

$$\{(\boldsymbol{A} - \lambda \boldsymbol{I})^i \boldsymbol{x}_1, \cdots, (\boldsymbol{A} - \lambda \boldsymbol{I})^i \boldsymbol{x}_l\} \quad (i = 1, \cdots, j)$$

都是无关集.

证明　因为线性相关集在 $\boldsymbol{A} - \lambda \boldsymbol{I}$ 的作用下仍为线性相关,所以只需证明 $\{(\boldsymbol{A} - \lambda \boldsymbol{I})^j \boldsymbol{x}_1, \cdots, (\boldsymbol{A} - \lambda \boldsymbol{I})^j \boldsymbol{x}_l\}$ 为线性无关集. 如果

$$\sum_{i=1}^{l} \alpha_i (\boldsymbol{A} - \lambda \boldsymbol{I})^j \boldsymbol{x}_i = \boldsymbol{0} \Rightarrow (\boldsymbol{A} - \lambda \boldsymbol{I})^j \left(\sum_{i=1}^{l} \alpha_i \boldsymbol{x}_i\right) = \boldsymbol{0}$$

因为 $\mathscr{I}^j$ 中是秩为 $j+1$ 的广义特征向量或零向量,所以

$$\sum_{i=1}^{l} \alpha_i \boldsymbol{x}_i = \boldsymbol{0}$$

由假设推得 $\alpha_1 = \cdots = \alpha_l = 0$.

现在可给出基本定理.

定理 8　设 $\boldsymbol{A}$ 是 n 阶方阵,则存在可逆阵 $\boldsymbol{P}$,使得

$$P^{-1}AP=\begin{pmatrix}J_1 & & 0\\ & \ddots & \\ 0 & & J_s\end{pmatrix}\quad (J_1,\cdots,J_s \text{ 为若尔当块}) \tag{9}$$

证明　根据定理 1 和定理 5，我们只需对 N_λ 进行讨论，这里 λ 是 A 的特征值，N_λ 是广义特征空间. 我们按以下步骤在 N_λ 中选基，记 $d_j=\dim(\mathscr{I}^j)$.

(1) 在 $\mathscr{I}^{r-1}$ 中选基

$$x_1,\cdots,x_{d_{r-1}}$$

在 $\mathscr{I}^{r-2}$ 中选基

$$(A-\lambda I)x_1,\cdots,(A-\lambda I)x_{d_{r-1}},x_{d_{r-1}+1},\cdots,x_{d_{r-2}}$$

在 $\mathscr{I}^{r-3}$ 中选基

$$(A-\lambda I)^2x_1,\cdots,(A-\lambda I)^2x_{d_{r-1}},(A-\lambda I)x_{d_{r-1}+1},\cdots,$$
$$(A-\lambda I)x_{d_{r-2}},x_{d_{r-2}+1},\cdots,x_{d_{r-3}}$$

……

在 $\mathscr{I}^0$ 中选基

$$(A-\lambda I)^{r-1}x_1,\cdots,(A-\lambda I)^{r-1}x_{d_{r-1}},(A-\lambda I)^{r-2}x_{d_{r-1}+1},\cdots,$$
$$(A-\lambda I)^{r-2}x_{d_{r-2}},\cdots,(A-\lambda I)x_{d_1},x_{d_1+1},\cdots,x_{d_0}$$

(2) 将(1) 中所选的基向量重新组合，记为

$$P_{i_j}=[(A-\lambda I)^{r-j}x_{i_j}\mid\cdots\mid(A-\lambda I)x_{i_j}\mid x_{i_j}]$$
$$(i_j=d_{r-j+1}+1,\cdots,d_{r-j},j=1,\cdots,r,d_r=0)$$

这里 P_{i_j} 是 $n\times(r-j+1)$ 阶的列满秩阵. 容易验证

$$(A-\lambda I)P_{i_j}=P_{i_j}\cdot S_{i_j}$$

其中

$$S_{i_j} \triangleq \begin{pmatrix} 0 & 1 & & \mathbf{0} \\ & \ddots & \ddots & \\ & & \ddots & 1 \\ \mathbf{0} & & & 0 \end{pmatrix}$$

为 $r-j+1$ 阶方阵. 因此

$$\boldsymbol{AP}_{i_j} = \boldsymbol{P}_{i_j} \begin{pmatrix} \lambda & 1 & & \mathbf{0} \\ & \ddots & \ddots & \\ & & \ddots & 1 \\ \mathbf{0} & & & \lambda \end{pmatrix}$$

$$\triangleq \boldsymbol{P}_{i_j} \boldsymbol{J}_{i_j}$$

$\boldsymbol{J}_{i_j}$ 为 $r-j+1$ 阶若尔当块.

由上述可见,对应于 λ 的 1 阶若尔当块有 d_0-d_1 个;2 阶若尔当块有 d_1-d_2 个;…;r 阶若尔当块有 d_{r-1} 个.

作为若尔当标准形的应用的例子,我们给出如下的哈密尔顿一凯莱定理:

定理 9　设 $f(x)$ 是 n 阶方阵 $\boldsymbol{A}$ 的特征多项式,则有 $f(\boldsymbol{A})=\mathbf{0}$.

证明　设 $\boldsymbol{A}$ 的若尔当标准形为 $\boldsymbol{J}=\boldsymbol{P}^{-1}\boldsymbol{AP}$. 注意到 $f(\boldsymbol{A})=\boldsymbol{P}f(\boldsymbol{J})\boldsymbol{P}^{-1}$,只要证明 $f(\boldsymbol{J})=\mathbf{0}$ 就够了. 又因为 $\boldsymbol{J}$ 是分块对角阵,所以它的幂也是同样分块的分块对角阵. 因此,要证明 $f(\boldsymbol{J})=\mathbf{0}$, 只需证明 $f(\boldsymbol{J}_k(\lambda_0))=\mathbf{0}$,这里

$$J_k(\lambda_0)=\begin{pmatrix}\lambda_0 & 1 & & \mathbf{0}\\ & \ddots & \ddots & \\ & & \ddots & 1\\ \mathbf{0} & & & \lambda_0\end{pmatrix}_k$$

设 $f(\lambda)=\prod_{i=1}^{n}(\lambda-\lambda_i)$，于是

$$f(J_k(\lambda_0))=(J_k(\lambda_0)-\lambda_1 I)\cdots(J_k(\lambda_0)-\lambda_n I) \quad (10)$$

因为 λ_0 至少是 A 的 k 重根，所以式(10)右边的因子中至少有 k 个是

$$J_k(\lambda_0)-\lambda_0 I=-\begin{pmatrix}0 & 1 & & \mathbf{0}\\ & \ddots & \ddots & \\ & & \ddots & 1\\ \mathbf{0} & & & 0\end{pmatrix}$$

而

$$\begin{pmatrix}0 & 1 & & \mathbf{0}\\ & \ddots & \ddots & \\ & & \ddots & 1\\ \mathbf{0} & & & 0\end{pmatrix}^k=\begin{pmatrix}0 & 0 & 1 & \mathbf{0}\\ & \ddots & \ddots & \ddots\\ & \ddots & \ddots & 1\\ & & \ddots & 0\\ \mathbf{0} & & & 0\end{pmatrix}^{k-1}$$

$$=\cdots=\begin{pmatrix}0 & \cdots & 0 & 1\\ & \ddots & & 0\\ & & \ddots & \vdots\\ \mathbf{0} & & & 0\end{pmatrix}^2=\mathbf{0}$$

故得 $f(J_k(\lambda_0))=\mathbf{0}$.

注　当 A 是实矩阵时，并不能保证 $\lambda_1,\cdots,\lambda_n$ 是实

数. 若 $\lambda_1, \cdots, \lambda_n$ 是实数,则可取式(9)中的 $\boldsymbol{P}$ 为实矩阵.

2.4 哈密尔顿－凯莱定理的完整形式[①]

哈密尔顿－凯莱定理是高等代数中的一个重要的定理,在矩阵分析中哈密尔顿－凯莱定理是关于一般矩阵特征多项式的重要结果,有许多重要的应用[②]. 近年来对于该定理的研究有许多工作,但它们只是利用了哈密尔顿－凯莱定理的部分形式,没有给出完整形式的结果[③④⑤⑥⑦]. 齐齐哈尔大学理学院的杨雅琴教授于 2013 年给出了 $n(n \geqslant 2)$ 阶方阵 $\boldsymbol{A}$ 满足的哈密尔顿－凯莱定理的完整形式,同时给出哈密尔顿－凯莱定理完整形式的几个具体应用.

---

① 本节摘自《高师理科学刊》2013 年第 1 期.

② 王萼芳,石生明. 高等代数[M]. 3 版. 北京:高等教育出版社,2003:272-273.

③ 张贤达. 矩阵分析与应用[M]. 北京:清华大学出版社,2004:474-484.

④ 王宇. 2 级矩阵的迹[J]. 大学数学,2007,23(1):176-177.

⑤ 蔺小林,刘利华. Hamilton-Cayley 定理的四种证明方法[J]. 陕西师范大学学报:自然科学版,2002,30(S1):37-39.

⑥ 张先迪. 组合原理及其应用[M]. 北京:国防工业出版社,2006:67-169.

⑦ 王艳. Hamilton-Cayley 定理的新证明[J]. 高等数学研究,2006(1):16-17.

设 $n \geqslant 2$ 是任意给定的正整数，$\boldsymbol{A}=(a_{ij})_n$ 是数域 P 上的 (n,n) 一矩阵，$f(\lambda)=|\lambda\boldsymbol{I}-\boldsymbol{A}|$ 是 $\boldsymbol{A}$ 的特征多项式，则

$$f(\boldsymbol{A})=\boldsymbol{A}^n-(\mathrm{tr}\,\boldsymbol{A})\boldsymbol{A}^{n-1}+\cdots+(-1)^n|\boldsymbol{A}|\boldsymbol{I}=\boldsymbol{0}$$

2.4.1　哈密尔顿—凯莱定理的完整形式及证明

定理 1　设 $\boldsymbol{A}=(a_{ij})_3$ 是数域 P 上的 $(3,3)$ 一矩阵，$f(\lambda)=|\lambda\boldsymbol{I}-\boldsymbol{A}|$ 是 $\boldsymbol{A}$ 的特征多项式，则

$$f(\boldsymbol{A})=\boldsymbol{A}^3-(\mathrm{tr}\,\boldsymbol{A})\boldsymbol{A}^2+\left(\begin{vmatrix}a_{11}&a_{12}\\a_{21}&a_{22}\end{vmatrix}+\begin{vmatrix}a_{11}&a_{13}\\a_{31}&a_{33}\end{vmatrix}+\begin{vmatrix}a_{22}&a_{23}\\a_{32}&a_{33}\end{vmatrix}\right)\boldsymbol{A}-|\boldsymbol{A}|\boldsymbol{I}=\boldsymbol{0} \tag{1}$$

证明　因为 $\boldsymbol{A}$ 的特征多项式

$$\begin{aligned}f(\lambda)&=|\lambda\boldsymbol{I}-\boldsymbol{A}|\\&=\begin{vmatrix}\lambda-a_{11}&-a_{12}&-a_{13}\\-a_{21}&\lambda-a_{22}&-a_{23}\\-a_{31}&-a_{32}&\lambda-a_{33}\end{vmatrix}\\&=\begin{vmatrix}\lambda&0&0\\-a_{21}&\lambda-a_{22}&-a_{23}\\-a_{31}&-a_{32}&\lambda-a_{33}\end{vmatrix}+\begin{vmatrix}-a_{11}&-a_{12}&-a_{13}\\-a_{21}&\lambda-a_{22}&-a_{23}\\-a_{31}&-a_{32}&\lambda-a_{33}\end{vmatrix}\\&=\lambda\begin{vmatrix}\lambda-a_{22}&-a_{23}\\-a_{32}&\lambda-a_{33}\end{vmatrix}+\end{aligned}$$

$$\begin{vmatrix} -a_{11} & -a_{12} & -a_{13} \\ 0 & \lambda & 0 \\ -a_{31} & -a_{32} & \lambda-a_{33} \end{vmatrix}+$$

$$\begin{vmatrix} -a_{11} & -a_{12} & -a_{13} \\ -a_{21} & -a_{22} & -a_{23} \\ -a_{31} & -a_{32} & \lambda-a_{33} \end{vmatrix}$$

$$=\lambda\left[\lambda^2-(a_{22}+a_{33})\lambda+\begin{vmatrix} a_{22} & a_{23} \\ a_{32} & a_{33} \end{vmatrix}\right]+$$

$$\lambda\left(\begin{vmatrix} -a_{11} & -a_{13} \\ -a_{31} & \lambda-a_{33} \end{vmatrix}+\begin{vmatrix} a_{11} & a_{12} \\ a_{21} & a_{22} \end{vmatrix}\right)-|\boldsymbol{A}|$$

$$=\lambda^3-\mathrm{tr}\,\boldsymbol{A}\lambda^2+$$

$$\left(\begin{vmatrix} a_{11} & a_{12} \\ a_{21} & a_{22} \end{vmatrix}+\begin{vmatrix} a_{11} & a_{13} \\ a_{31} & a_{33} \end{vmatrix}+\begin{vmatrix} a_{22} & a_{23} \\ a_{32} & a_{33} \end{vmatrix}\right)\lambda-|\boldsymbol{A}|$$

所以由引理可知

$$f(\boldsymbol{A})=\boldsymbol{A}^3-\mathrm{tr}\,\boldsymbol{A}\boldsymbol{A}^2+$$

$$\left(\begin{vmatrix} a_{11} & a_{12} \\ a_{21} & a_{22} \end{vmatrix}+\begin{vmatrix} a_{11} & a_{13} \\ a_{31} & a_{33} \end{vmatrix}+\begin{vmatrix} a_{22} & a_{23} \\ a_{32} & a_{33} \end{vmatrix}\right)\boldsymbol{A}-$$

$$|\boldsymbol{A}|\boldsymbol{I}=\boldsymbol{0}$$

证毕.

定理 2(哈密尔顿—凯莱定理的完整形式) 设 $\boldsymbol{A}=(a_{ij})_n$ 是数域上 P 上的 (n,n)—矩阵，$f(\lambda)=|\lambda\boldsymbol{I}-\boldsymbol{A}|$ 是 $\boldsymbol{A}$ 的特征多项式，则

$$f(\boldsymbol{A})=\boldsymbol{A}^n-(\mathrm{tr}\,\boldsymbol{A})\boldsymbol{A}^{n-1}+\sum_{k=2}^{n-1}(-1)^k M_k\boldsymbol{A}^{n-k}+$$

$$(-1)^n|\boldsymbol{A}|\boldsymbol{I}=\boldsymbol{0} \tag{2}$$

其中，M_k 表示矩阵 $\mathbf{A}$ 的全体 $k(2 \leqslant k \leqslant n-1)$ 阶主子式之和.

证明　用数学归纳法对矩阵的阶进行归纳证明.

由已有文献[①]和定理 1 可知，当 $n \leqslant 3$ 时，定理 2 成立.

假设对于 n 阶矩阵 $\mathbf{A}=(a_{ij})_n$ 定理 2 成立，即 $\mathbf{A}=(a_{ij})_n$ 是数域 P 上的 (n,n)－矩阵

$$f(\lambda)=\lambda^n-\operatorname{tr}\mathbf{A}\lambda^{n-1}+\sum_{k=2}^{n-1}(-1)^k M_k\lambda^{n-k}+(-1)^n|\mathbf{A}|$$

是 $\mathbf{A}$ 的特征多项式，其中，M_k 表示 (n,n)－矩阵 $\mathbf{A}$ 的全体 $k(2 \leqslant k \leqslant n-1)$ 阶主子式之和，则 $f(\mathbf{A})=\mathbf{0}$.

设 $\mathbf{A}=(a_{ij})$ 是数域 P 上的 $n+1$ 阶方阵，则

$$f(\lambda)=|\lambda\mathbf{I}-\mathbf{A}|$$

$$=\begin{vmatrix}\lambda-a_{11} & -a_{12} & \cdots & -a_{1n} & -a_{1,n+1}\\ -a_{21} & \lambda-a_{22} & \cdots & -a_{2n} & -a_{2,n+1}\\ \vdots & \vdots & & \vdots & \vdots\\ -a_{n1} & -a_{n2} & \cdots & \lambda-a_{nn} & -a_{n,n+1}\\ -a_{n+1,1} & -a_{n+1,2} & \cdots & -a_{n+1,n} & \lambda-a_{n+1,n+1}\end{vmatrix}$$

$$=\lambda\begin{vmatrix}\lambda-a_{11} & -a_{12} & \cdots & -a_{1n}\\ -a_{21} & \lambda-a_{22} & \cdots & -a_{2n}\\ \vdots & \vdots & & \vdots\\ -a_{n1} & -a_{n2} & \cdots & \lambda-a_{nn}\end{vmatrix}_n+$$

---

① 王宇. 2 级矩阵的迹[J]. 大学数学，2007，23(1)：176-177.

$$\begin{vmatrix} \lambda-a_{11} & -a_{12} & \cdots & -a_{1n} & -a_{1,n+1} \\ -a_{21} & \lambda-a_{22} & \cdots & -a_{2n} & -a_{2,n+1} \\ \vdots & \vdots & & \vdots & \vdots \\ -a_{n1} & -a_{n2} & \cdots & \lambda-a_{nn} & -a_{n,n+1} \\ -a_{n+1,1} & -a_{n+1,2} & \cdots & -a_{n+1,n} & -a_{n+1,n+1} \end{vmatrix}_{n+1}$$

$$=\lambda[\lambda^n-(a_{11}+a_{22}+\cdots+a_{nn})\lambda^{n-1}+$$

$$\sum_{k=2}^{n-1}(-1)^k M_k^{\boldsymbol{A}}(1:n)\lambda^{n-k}+(-1)^n M_{n+1,n+1}]+$$

$$\begin{vmatrix} \lambda-a_{11} & -a_{12} & \cdots & a_{1n} & -a_{1,n+1} \\ -a_{21} & \lambda-a_{22} & \cdots & -a_{2n} & -a_{2,n+1} \\ \vdots & \vdots & & \vdots & \vdots \\ -a_{n1} & -a_{n2} & \cdots & \lambda-a_{nn} & -a_{n,n+1} \\ -a_{n+1,1} & -a_{n+1,2} & \cdots & -a_{n+1,n} & -a_{n+1,n+1} \end{vmatrix}_{n+1}$$

其中,$M_k^{\boldsymbol{A}}(1:n)$ 表示矩阵 $\boldsymbol{A}$ 中以 $a_{11},a_{22},\cdots,a_{nn}$ 为主对角线上元素的所有 $k(2\leqslant k\leqslant n-1)$ 阶主子式之和,$M_{n+1,n+1}$ 表示矩阵 $\boldsymbol{A}$ 中元素 $a_{n+1,n+1}$ 的余子式. 令

$$K=\begin{vmatrix} \lambda-a_{11} & -a_{12} & \cdots & -a_{1n} & -a_{1,n+1} \\ -a_{21} & \lambda-a_{22} & \cdots & -a_{2n} & -a_{2,n+1} \\ \vdots & \vdots & & \vdots & \vdots \\ -a_{n1} & -a_{n2} & \cdots & \lambda-a_{nn} & -a_{n,n+1} \\ -a_{n+1,1} & -a_{n+1,2} & \cdots & -a_{n+1,n} & -a_{n+1,n+1} \end{vmatrix}_{n+1}$$

(1) 当 $a_{n+1,n+1}\neq 0$ 时

$$
K=\left|\begin{matrix}
\lambda-a_{11}+\dfrac{a_{n+1,1}a_{1,n+1}}{a_{n+1,n+1}} & -a_{12}+\dfrac{a_{n+1,2}a_{1,n+1}}{a_{n+1,n+1}} & \cdots \\
-a_{21}+\dfrac{a_{n+1,1}a_{2,n+1}}{a_{n+1,n+1}} & \lambda-a_{22}+\dfrac{a_{n+1,2}a_{2,n+1}}{a_{n+1,n+1}} & \cdots \\
\vdots & \vdots & \\
-a_{n1}+\dfrac{a_{n+1,1}a_{n,n+1}}{a_{n+1,n+1}} & -a_{n2}+\dfrac{a_{n+1,2}a_{n,n+1}}{a_{n+1,n+1}} & \cdots \\
-a_{n+1,1} & -a_{n+1,2} & \cdots
\end{matrix}\right.
$$

$$
\left.\begin{matrix}
-a_{1n}+\dfrac{a_{n+1,n}a_{1,n+1}}{a_{n+1,n+1}} & 0 \\
-a_{2n}+\dfrac{a_{n+1,n}a_{2,n+1}}{a_{n+1,n+1}} & 0 \\
\vdots & \vdots \\
\lambda-a_{nn}+\dfrac{a_{n+1,n}a_{n,n+1}}{a_{n+1,n+1}} & 0 \\
-a_{n+1,n} & -a_{n+1,n+1}
\end{matrix}\right|_{n+1}
$$ ①

$$
=-a_{n+1,n+1}\left|\begin{matrix}
\lambda-a_{11}+\dfrac{a_{n+1,1}a_{1,n+1}}{a_{n+1,n+1}} & -a_{12}+\dfrac{a_{n+1,2}a_{1,n+1}}{a_{n+1,n+1}} \\
-a_{21}+\dfrac{a_{n+1,1}a_{2,n+1}}{a_{n+1,n+1}} & \lambda-a_{22}+\dfrac{a_{n+1,2}a_{2,n+1}}{a_{n+1,n+1}} \\
\vdots & \vdots \\
-a_{n1}+\dfrac{a_{n+1,1}a_{n,n+1}}{a_{n+1,n+1}} & -a_{n2}+\dfrac{a_{n+1,2}a_{n,n+1}}{a_{n+1,n+1}}
\end{matrix}\right.
$$

---

① 此处为行列式.为防止行列式超出版心,故将其分割为两部分书写.以下出现同种形式,均表示行列式.

$$\left.\begin{matrix} \cdots & -a_{1n}+\dfrac{a_{n+1,n}a_{1,n+1}}{a_{n+1,n+1}} \\ \cdots & -a_{2n}+\dfrac{a_{n+1,n}a_{2,n+1}}{a_{n+1,n+1}} \\ & \vdots \\ \cdots & \lambda-a_{nn}+\dfrac{a_{n+1,n}a_{n,n+1}}{a_{n+1,n+1}} \end{matrix}\right|_n$$

设 $\boldsymbol{B}=(b_{ij})_n$ 是数域 P 上的 (n,n)－矩阵，令 $b_{ij}=a_{ij}-\dfrac{a_{n+1,j}a_{i,n+1}}{a_{n+1,n+1}}(1\leqslant i,j\leqslant n)$，则

$$\begin{aligned}K&=-a_{n+1,n+1}\ |\lambda\boldsymbol{I}-\boldsymbol{B}|\\&=-a_{n+1,n+1}\Big[\lambda^n-\operatorname{tr}\boldsymbol{B}\lambda^{n-1}+\sum_{k=2}^{n-1}(-1)^kM_k^{\boldsymbol{B}}(1:n)\lambda^{n-k}+\\&\quad(-1)^n\ |\boldsymbol{B}|\Big]\end{aligned}$$

其中，$M_k^{\boldsymbol{B}}(1:n)$ 表示矩阵 $\boldsymbol{B}$ 中所有 $k(2\leqslant k\leqslant n-1)$ 阶主子式之和，从而

$$\begin{aligned}f(\lambda)=&\lambda\Big[\lambda^n-(a_{11}+a_{22}+\cdots+a_{nn})\lambda^{n-1}+\sum_{k=2}^{n-1}(-1)^kM_k^{\boldsymbol{A}}\cdot\\&(1:n)\lambda^{n-k}+(-1)^nM_{n+1,n+1}\Big]-a_{n+1,n+1}\Big[\lambda^n-\\&(\operatorname{tr}\boldsymbol{B})\lambda^{n-1}+\sum_{k=2}^{n-1}(-1)^kM_k^{\boldsymbol{B}}(1:n)\lambda^{n-k}+\\&(-1)^n\ |\boldsymbol{B}|\Big]\end{aligned}$$

合并同类项后得，λ^{n+1} 的系数是 1，λ^n 的系数是

$$-(a_{11}+a_{22}+\cdots+a_{nn})-a_{n+1,n+1}=-\operatorname{tr}\boldsymbol{A}$$

λ^{n-1} 的系数是

$$M_2^{\boldsymbol{A}}(1:n)+a_{n+1,n+1}\operatorname{tr}\boldsymbol{B}=M_2^{\boldsymbol{A}}(1:n)+\sum_{i=1}^{n}\begin{vmatrix}a_{ii} & a_{i,n+1}\\ a_{n+1,i} & a_{n+1,n+1}\end{vmatrix}$$

$$=M_2^{\boldsymbol{A}}(1:n+1)$$

其中，$M_2^{\boldsymbol{A}}(1:n+1)$ 表示矩阵 $\boldsymbol{A}$ 中所有 2 阶主子式之和，当 $3\leqslant k\leqslant n-1$ 时，λ^{n+1-k} 的系数是

$$(-1)^k M_k^{\boldsymbol{A}}(1:n)-a_{n+1,n+1}(-1)^{k-1}M_{k-1}^{\boldsymbol{B}}(1:n)$$

$$=(-1)^k[M_k^{\boldsymbol{A}}(1:n)+a_{n+1,n+1}(-1)^{k-1}M_{k-1}^{\boldsymbol{B}}(1:n)]$$

$$=-(-1)^{k-1}(M_k^{\boldsymbol{A}}(1:n)+$$

$$\sum_{1\leqslant i_1\leqslant i_2\leqslant\cdots\leqslant i_n}\begin{vmatrix} b_{i_1,i_1} & b_{i_1,i_2} & \cdots & b_{i_1,i_{k-1}} & 0 \\ \vdots & \vdots & & \vdots & \vdots \\ b_{i_{k-1},i_1} & b_{i_{k-1},i_2} & \cdots & b_{i_{k-1},i_{k-1}} & 0 \\ 0 & 0 & 0 & 0 & a_{n+1,n+1} \end{vmatrix}_k)$$

$$=(-1)^k M_k^{\boldsymbol{A}}(1:n+1)$$

其中，$M_k^{\boldsymbol{A}}(1:n+1)$ 表示矩阵 $\boldsymbol{A}$ 中所有 k 阶主子式之和.

同理可得 λ 的系数是

$$(-1)^n M_{n+1,n+1}-a_{n+1,n+1}(-1)^{n-1}M_{n-1}^{\boldsymbol{B}}(1:n)$$

$$=(-1)^n M_n^{\boldsymbol{B}}(1:n)$$

$$a_{n+1,n+1}(-1)^n\ |\boldsymbol{B}|\ \boldsymbol{I}=(-1)^{n+1}\ |\boldsymbol{A}|$$

所以

$$f(\lambda)=\lambda^{n+1}-(\mathrm{tr}\ \boldsymbol{A})\lambda^n+\sum_{k=2}^{n}(-1)^k M_k\lambda^{n+1-k}+(-1)^{n+1}\ |\boldsymbol{A}|$$

其中，M_k 表示矩阵 $\boldsymbol{A}$ 的全体 $k(2\leqslant k\leqslant n-1)$ 阶主子式之和. 由引理可知

$$f(\boldsymbol{A})=\boldsymbol{A}^n-(\mathrm{tr}\ \boldsymbol{A})\boldsymbol{A}^{n-1}+\sum_{k=2}^{n-1}(-1)^k M_k\boldsymbol{A}^{n-k}+$$

$$(-1)^n \mid \boldsymbol{A} \mid \boldsymbol{I} = \boldsymbol{0}$$

(2) 当 $a_{n+1,n+1}=0$ 时

$$K = \begin{vmatrix} \lambda - a_{11} & -a_{12} & \cdots & -a_{1n} & -a_{1,n+1} \\ -a_{21} & \lambda - a_{22} & \cdots & -a_{2n} & -a_{2,n+1} \\ \vdots & \vdots & & \vdots & \vdots \\ -a_{n1} & -a_{n2} & \cdots & \lambda - a_{nn} & -a_{n,n+1} \\ -a_{n+1,1} & -a_{n+1,2} & \cdots & -a_{n+1,n} & \lambda - 1 + 1 \end{vmatrix}_{n+1}$$

$$= \begin{vmatrix} \lambda - a_{11} & -a_{12} & \cdots & -a_{1n} & -a_{1,n+1} \\ -a_{21} & \lambda - a_{22} & \cdots & -a_{2n} & -a_{2,n+1} \\ \vdots & \vdots & & \vdots & \vdots \\ -a_{n1} & -a_{n2} & \cdots & \lambda - a_{nn} & -a_{n,n+1} \\ -a_{n+1,1} & -a_{n+1,2} & \cdots & -a_{n+1,n} & \lambda - 1 \end{vmatrix}_{n+1} +$$

$$\begin{vmatrix} \lambda - a_{11} & -a_{12} & \cdots & -a_{1n} \\ -a_{21} & \lambda - a_{22} & \cdots & -a_{2n} \\ \vdots & \vdots & & \vdots \\ -a_{n1} & -a_{n2} & \cdots & \lambda - a_{nn} \end{vmatrix}_{n}$$

利用(1) 的结果和猜想,直接计算可得

$$f(\lambda) = \lambda^{n+1} - (\operatorname{tr} \boldsymbol{A})\lambda^n + \sum_{k=2}^{n} (-1)^k M_k \lambda^{n+1-k} + (-1)^{n+1} \mid \boldsymbol{A} \mid$$

其中,M_k 表示矩阵$\boldsymbol{A}$ 的全体$k(2 \leqslant k \leqslant n-1)$ 阶主子式之和. 所以

$$f(\boldsymbol{A}) = \boldsymbol{A}^n - (\operatorname{tr} \boldsymbol{A})\boldsymbol{A}^{n-1} + \sum_{k=2}^{n-1} (-1)^k M_k \boldsymbol{A}^{n-k} + (-1)^n \mid \boldsymbol{A} \mid \boldsymbol{I} = \boldsymbol{0}$$

证毕.

2.4.2　哈密尔顿－凯莱定理的应用

定理 3　若 $\boldsymbol{A}=(a_{ij})_n$ 是数域 P 上的 (n,n)－可逆矩阵,则

$$\boldsymbol{A}^{-1}=\frac{(-1)^{n-1}}{|\boldsymbol{A}|}\Big[\boldsymbol{A}^{n-1}-(\operatorname{tr}\boldsymbol{A})\boldsymbol{A}^{n-2}+\sum_{k=2}^{n-1}(-1)^k M_k\boldsymbol{A}^{n-k-1}\Big] \tag{3}$$

其中,M_k 表示矩阵 $\boldsymbol{A}$ 的全体 $k(2\leqslant k\leqslant n-1)$ 阶主子式之和.

证明　因为 $\boldsymbol{A}$ 可逆,所以 $|\boldsymbol{A}|\neq 0$. 由定理 2 可知

$$\boldsymbol{A}^n-(\operatorname{tr}\boldsymbol{A})\boldsymbol{A}^{n-1}+\sum_{k=2}^{n-1}(-1)^k M_k\boldsymbol{A}^{n-k}+(-1)^n|\boldsymbol{A}|\boldsymbol{I}=\boldsymbol{0}$$

即

$$\boldsymbol{A}\left\{(-1)^{n-1}\frac{1}{|\boldsymbol{A}|}\Big[\boldsymbol{A}^{n-1}-(\operatorname{tr}\boldsymbol{A})\boldsymbol{A}^{n-2}+\sum_{k=2}^{n-1}(-1)^k M_k\boldsymbol{A}^{n-k-1}\Big]\right\}=\boldsymbol{I}$$

因此

$$\boldsymbol{A}^{-1}=\frac{(-1)^{n-1}}{|\boldsymbol{A}|}\Big[\boldsymbol{A}^{n-1}-(\operatorname{tr}\boldsymbol{A})\boldsymbol{A}^{n-2}+\sum_{k=2}^{n-1}(-1)^k M_k\boldsymbol{A}^{n-k-1}\Big]$$

证毕.

定理 4　设 $\boldsymbol{A}=(a_{ij})_n$ 是数域 P 上的 (n,n)－矩阵,且 $\operatorname{rank}\boldsymbol{A}=1$,则存在数域 P 上可逆矩阵 $\boldsymbol{Q}$,使得

$$\boldsymbol{A}=\boldsymbol{Q}\begin{pmatrix}\operatorname{tr}\boldsymbol{A} & 0\\ 0 & 0\end{pmatrix}\boldsymbol{Q}^{-1}\text{ 或 }\boldsymbol{A}=\boldsymbol{Q}\begin{pmatrix}0 & \boldsymbol{H}\\ 0 & 0\end{pmatrix}\boldsymbol{Q}^{-1} \tag{4}$$

其中,$\boldsymbol{H}=(h_{1j})_{1\times(n-1)}(2\leqslant j\leqslant n)$.

证明　因为 rank $\boldsymbol{A}=1$，所以存在数域 P 上的可逆矩阵 $\boldsymbol{Q}$ 和 $\boldsymbol{R}$，使得 $\boldsymbol{A}=\boldsymbol{Q}\begin{pmatrix}1 & \boldsymbol{0}\\ \boldsymbol{0} & \boldsymbol{0}\end{pmatrix}\boldsymbol{R}$. 设 $\boldsymbol{RQ}=(h_{ij})_n$，则

$$\boldsymbol{A}=\boldsymbol{Q}\begin{pmatrix}1 & \boldsymbol{0}\\ \boldsymbol{0} & \boldsymbol{0}\end{pmatrix}\boldsymbol{RQQ}^{-1}=\boldsymbol{Q}\begin{pmatrix}h_1 & \boldsymbol{H}\\ \boldsymbol{0} & \boldsymbol{0}\end{pmatrix}\boldsymbol{Q}^{-1}$$

其中，$\boldsymbol{H}=(h_{1j})_{1\times(n-1)}(2\leqslant j\leqslant n)$. 由定理 2 可知，$\boldsymbol{A}^n=\mathrm{tr}\,\boldsymbol{A}\boldsymbol{A}^{n-1}$，故 $h_{11}^n=(\mathrm{tr}\,\boldsymbol{A})h_{11}^{n-1}$，分 $\mathrm{tr}\,\boldsymbol{A}=0$ 和 $\mathrm{tr}\,\boldsymbol{A}\neq 0$ 两种情况讨论即得定理 4 的结论. 证毕.

定义①②③　令

$$[x]_n=x(x-1)(x-2)\cdots(x-n-1)=\sum_{k=0}^{n}S_1(n,k)x^k$$

称 $S_1(n,k)$ 为第一类斯特林(Stirling) 数.

定理 5　对于任意正整数 n，有 $S_1(1,1)=1$，$S_1(n,n)=1$，$S_1(n,1)=(-1)^{n-1}(n-1)!$，当 $k<n$ 时，$S_1(n,n-k)=(-1)^k M_k^n$，其中，M_k^n 是矩阵 $\begin{pmatrix}0 & & & \\ & 1 & & \\ & & \ddots & \\ & & & n-1\end{pmatrix}$ 的 k 阶主子式之和，即[1,2,…，

---

① 张先迪. 组合原理及其应用[M]. 北京：国防工业出版社，2006，67-169.

② 王艳. Halmiton-Cayley 定理的新证明[J]. 高等数学研究，2006(1)：16-17.

③ 王红，杨雅琴，王艳辉. 第一类 Stirling 数和第二类 Stirling 数的关系式[J]. 高师理科学刊，2008，28(6)：37-39.

$n-1]$ 中任意 $k(2\leqslant k\leqslant n-1)$ 个自然数的乘积之和；当 $k>n$ 时，$S_1(n,k)=0$.

证明 由定义可知

$$[x]_n=x(x-1)(x-2)\cdots(x-n+1)$$
$$=\begin{vmatrix} x-0 & & & \\ & x-1 & & \\ & & \ddots & \\ & & & x-(n-1) \end{vmatrix}_n$$

当 $k<n$ 时，设矩阵 $\boldsymbol{A}=\begin{pmatrix} 0 & & & \\ & 1 & & \\ & & \ddots & \\ & & & n-1 \end{pmatrix}$，则有

$f(x)=|x\boldsymbol{I}-\boldsymbol{A}|=[x]_n$. 由定理 2 可知

$$\begin{aligned} f(x)&=|x\boldsymbol{I}-\boldsymbol{A}|\\ &=x^n-(\mathrm{tr}\,\boldsymbol{A})x^{n-1}+\sum_{k=2}^{n-1}(-1)^kM_k^nx^{n-k}+\\ &\quad(-1)^n|\boldsymbol{A}|\\ &=\sum_{k=0}^{n}S_1(n,k)x^k=[x]_n \end{aligned}\tag{5}$$

其中，M_k^n 表示矩阵 $\boldsymbol{A}$ 的全体 $k(2\leqslant k\leqslant n-1)$ 阶主子式之和，即 $\{1,2,\cdots,n-1\}$ 中任意 $k(2\leqslant k\leqslant n-1)$ 个自然数的乘积之和. 因此

$$S_1(n,n)=1$$
$$S_1(n,0)=(-1)^n|\boldsymbol{A}|=0$$

$S_1(n,1)=(-1)^{n-1}M_{n-1}^n$ 是 $\{1,2,\cdots,n-1\}$ 中 $n-1$ 个自然数的乘积之和的 $(-1)^{n-1}$ 倍，所以 $S_1(n,1)=$

$(-1)^{n-1}(n-1)!$.

当 $k<n$ 时,由待定系数法,得

$$S_1(n,n-k)=(-1)^k M_k^n$$

其中,M_k^n 表示矩阵 $\boldsymbol{A}$ 的全体 $k(2\leqslant k\leqslant n-1)$ 阶主子式之和. 特别地,有

$$\begin{aligned}S_1(n,n-1)&=-\operatorname{tr}\boldsymbol{A}=-[1+2+\cdots+(n-1)]\\&=-\frac{n(n-1)}{2}=-C_n^2\end{aligned}$$

由待定系数法,得当 $k>n$ 时,$S_1(n,k)=0$. 证毕.

推论 第一类斯特林数 $S_1(n,k)$ 满足 $\sum_{k=1}^{n}S_1(n,k)=0$ 和 $\sum_{k=1}^{n}S_1(n,k)m^k=0(2\leqslant m\leqslant n-1)$.

证明 在式(5)中取 $x=1$,得 $\sum_{k=1}^{n}S_1(n,k)=0$. 取 $x=m(2\leqslant m\leqslant n-1)$ 为正整数,得 $\sum_{k=1}^{n}S_1(n,k)m^k=0$. 证毕.

引理 2 第一类斯特林数满足递归关系

$$\begin{cases}S_1(n+1,k)=S_1(n,k-1)-nS_1(n,k) & (n\geqslant 0,k>0)\\S_1(0,0)=1\\S_1(n,0)=0\end{cases}\tag{6}$$

引理 3 当 $n\geqslant 3$ 时

$$S_1(n,n-2)=\frac{n(n-1)(n-2)(3n-1)}{24}$$

$$S_1(n,n-3)=-\frac{n^2(n-1)^2(n-2)(n-3)}{48}$$

引理 4　当 $n \geqslant 8$ 时

$$S_1(n,n-4)$$

$$=\frac{n(n-1)(n-2)(n-3)(n-4)(15n^3-30n^2+50n+2)}{24^2\times 10}$$

由引理 3、引理 4 和定理 5 可得以下推论.

推论　当 $n \geqslant 3$ 时，$\{1,2,\cdots,n-1\}$ 中任意 2 个自然数的乘积之和为

$$\frac{n(n-1)(n-2)(3n-1)}{24}$$

$\{1,2,\cdots,n-1\}$ 中任意 3 个自然数的乘积之和为

$$\frac{n^2(n-1)^2(n-2)(n-3)}{48}$$

当 $n \geqslant 8$ 时，$\{1,2,\cdots,n-1\}$ 中任意 4 个自然数的乘积之和为

$$\frac{n(n-1)(n-2)(n-3)(n-4)(15n^3-30n^2+5n+2)}{24^2\times 10}$$

定理 6　当 $k<n$ 时，$S_1(n,n-k)=\sum\limits_{t=k}^{n-1} tS_1(t,t-k+1)$.

证明　由引理 3 和引理 4 可知，$S_1(n,n-2)$，$S_1(n,n-3)$，$S_1(n,n-4)$ 的计算公式都是 n 的表达式. 设函数 $f_k(t)=S_1(t,t-k)(k \leqslant t \leqslant n)$，则

$$f_2(n)=S_1(n,n-2)$$

$$f_3(n)=S_1(n,n-3)$$

$$f_4(n)=S_1(n,n-4)$$

令式(6) 中 $k=n-4$，得

$$S_1(n+1,n-4)=S_1(n,n-5)-nS_1(n,n-4)$$

即

$$f_5(n+1)=f_5(n)-nf_4(n)$$

所以

$$\begin{aligned}f_5(n)&=f_5(n-1)-(n-1)f_4(n-1)\\&=f_5(n-2)-(n-2)f_4(n-2)-(n-1)f_4(n-1)\end{aligned}$$

因此

$$f_5(n)=-\sum_{t=5}^{n-1}tf_4(t)$$

当 $5<k<n$ 时,令式(6) 中 $k=n-(k+1)$,得

$$S_1(n,n-(k+1))=S_1(n-1,n-1-(k+1))-(n-1)S_1(n-1,n-1-k)$$

即

$$\begin{aligned}f_{k+1}(n)&=f_{k+1}(n-1)-(n-1)f_k(n-1)\\&=f_{k+1}(n-2)-(n-2)f_k(n-2)-\\&\quad(n-1)f_k(n-1)\end{aligned}$$

因此

$$f_{k+1}(n)=-\sum_{t=k}^{n-1}tf_{k-1}(t)$$

所以,当 $k<n$ 时,$S_1(n,n-k)=\sum\limits_{t=k}^{n-1}tS_1(t,t-k+1)$ 成立.

例如:$S_1(7,2)=-6S_1(6,2)-5S_1(5,1)=-6\times 274-5\times 24=-1\ 764$. 并且由引理 2 可知,$S_1(8,3)=S_1(7,2)-7S_1(7,3)=-7S_1(7,3)-6S_1(6,2)-5S_1(5,1)=-6\times 274-5\times 24=-13\ 132$.

2.5　哈密尔顿－凯莱定理的四种证明方法[①]

西北轻工业学院计算机与信息科学系的蔺小林和刘利华两位教授于 2002 年给出了哈密尔顿－凯莱定理的四种不同的证明方法.

我们先叙述哈密尔顿－凯莱定理,再给出它的四种不同的证明方法.

哈密尔顿－凯莱定理[②]　设 $\boldsymbol{A}$ 是数域 P 上的一个 (n,n)－矩阵,$f(\lambda)=|\lambda\boldsymbol{I}-\boldsymbol{A}|$ 是 $\boldsymbol{A}$ 的特征多项式,则

$$f(\boldsymbol{A})=\boldsymbol{A}^n-(a_{11}+a_{22}+\cdots+a_{nn})\boldsymbol{A}^{n-1}+\cdots+(-1)^n|\boldsymbol{A}|\boldsymbol{I}=\boldsymbol{0}$$

证法一　伴随矩阵法.

设 $\boldsymbol{B}(\lambda)(\lambda\boldsymbol{I}-\boldsymbol{A})=|\lambda\boldsymbol{I}-\boldsymbol{A}|\boldsymbol{I}=f(\lambda)\boldsymbol{I}$,因为矩阵 $\boldsymbol{B}(\lambda)$ 的元素是 $|\lambda\boldsymbol{I}-\boldsymbol{A}|$ 中各个元素的代数余子式,都是 λ 的多项式,其次数均不超过 $n-1$,由矩阵的运算性质可知,$\boldsymbol{B}(\lambda)$ 可写成

$$\boldsymbol{B}(\lambda)=\lambda^{n-1}\boldsymbol{B}_0+\lambda^{n-1}\boldsymbol{B}_1+\cdots+\lambda\boldsymbol{B}_{n-2}+\boldsymbol{B}_{n-1}$$

其中 $\boldsymbol{B}_0,\boldsymbol{B}_1,\cdots,\boldsymbol{B}_{n-1}$ 都是 (n,n)－数字矩阵.

设 $f(\lambda)=\lambda^n+a_1\lambda^{n-1}+\cdots+a_{n-1}\lambda+a_n$,则

$$f(\lambda)\boldsymbol{I}=\lambda^n\boldsymbol{I}+a_1\lambda^{n-1}\boldsymbol{I}+\cdots+a_{n-1}\lambda\boldsymbol{I}+a_n\boldsymbol{I} \quad (1)$$

---

① 本节摘自《陕西师范大学学报》2002 年专辑.

② 北京大学数学系.高等代数[M].北京:高等教育出版社,1988.

而

$$\begin{aligned}&\boldsymbol{B}(\lambda)(\lambda\boldsymbol{I}-\boldsymbol{A})\\&=(\lambda^{n-1}\boldsymbol{B}_0+\lambda^{n-2}\boldsymbol{B}_1+\cdots+\boldsymbol{B}_{n-1})(\lambda\boldsymbol{I}-\boldsymbol{A})\\&=\lambda^n\boldsymbol{B}_0+\lambda^{n-1}(\boldsymbol{B}_1-\boldsymbol{B}_0\boldsymbol{A})+\lambda^{n-2}(\boldsymbol{B}_2-\boldsymbol{B}_1\boldsymbol{A})+\cdots+\\&\quad\lambda(\boldsymbol{B}_{n-1}-\boldsymbol{B}_{n-2}\boldsymbol{A})=\boldsymbol{B}_{n-2}\boldsymbol{A}\end{aligned}\tag{2}$$

注意到 $\boldsymbol{B}(\lambda)(\lambda\boldsymbol{I}-\boldsymbol{A})=f(\lambda)\boldsymbol{I}$，比较式(1) 和式(2) 两式，有

$$\begin{cases}\boldsymbol{B}_0=\boldsymbol{I}\\\boldsymbol{B}_1-\boldsymbol{B}_0\boldsymbol{A}=a_1\boldsymbol{I}\\\boldsymbol{B}_2-\boldsymbol{B}_1\boldsymbol{A}=a_2\boldsymbol{I}\\\qquad\vdots\\\boldsymbol{B}_{n-1}-\boldsymbol{B}_{n-2}\boldsymbol{A}=a_{n-1}\boldsymbol{I}\\-\boldsymbol{B}_{n-1}\boldsymbol{A}=a_n\boldsymbol{I}\end{cases}$$

用 $\boldsymbol{A}^n,\boldsymbol{A}^{n-1},\cdots,\boldsymbol{A},\boldsymbol{I}$ 依次从右边乘上式的第一式，第二式，……，第 n 式和第 $n+1$ 式，得

$$\begin{cases}\boldsymbol{B}_0\boldsymbol{A}^n=\boldsymbol{I}\boldsymbol{A}^n=\boldsymbol{A}^n\\\boldsymbol{B}_1\boldsymbol{A}^{n-1}-\boldsymbol{B}_0\boldsymbol{A}^n=a_1\boldsymbol{I}\boldsymbol{A}^{n-1}=a_1\boldsymbol{A}^{n-1}\\\boldsymbol{B}_2\boldsymbol{A}^{n-2}-\boldsymbol{B}_1\boldsymbol{A}^{n-1}=a_2\boldsymbol{I}\boldsymbol{A}^{n-2}=a_2\boldsymbol{A}^{n-2}\\\qquad\vdots\\\boldsymbol{B}_{n-1}\boldsymbol{A}-\boldsymbol{B}_{n-2}\boldsymbol{A}^2=a_{n-1}\boldsymbol{I}\boldsymbol{A}=a_{n-1}\boldsymbol{A}\\-\boldsymbol{B}_{n-1}\boldsymbol{A}=a_n\boldsymbol{I}\end{cases}$$

把上述的 $n+1$ 个等式加起来，左边变为零，右边恰为 $f(\boldsymbol{A})$，故有 $f(\boldsymbol{A})=\boldsymbol{0}$，证毕.

证法二　极限论方法.

(1) 若 $\boldsymbol{A}$ 的特征根 $\lambda_1,\lambda_2,\cdots,\lambda_n$ 互异，则存在满秩

矩阵 $\boldsymbol{P}$,使得

$$\boldsymbol{A}=\boldsymbol{P}\Lambda\boldsymbol{P}^{-1},\Lambda=\mathrm{diag}(\lambda_1,\lambda_2,\cdots,\lambda_n)$$

而 $f(\lambda)=|\lambda\boldsymbol{I}-\boldsymbol{A}|=(\lambda-\lambda_1)(\lambda-\lambda_2)\cdots(\lambda-\lambda_n)$,则

$$f(\boldsymbol{A})=\boldsymbol{P}f(\Lambda)\boldsymbol{P}^{-1}=\boldsymbol{P}f(\mathrm{diag}(\lambda_1,\lambda_2,\cdots,\lambda_n))\boldsymbol{P}^{-1}$$

因为 $f(\lambda_i)=0(i=1,2,\cdots,n)$,所以 $f(\boldsymbol{A})=\boldsymbol{0}$.

(2) 若 $\boldsymbol{A}$ 有重特征根,则一定存在与 $\boldsymbol{A}$ 任意接近且具有互异特征根的矩阵 $\boldsymbol{B}$,构造矩阵序列 $\{\boldsymbol{B}_m\}$,满足以下条件[①]:

(i) 每个 $\boldsymbol{B}_m$ 都有互异的 n 个特征根;

(ii) $\lim\limits_{m\to\infty}\boldsymbol{B}_m=\boldsymbol{A}$.

记

$$\begin{aligned}f_m(\lambda)&=\det(\lambda\boldsymbol{I}-\boldsymbol{B}_m)\\&=\lambda^n+\gamma_1^m\lambda^{n-1}+\cdots+\gamma_{n-1}^m\lambda+\gamma_n^m\end{aligned}$$

特征多项式系数 γ_i^m 是矩阵 $\boldsymbol{B}_m$ 的元素的多项式函数,且是 $\boldsymbol{B}_m$ 诸元素的连续函数,当 $\lim\limits_{m\to\infty}\boldsymbol{B}_m=\boldsymbol{A}$ 时,有 $\lim\limits_{m\to\infty}\gamma_i^m=a_i$,从而

$$\begin{aligned}f(\boldsymbol{A})&=\boldsymbol{A}^n+a_1\boldsymbol{A}^{n-1}+\cdots+a_{n-1}\boldsymbol{A}+a_n\boldsymbol{I}\\&=\lim_{m\to\infty}(\boldsymbol{B}_m^n+\gamma_1^m\boldsymbol{B}_m^{n-1}+\cdots+\gamma_{n-1}^m\boldsymbol{B}_m+\gamma_n^m\boldsymbol{I})\\&=\lim_{m\to\infty}f_m(\boldsymbol{B}_m)\end{aligned}$$

而 $\boldsymbol{B}_m$ 的 n 个特征根互异,则 $f_m(\boldsymbol{B}_m)=\boldsymbol{0}$,故 $f(\boldsymbol{A})=\boldsymbol{0}$.

证毕.

---

① 程云鹏. 矩阵论[M]. 西安:西北工业大学出版社,2000.

证法三　三角矩阵相似法.

设

$$f(\lambda)=|\lambda \boldsymbol{I}-\boldsymbol{A}|=(\lambda-\lambda_1)(\lambda-\lambda_2)\cdots(\lambda-\lambda_n)$$

由于任意方阵与上三角矩阵相似[①],故存在满秩矩阵 $\boldsymbol{P}$,使得

$$\boldsymbol{P}^{-1}\boldsymbol{A}\boldsymbol{P}=\begin{pmatrix}\lambda_1 & * & * & \cdots & * \\ 0 & \lambda_2 & * & \cdots & * \\ \vdots & \vdots & \vdots & & \vdots \\ 0 & 0 & 0 & \cdots & \lambda_n\end{pmatrix}$$

于是

$$f(\boldsymbol{P}^{-1}\boldsymbol{A}\boldsymbol{P})$$

$$=(\boldsymbol{P}^{-1}\boldsymbol{A}\boldsymbol{P}-\lambda_1\boldsymbol{I})(\boldsymbol{P}^{-1}\boldsymbol{A}\boldsymbol{P}-\lambda_2\boldsymbol{I})\cdots(\boldsymbol{P}^{-1}\boldsymbol{A}\boldsymbol{P}\lambda_n\boldsymbol{I})$$

$$=\begin{pmatrix}0 & * & * & \cdots & * \\ 0 & \lambda_2-\lambda_1 & * & \cdots & * \\ 0 & 0 & \lambda_3-\lambda_1 & \cdots & * \\ \vdots & \vdots & \vdots & & \vdots \\ 0 & 0 & 0 & \cdots & \lambda_n-\lambda_1\end{pmatrix}\cdot$$

$$\begin{pmatrix}\lambda_1-\lambda_2 & * & * & \cdots & * \\ 0 & 0 & * & \cdots & * \\ 0 & 0 & \lambda_3-\lambda_2 & \cdots & * \\ \vdots & \vdots & \vdots & & \vdots \\ 0 & 0 & 0 & \cdots & \lambda_n-\lambda_2\end{pmatrix}\cdot\cdots\cdot$$

---

① 程云鹏. 矩阵论[M]. 西安：西北工业大学出版社，2000.

$$\begin{pmatrix} \lambda_1-\lambda_n & * & * & \cdots & * \\ 0 & \lambda_2-\lambda_n & * & \cdots & * \\ 0 & 0 & \lambda_3-\lambda_n & \cdots & * \\ \vdots & \vdots & \vdots & & \vdots \\ 0 & 0 & 0 & \cdots & 0 \end{pmatrix}=\mathbf{0}$$

而 $f(\boldsymbol{P}^{-1}\boldsymbol{AP})=\boldsymbol{P}^{-1}f(\boldsymbol{A})\boldsymbol{P}=\mathbf{0}$，故 $f(\boldsymbol{A})=\mathbf{0}$. 证毕.

证法四　若尔当标准形法.

设 $\boldsymbol{J}=\mathrm{diag}(\boldsymbol{J}_1(\lambda_1),\boldsymbol{J}_2(\lambda_2),\cdots,\boldsymbol{J}_\gamma(\lambda_\gamma))$ 是 $\boldsymbol{A}$ 的若尔当标准形①，故存在满秩矩阵 $\boldsymbol{P}$，使得

$$\boldsymbol{A}=\boldsymbol{PJP}^{-1}=\boldsymbol{P}\mathrm{diag}(\boldsymbol{J}_1(\lambda_1),\boldsymbol{J}_2(\lambda_2),\cdots,\boldsymbol{J}_\gamma(\lambda_\gamma))\boldsymbol{P}^{-1}$$

由矩阵多项式的若尔当表示可得

$$\begin{aligned} f(\boldsymbol{A})&=\boldsymbol{P}f(\boldsymbol{J})\boldsymbol{P}^{-1}\\ &=\boldsymbol{P}\mathrm{diag}(f(\boldsymbol{J}_1),f(\boldsymbol{J}_2),f(\boldsymbol{J}_\lambda))\boldsymbol{P}^{-1} \end{aligned}$$

其中

$$f(\boldsymbol{J}_i)=\begin{pmatrix} f(\lambda_i) & f'(\lambda_i) & \frac{1}{2!}f''(\lambda_i) & \cdots & \frac{1}{(d_{i-1})}f^{(d_{i-1})}(\lambda_i) \\ & f(\lambda_i) & \ddots & \ddots & \vdots \\ & & \ddots & \ddots & \frac{1}{2!}f''(\lambda_i) \\ & & & \ddots & f'(\lambda_i) \\ & & & & f(\lambda_i) \end{pmatrix}_{d_i\times d_i}$$

由于 λ_i 的重数大于或等于 d_i，故有

$$f(\lambda_i)=f'(\lambda_i)=\cdots=f^{(d_{i-1})}(\lambda_i)=0$$

---

① 北京大学数学系. 高等代数[M]. 北京：高等教育出版社，1988.

则 $f(\boldsymbol{J}_i)=\mathbf{0}(i=1,2,\cdots,\gamma)$，因此 $f(\boldsymbol{J})=\mathbf{0}$，故 $f(\boldsymbol{A})=\mathbf{0}$，证毕.

2.6　用柯西积分公式证明哈密尔顿一凯莱定理[①]

中国科技大学有一个学生杂志叫《蛙鸣》，2000 年 9701 班的方明同学在其上发表了一篇短文给出了一个新证明.

设 $\boldsymbol{A}$ 是 $\mathbf{C}$ 上的 (n,n) 一矩阵，设 $f(z)=\det(z\boldsymbol{I}-\boldsymbol{A})$ 是 $\boldsymbol{A}$ 的特征多项式，则 $f(\boldsymbol{A})\equiv\mathbf{0}$. 在证明哈密尔顿一凯莱定理之前先做一些约定：

(1) 在 $\mathbf{C}^{n\times n}$ 中引入范数. $\|\boldsymbol{A}\|=\left(\sum_{j=1}^{n}\sum_{i=1}^{n}a_{ij}^2\right)^{\frac{1}{2}}$，其中 $\boldsymbol{A}=(a_{ij})$.

由完全类似于微积分中的做法可知，当 $\|\boldsymbol{A}\|<1$ 时，级数 $\sum_{k=0}^{\infty}\boldsymbol{A}^k$ 收敛.（这可由将 $\boldsymbol{A}$ 看作 $n\times n$ 维向量，再利用多元微分学知识得知.）

(2) 完全类似于微积分中的做法. 设 Γ 是 $\mathbf{C}$ 上一条简单闭曲线（可求长），则当 $\|\boldsymbol{A}(z)\|<1(z\in\Gamma)$ 时，有

$$\int_{\Gamma}\sum_{k=0}^{\infty}\boldsymbol{A}^k(z)\mathrm{d}z=\sum_{k=0}^{\infty}\int_{\Gamma}\boldsymbol{A}^k(z)\mathrm{d}z$$

① 本节摘自《蛙鸣》2020 年第 55 期.

(3) 定义矩阵的积分. 设 $\mathbf{A}(z) \in \mathbf{C}^{n\times n}$, $\mathbf{A}(z) = (a_{ij}(z))$, Γ 是 $\mathbf{C}$ 上一条简单闭曲线(可求长),则定义

$$\int_\Gamma \mathbf{A}(z)\mathrm{d}z = \left(\int_\Gamma a_{ij}(z)\mathrm{d}z\right)$$

有了第三条约定,可立刻得知,当 $\mathbf{A}$ 是 $\mathbf{C}^{n\times n}$ 上的常数矩阵时

$$\int_\Gamma f(z)\mathbf{A}\mathrm{d}z = \int_\Gamma f(z)\mathrm{d}z\mathbf{A}$$

下面着手证明哈密尔顿一凯莱定理.

证明　设 $w_1, w_2, \cdots, w_n$ 是 $\mathbf{A}$ 的 n 个复根, $\mathbf{A} = (a_{ij})$. 令 $M = \max\{|w_i| : 1 \leqslant i \leqslant n\}$, 取 $R = 2\max\{a_{ij} : 1 \leqslant i \leqslant n, 1 \leqslant j \leqslant n\} + M$, 则易知 $\left\|\frac{1}{R}\mathbf{A}\right\| < 1$.

根据 $f(z)$ 是关于 z 的一个 n 次多项式,不妨设 $f(z) = \sum_{k=0}^{n} C_k z^k$, 而

$$\frac{1}{2\pi\mathrm{i}}\int_{|z|=R} \frac{C_k z^k}{z\mathbf{I} - \mathbf{A}}\mathrm{d}z \triangleq \frac{1}{2\pi\mathrm{i}}\int_{|z|=R} C_k z^k (z\mathbf{I} - \mathbf{A})^{-1}\mathrm{d}z$$

(由 R 的选取知 $z\mathbf{I} - \mathbf{A}$ 在 $\mathbf{C}^{n\times n}$ 中可逆(当 $|z| = R$))

$$= \frac{1}{2\pi\mathrm{i}}\int_{|z|=R} \frac{C_k z^k}{z} \frac{1}{\left(\mathbf{I} - \frac{\mathbf{A}}{z}\right)}\mathrm{d}z$$

$$= \frac{1}{2\pi\mathrm{i}}\int_{|z|=R} C_k z^{k-1} \sum_{j=0}^{\infty}\left(\frac{1}{2}\mathbf{A}\right)^j \mathrm{d}z$$

$$= \frac{1}{2\pi\mathrm{i}}\sum_{j=0}^{\infty}\int_{|z|=R} C_k z^{k-j-1}\mathbf{A}^j \mathrm{d}z$$

(交换次序的合理性由上面的约定及 R 的选取易得)

$$= \frac{1}{2\pi\mathrm{i}}\sum_{j=0}^{\infty}\left(\int_{|z|=R} C_k z^{k-j-1}\mathrm{d}z\right)\mathbf{A}^j = C_k\mathbf{A}^k$$

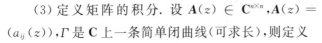

从而

$$\frac{1}{2\pi \mathrm{i}}\int_{|z|=R}\frac{f(z)}{z\boldsymbol{I}-\boldsymbol{A}}\mathrm{d}z=\frac{1}{2\pi \mathrm{i}}\int_{|z|=R}\frac{\sum\limits_{k=0}^{n}C_k z^k}{z\boldsymbol{I}-\boldsymbol{A}}\mathrm{d}z$$

$$=\sum_{k=0}^{n}\frac{1}{2\pi \mathrm{i}}\int_{|z|=R}\frac{C_k z^k}{z\boldsymbol{I}-\boldsymbol{A}}\mathrm{d}z$$

$$=\sum_{k=0}^{n}C_k\boldsymbol{A}^k=f(\boldsymbol{A}) \qquad (1)$$

另外,由于 $z\boldsymbol{I}-\boldsymbol{A}$ 可逆($|z|=R$). 从而

$$(z\boldsymbol{I}-\boldsymbol{A})\cdot(z\boldsymbol{I}-\boldsymbol{A})^*=\det(z\boldsymbol{I}-\boldsymbol{A})=f(z)$$

其中,$(z\boldsymbol{I}-\boldsymbol{A})^*$ 是 $z\boldsymbol{I}-\boldsymbol{A}$ 的附属矩阵.

故 $\dfrac{f(z)}{z\boldsymbol{I}-\boldsymbol{A}}=(z\boldsymbol{I}-\boldsymbol{A})^*$,易知 $(z\boldsymbol{I}-\boldsymbol{A})^*$ 是关于 z 的矩阵系数的多项式. 记 $(z\boldsymbol{I}-\boldsymbol{A})^*=(b_{ij}(z))$,则 $b_{ij}(z)$ 是关于 z 的多项式. 从而由上面关于矩阵积分的约定有

$$\frac{1}{2\pi \mathrm{i}}\int_{|z|=R}\frac{f(z)}{z\boldsymbol{I}-\boldsymbol{A}}\mathrm{d}z=\frac{1}{2\pi \mathrm{i}}\int_{|z|=R}(z\boldsymbol{I}-\boldsymbol{A})^*\,\mathrm{d}z$$

$$=\frac{1}{2\pi \mathrm{i}}\int_{|z|=R}(b_{ij}(z))\mathrm{d}z$$

$$=\left(\frac{1}{2\pi \mathrm{i}}\int_{|z|=R}(b_{ij}(z)\mathrm{d}z)\right)$$

$$=\boldsymbol{0}\in\mathbf{C}^{n\times n}\quad\text{(由柯西积分定理)} \qquad (2)$$

综合式(1) 和式(2) 即得 $f(\boldsymbol{A})=\boldsymbol{0}$.

2.7　分裂四元数环上的代数结构[①]

2.7.1　引言

在过去,被广泛研究的带有实能量的复合力学系统可以看作是实力学系统中分裂四元数力学的推广.这一发现使得运用分裂四元数的代数去解决复合经典力学中富有挑战性的开放性问题成为可能.分裂四元数代数是结合代数,同时也是不可变换的四维 Clifford 代数,它包含零因子、幂零元素和非平凡的幂等元[②③④⑤].因此,分裂四元数环的代数结构比四元数环

---

① 本书摘自《数学的实践与认识》2018 年第 21 期.

② POGORUY A A,RODRIGUEZ-DAGNINO R M. Some algebraic and analytical properties of coquaternion algebra[J]. Advances in Applied Clifford Algebras,2010,20(1):79-84.

③ KULA L,YAYL Y. Split quaternions and rotations in semi Euclidean space[J]. Journal of the Korean Mathematical Society,2007,44(6):1313-1327.

④ OZDEMIR M. The roots of a split quaternions[J]. Applied Mathematics Letters,2009,22(2):258-263.

⑤ ALAGOZ Y,ORAL K H,YUCE S. Split quaternion matrices[J]. Miskolc Mathematical Notes,2012,2(2):223-232.

的代数结构更复杂.在已有文献①②③④中作者给出了四元数矩阵的逆矩阵、特征值和特征向量、哈密尔顿—凯莱定理和克莱姆法则等.这些理论为四元数力学奠定了数学基础.已有文献⑤系统地给出了四元数的代数结构,使得四元数力学的数值计算简单化.已有文献⑥研究了分裂四元数的特征值,但是这些理论不够集中和系统.菏泽学院数学与统计学院的武秀美、李诚举和姜同松三位教授于 2018 年把友向量的概念推广到了分裂四元数上,同时系统地给出了分裂四元数环上矩阵的一系列数值计算的性质,以及相应问题的简单计算和证明方法,从而建立了一套分裂四元数力学的简单代数方法,对于分裂四元数力学的发展有一定的推动作用.

---

① 陈玄龙,四元数体上的逆矩阵和重行列式的性质[J].中国科学,A 辑,1991,34(5):528-540.

② 陈龙玄.四元数矩阵的特征值和特征向量[J].烟台大学学报,1993,10(3):1-8.

③ 陈龙玄.Cayley-Hamilton 定理在四元数体上的推广[J].科学通报,1991,17(6):1291-1293.

④ JIANG T. Cramer rule for quaternion linear equations in quaternionic quantum theory[J]. Reports on Mathematical Physics,2006,57(3):463-468.

⑤ 姜同松.四元数的一种新的代数结构[J].力学学报,2002,34(1):116-122.

⑥ ERDOGDU M, OZDEMIR M. On eigenvalues of split quaternion matrices[J]. Advances in Applied Clifford Algebras,2013,23(3):615-623.

2.7.2　分裂四元数的复表示

令 $\mathbf{R}$ 表示实数域，$\mathbf{C}=\mathbf{R}\oplus\mathbf{R}\mathrm{i}$ 表示复数域，$H_s=\mathbf{R}\oplus\mathbf{R}\boldsymbol{i}\oplus\mathbf{R}\boldsymbol{j}\oplus\mathbf{R}\boldsymbol{k}$ 表示分裂四元数环，其中 $\boldsymbol{i}^2=-1$，$\boldsymbol{j}^2=\boldsymbol{k}^2=1$，$\boldsymbol{ijk}=1$. $H_s^{m\times n}$ 表示环 H_s 上全体 (m,n)－矩阵.

定义 1　对于任意 $x=x_0+x_1\boldsymbol{i}+x_2\boldsymbol{j}+x_3\boldsymbol{k}=y+z\boldsymbol{j}\in H_s$，其中 $x_0,x_1,x_2,x_3\in\mathbf{R}$，$y=x_0+x_1\mathrm{i}$，$z=x_2+x_3\mathrm{i}$，$y,z\in\mathbf{C}$，则 $(2,2)$－矩阵 $\begin{pmatrix} y & z \\ -\bar{z} & \bar{y}\end{pmatrix}$ 为分裂四元数 x 的复表记，记为 x^f.

定义 2　对于任意 $\boldsymbol{A}=\boldsymbol{A}_0+\boldsymbol{A}_1\boldsymbol{i}+\boldsymbol{A}_2\boldsymbol{j}+\boldsymbol{A}_3\boldsymbol{k}=\boldsymbol{B}_1+\boldsymbol{B}_2\boldsymbol{j}\in H_s^{m\times n}$，其中 $\boldsymbol{A}_0,\boldsymbol{A}_1,\boldsymbol{A}_2,\boldsymbol{A}_3\in\mathbf{R}^{m\times n}$，$\boldsymbol{B}_1=\boldsymbol{A}_0+\boldsymbol{A}_1\mathrm{i}$，$\boldsymbol{B}_2=\boldsymbol{A}_2+\boldsymbol{A}_3\mathrm{i}$，$\boldsymbol{B}_1,\boldsymbol{B}_2\in\mathbf{C}^{m\times n}$，则称 $(2m,2n)$－矩阵 $\begin{pmatrix} \boldsymbol{B}_1 & \boldsymbol{B}_2 \\ -\overline{\boldsymbol{B}_2} & \boldsymbol{B}_1\end{pmatrix}$ 为分裂四元数矩阵 $\boldsymbol{A}$ 的复表示，记为 $\boldsymbol{A}^f$.

由复表示的定义易得：

命题 1　对于任意 $\boldsymbol{A},\boldsymbol{B}\in H_s^{m\times n}$，$\boldsymbol{D}\in H_s^{n\times t}$，$a\in\mathbf{R}$，有：

(1) 若 $\boldsymbol{A}^f=\boldsymbol{B}^f$，则 $\boldsymbol{A}=\boldsymbol{B}$；

(2) $(\boldsymbol{A}+\boldsymbol{B})^f=\boldsymbol{A}^f+\boldsymbol{B}^f$；

(3) $(a\boldsymbol{A})^f=a\boldsymbol{A}^f$；

(4) $(\boldsymbol{AD})^f=\boldsymbol{A}^f\boldsymbol{D}^f$；

(5) 令 $\boldsymbol{Q}_t=\begin{pmatrix} \boldsymbol{0} & \boldsymbol{I}_t \\ \boldsymbol{I}_t & \boldsymbol{0}\end{pmatrix}$，$\boldsymbol{I}_t$ 为 t 阶单位矩阵，则 $\boldsymbol{Q}_m\boldsymbol{A}^f\boldsymbol{Q}_n=\overline{\boldsymbol{A}^f}$.

由命题 1 可得到如下结果：

定理 1 $H_s \subseteq H_s^f, H_s^{m\times n} \subseteq (H_s^{m\times n})^f$.

由该定理可知，一个分裂四元数即为一个复二阶矩阵，分裂四元数环上(m,n)－矩阵的性质即为一个复数域上$(2m,2n)$－矩阵的性质.

2.7.3 友量

定理 2 若 $\boldsymbol{\alpha}=\begin{pmatrix}\boldsymbol{\alpha}_1\\ \boldsymbol{\alpha}_2\end{pmatrix}\in \mathbf{C}^{2n\times 1}, \boldsymbol{\alpha}_i \in \mathbf{C}^{n\times 1}, i=1,2$，则向量$\begin{pmatrix}\overline{\boldsymbol{\alpha}_2}\\ -\overline{\boldsymbol{\alpha}_1}\end{pmatrix}$称为 $\boldsymbol{\alpha}$ 的友向量，记为 $\boldsymbol{\alpha}^c$.

命题 2 若向量 $\boldsymbol{\alpha},\boldsymbol{\beta}\in \mathbf{C}^{2n\times 1}, \lambda\in \mathbf{C}, \boldsymbol{A}\in H_s^{n\times n}$，则：

(1) $(\boldsymbol{\alpha}^c)^c=-\boldsymbol{\alpha}$；

(2) $(\boldsymbol{\alpha}\pm\boldsymbol{\beta})^c=\boldsymbol{\alpha}^c\pm\boldsymbol{\beta}^c$；

(3) $(\lambda\boldsymbol{\alpha})^c=\bar{\lambda}\boldsymbol{\alpha}^c$；

(4) $(\boldsymbol{A}^f\boldsymbol{\alpha})^c=\boldsymbol{A}^f\boldsymbol{\alpha}^c$；

(5) 若 $\boldsymbol{\alpha}\neq \mathbf{0}$，则 $\boldsymbol{\alpha},\boldsymbol{\alpha}^c$ 线性无关；

(6) 向量组 $\boldsymbol{\alpha}_1,\boldsymbol{\alpha}_2,\cdots,\boldsymbol{\alpha}_s$ 线性无关 $\Leftrightarrow$ 向量组 $\boldsymbol{\alpha}_1^c, \boldsymbol{\alpha}_2^c,\cdots,\boldsymbol{\alpha}_s^c$ 线性无关，$\boldsymbol{\alpha}_i\in \mathbf{C}^{2n\times 1}$；

(7) 向量组 $\boldsymbol{\alpha}_1,\boldsymbol{\alpha}_1^c,\boldsymbol{\alpha}_2,\boldsymbol{\alpha}_2^c,\cdots,\boldsymbol{\alpha}_s \Leftrightarrow \boldsymbol{\alpha}_1,\boldsymbol{\alpha}_1^c,\boldsymbol{\alpha}_2, \boldsymbol{\alpha}_2^c,\cdots,\boldsymbol{\alpha}_s,\boldsymbol{\alpha}_s^c, \boldsymbol{\alpha}_i\in \mathbf{C}^{2n\times 1}$.

命题 3 若 $\boldsymbol{A}\in H_s^{n\times n}$，则 $\det(\boldsymbol{A}^f)$ 是非负实数.

证明 令 λ 是 $\boldsymbol{A}^f\in \mathbf{C}^{2n\times 2n}$ 的一个特征根，$\boldsymbol{\alpha}$ 是其特征向量，即 $\boldsymbol{A}^f\boldsymbol{\alpha}=\lambda\boldsymbol{\alpha}$. 由命题 2，得 $\boldsymbol{A}^f\boldsymbol{\alpha}^c=\bar{\lambda}\boldsymbol{\alpha}^c$，而 $\boldsymbol{\alpha}$，$\boldsymbol{\alpha}^c$ 线性无关，故 $\bar{\lambda}$ 为 $\boldsymbol{A}^f$ 的另一个特征根，所以 $\boldsymbol{A}^f$ 的非

实特征根成共轭对出现，实特征根成对出现，所以 $\det(\boldsymbol{A}^f)$ 是非负实数.

2.7.4　分裂四元数矩阵的逆矩阵、共轭矩阵、转置矩阵、共轭转置矩阵

定义 3　对于 $\boldsymbol{A} \in H_s^{n\times n}$，如果存在 $\boldsymbol{B} \in H_s^{n\times n}$，使得 $\boldsymbol{AB} = \boldsymbol{BA} = \boldsymbol{I}_n$，其中 $\boldsymbol{I}_n$ 为 n 阶单位矩阵，那么称 $\boldsymbol{A}$ 为可逆的，$\boldsymbol{B}$ 称为 $\boldsymbol{A}$ 的逆矩阵.

定义 4　对于任意 $\boldsymbol{A} = (x_{st}) \in H_s^{m\times n}$，$\boldsymbol{A}$ 的共轭矩阵 $\overline{\boldsymbol{A}} \triangleq (\overline{x_{st}})$，其中 $x_{st} = x_{st0} + x_{st1}\boldsymbol{i} + x_{st2}\boldsymbol{j} + x_{st3}\boldsymbol{k}$，$\overline{x_{st}} = x_{st0} - x_{st1}\boldsymbol{i} - x_{st2}\boldsymbol{j} - x_{st3}\boldsymbol{k}$.

定义 5　$\boldsymbol{A}$ 的转置矩阵 $\boldsymbol{A}^{\mathrm{T}} \triangleq (x_{ts}) \in H_s^{n\times m}$.

定义 6　$\boldsymbol{A}$ 的共轭转置 $\boldsymbol{A}^* \triangleq (\overline{\boldsymbol{A}})^{\mathrm{T}} \in H_s^{n\times m}$.

定理 3[①]　对于任意给定的 $\boldsymbol{A} \in H_s^{m\times n}$，$\boldsymbol{B} \in H_s^{n\times s}$，下面结果成立：

(1) $(\overline{\boldsymbol{A}})^{\mathrm{T}} = \overline{(\boldsymbol{A}^{\mathrm{T}})}$；

(2) $(\boldsymbol{AB})^* = \boldsymbol{B}^*\boldsymbol{A}^*$；

(3) 如果 $\boldsymbol{AB}$ 是可逆的，那么 $(\boldsymbol{AB})^{-1} = \boldsymbol{B}^{-1}\boldsymbol{A}^{-1}$；

(4) 如果 $\boldsymbol{A}$ 是可逆的，那么 $(\boldsymbol{A}^*)^{-1} = (\boldsymbol{A}^{-1})^*$；

(5) 一般地，$(\boldsymbol{A}^{\mathrm{T}})^{-1} \neq (\boldsymbol{A}^{-1})^{\mathrm{T}}$；

(6) 一般地，$(\overline{\boldsymbol{A}})^{-1} \neq \overline{(\boldsymbol{A}^{-1})}$；

---

① POGORUY A A, RODRIGUEZ-DAGNINO R M. Some algebraic and analytical properties of coquaternion algebra[J]. Advances in Applied Clifford Algebras, 2010, 20(1): 79-84.

(7) 一般地，$\overline{\boldsymbol{AB}} \neq \overline{\boldsymbol{A}}\,\overline{\boldsymbol{B}}$；

(8) 一般地，$(\boldsymbol{AB})^{\mathrm{T}} \neq \boldsymbol{B}^{\mathrm{T}}\boldsymbol{A}^{\mathrm{T}}$.

2.7.5 分裂四元数矩阵的行列式及伴随矩阵

定义 7 令 $\boldsymbol{A} \in H_s^{n\times n}$，$\boldsymbol{A}^f$ 为 $\boldsymbol{A}$ 的复表示矩阵，则矩阵 $\boldsymbol{A}$ 的行列式 $\det(\boldsymbol{A})$ 的定义为 $\det(\boldsymbol{A}) = \det(\boldsymbol{A}^f)$.

定理 4 任意 $\boldsymbol{A},\boldsymbol{B} \in H_s^{n\times n}$，则 $\det(\boldsymbol{AB}) = \det(\boldsymbol{A})\det(\boldsymbol{B})$.

由定义 7 很容易得到此定理的结论.

定义 8 令 $\boldsymbol{A} \in H_s^{n\times n}$，则矩阵 $\boldsymbol{A}$ 的伴随矩阵 $\mathrm{adj}(\boldsymbol{A})$ 的定义为 $\mathrm{adj}(\boldsymbol{A}) = (\mathrm{adj}(\boldsymbol{A}^f))^{f^{-1}}$.

定理 5 令 $\boldsymbol{A} \in H_s^{n\times n}$，则：

(1) $\boldsymbol{A} \cdot \mathrm{adj}(\boldsymbol{A}) = \mathrm{adj}(\boldsymbol{A}) \cdot \boldsymbol{A} = \det(\boldsymbol{A}) \cdot \boldsymbol{I}_n$；

(2) $\boldsymbol{A}$ 可逆，当且仅当 $\det(\boldsymbol{A}) \neq 0$，且当矩阵 $\boldsymbol{A}$ 可逆时，$\boldsymbol{A}^{-1} = \dfrac{1}{\det(\boldsymbol{A})}\mathrm{adj}(\boldsymbol{A})$.

证明 (1) $(\boldsymbol{A}\mathrm{adj}(\boldsymbol{A}))^f = \boldsymbol{A}^f(\mathrm{adj}(\boldsymbol{A}))^f = \det(\boldsymbol{A}^f) \cdot \boldsymbol{I}_{2n}$. 由定义 7 得，$\boldsymbol{A}\mathrm{adj}(\boldsymbol{A}) = \det(\boldsymbol{A}^f)\boldsymbol{I}_n = \det(\boldsymbol{A})\boldsymbol{I}_n$. 同理可证 $\mathrm{adj}(\boldsymbol{A}) = \det(\boldsymbol{A})\boldsymbol{I}_n$.

(2) 由 (1) 的证明很容易得证.

定理 5 给出了判断分裂四元数矩阵是否可逆的数学方法，以及求其相应逆矩阵的简单方法.

定理 6 n 阶分裂四元数矩阵 $\boldsymbol{A} \in H_s^{n\times n}$ 可逆，当且仅当 $\boldsymbol{A}^f$ 可逆，并且 $(\boldsymbol{A}^{-1})^f = (\boldsymbol{A}^f)^{-1}$.

2.7.6 分裂四元数环上矩阵的秩

定义 9 若 $\boldsymbol{A} \in H_s^{n\times n}$，则分裂四元数矩阵 $\boldsymbol{A}$ 的秩

的定义为 $\mathrm{rank}(\boldsymbol{A})=\frac{1}{2}\mathrm{rank}(\boldsymbol{A}^f)$.

由上述定义可知，与复数域上的矩阵的秩不同，分裂四元数矩阵的秩可能不是整数.

例 1　设 $\boldsymbol{A}=(\boldsymbol{i}+\boldsymbol{k})$, $\boldsymbol{A}^f=\begin{pmatrix} \boldsymbol{i} & \boldsymbol{i} \\ -\boldsymbol{i} & -\boldsymbol{i} \end{pmatrix}$，则 $\mathrm{rank}(\boldsymbol{A})=\frac{1}{2}\mathrm{rank}(\boldsymbol{A}^f)=\frac{1}{2}$.

需要注意的是，在分裂四元数环上，$\mathrm{rank}(\boldsymbol{A})$ 和 $\mathrm{rank}(\boldsymbol{A}^{\mathrm{T}})$ 未必相等.

例 2　若 $\boldsymbol{A}=\begin{pmatrix} 1 & \boldsymbol{i} \\ \boldsymbol{j} & \boldsymbol{k} \end{pmatrix}$，则 $\mathrm{rank}(\boldsymbol{A})\neq\mathrm{rank}(\boldsymbol{A}^{\mathrm{T}})$.

定理 7　若 $\boldsymbol{A}\in H_s^{m\times n}$, $\boldsymbol{B}\in H_s^{n\times s}$，则 $\mathrm{rank}(\boldsymbol{AB})\leqslant\min\{\mathrm{rank}(\boldsymbol{A}),\mathrm{rank}(\boldsymbol{B})\}$.

定理 8　若 $\boldsymbol{A},\boldsymbol{B}\in H_s^{m\times n}$，则 $\mathrm{rank}(\boldsymbol{A}+\boldsymbol{B})\leqslant\mathrm{rank}(\boldsymbol{A})+\mathrm{rank}(\boldsymbol{B})$.

2.7.7　分裂四元数矩阵的特征根与特征向量

定义 10[①]　设 $\boldsymbol{A}\in H_s^{n\times n}$，若存在 $\lambda\in H_s$ 和 $\boldsymbol{0}\neq\boldsymbol{\alpha}\in H_s^{n\times 1}$，使得 $\boldsymbol{A\alpha}=\boldsymbol{\alpha}\lambda$ $(\boldsymbol{A\alpha}=\lambda\boldsymbol{\alpha})$，则称 λ 是 $\boldsymbol{A}$ 的右(左)特征根，$\boldsymbol{\alpha}$ 是 λ 的特征向量.

定理 9　若 $\boldsymbol{A}\in H_s^{n\times n}$，则 $\boldsymbol{A}$ 至少存在一个复特征根.

---

① ERDOGDU M, OZDEMIR M. On eigenvalues of split quaternion matrices[J]. Advances in Applied Clifford Algebras, 2013, 23(3): 615-623.

证明 令 $\lambda \in \mathbf{C}$ 是复矩阵 $\boldsymbol{A}^f$ 的一个右特征根，$\boldsymbol{\alpha}=\begin{pmatrix}\boldsymbol{\alpha}_1\\ \boldsymbol{\alpha}_2\end{pmatrix}$ 是 λ 的特征向量，则 $\boldsymbol{A}^f\boldsymbol{\alpha}=\boldsymbol{\alpha}\lambda$，由命题 1(5) 知

$$\boldsymbol{A}^f(Q_n\overline{\boldsymbol{\alpha}})=(Q_n\overline{\boldsymbol{\alpha}})\overline{\lambda}$$

所以

$$\boldsymbol{A}^f\boldsymbol{\alpha}=\boldsymbol{\alpha}\lambda \Leftrightarrow \boldsymbol{A}^f(\boldsymbol{\alpha},Q_n\overline{\boldsymbol{\alpha}})=(\boldsymbol{\alpha},Q_n\overline{\boldsymbol{\alpha}})\lambda^f \Leftrightarrow \boldsymbol{A\beta}=\boldsymbol{\beta}\lambda$$

其中 $\boldsymbol{\beta}=\boldsymbol{\alpha}_1+\overline{\boldsymbol{\alpha}_2}j$，$\boldsymbol{\beta}^f=(\boldsymbol{\alpha},Q_n\overline{\boldsymbol{\alpha}})$.

7.2.8 分裂四元数环上的克莱姆法则

定理 10 对于分裂四元数环上的线性方程组 $\boldsymbol{Ax}=\boldsymbol{\beta}$，若 n 阶系数矩阵 $\boldsymbol{A}$ 可逆，则对任意 $\boldsymbol{\beta}\in H_s^{n\times 1}$，方程组有唯一解，并且解为 $\boldsymbol{x}_t=\dfrac{1}{\det(\boldsymbol{A})}\boldsymbol{\Lambda}_t$，$t=1,2,\cdots,n$，其中 $\boldsymbol{\Lambda}_t=\begin{pmatrix}D_{2t-1} & \overline{D_{2t}}\\ D_{2t} & \overline{D_{2t-1}}\end{pmatrix}^{f^{-1}}\in H_s$，其中 D_{2t-1} 和 D_{2t} 分别是把 $\det(\boldsymbol{A}^f)$ 的第 $2t-1$ 列和第 $2t$ 列换为 $\boldsymbol{\beta}^f$ 的第一列和第二列所得的行列式.

证明 因为系数矩阵 $\boldsymbol{A}$ 可逆，所以 $\det(\boldsymbol{A})=\det(\boldsymbol{A}^f)\neq 0$，则对 $\forall\boldsymbol{\beta}\in H_s^{n\times 1}$，复线性方程组 $\boldsymbol{A}^fY=\boldsymbol{\beta}^f$ 有唯一解 $\boldsymbol{x}^f$. 因为 $\operatorname{adj}(\boldsymbol{A}^f)\in(H_s^{n\times n})^f$，令

$$\operatorname{adj}(\boldsymbol{A}^f)=\left[\begin{pmatrix}C_{s(2t-1)} & \overline{C}_{(s+1)(2t-1)}\\ C_{(s+1)(2t-1)} & \overline{C}_{s(2t-1)}\end{pmatrix}\right]_{n\times n}$$

其中 C_{uv} 是复矩阵 $\boldsymbol{A}^f$ 的代数余子式. 所以

$$\boldsymbol{x}^f=(\boldsymbol{A}^f)^{-1}\boldsymbol{\beta}^f=\frac{1}{\det(\boldsymbol{A}^f)}\operatorname{adj}(\boldsymbol{A}^f)\boldsymbol{\beta}^f$$

且

$$\boldsymbol{x}_t^f = \frac{1}{\det(\boldsymbol{A})}\sum_{s=1}^{n}\begin{pmatrix} C_{s(2t-1)} & \overline{C}_{(s+1)(2t-1)} \\ C_{(s+1)(2t-1)} & \overline{C}_{s(2t-1)} \end{pmatrix}$$

$$\boldsymbol{\beta}_s^f = \frac{1}{\det(\boldsymbol{A})}\begin{pmatrix} D_{2t-1} & \overline{D}_{2t} \\ D_{2t} & \overline{D}_{2t-1} \end{pmatrix}$$

其中 D_{2t-1} 和 D_{2t} 分别是把 $\det(\boldsymbol{A}^f)$ 的第 $2t-1$ 列和第 $2t$ 列换为 $\boldsymbol{\beta}^f$ 的第一列和第二列所得的行列式.

令 $\boldsymbol{\Lambda}_t = \begin{pmatrix} D_{2t-1} & \overline{D}_{2t} \\ D_{2t} & \overline{D}_{2t-1} \end{pmatrix}^{f^{-1}} \in H_s$,则由复表示定义知,分裂四元数线性方程组 $\boldsymbol{A}\boldsymbol{x}=\boldsymbol{\beta}$ 有唯一解 $\boldsymbol{x}_t = \frac{1}{\det(\boldsymbol{A})}\boldsymbol{\Lambda}_t, t=1,2,\cdots,n.$

2.7.9　分裂四元数环上的哈密尔顿－凯莱定理

定义 11　令 $\mathbf{A}\in H_s^{n\times n}$,矩阵 $\mathbf{A}$ 的特征多项式的定义为:$F_{\mathbf{A}}(\lambda)=\det(\lambda \boldsymbol{I}_n-\mathbf{A})=\det(\lambda^f \boldsymbol{I}_{2n}-\mathbf{A}^f)$.

由复数域 $\mathbf{C}$ 上的哈密尔顿－凯莱定理可得下述定理.

定理 11(哈密尔顿－凯莱定理)　若 $\mathbf{A}\in H_s^{n\times n}$,$F_{\mathbf{A}}(\lambda)=\det(\lambda \boldsymbol{I}_n-\mathbf{A})$ 是分裂四元数矩阵 $\mathbf{A}$ 的特征多项式,则 $F_{\mathbf{A}}(\mathbf{A})=\mathbf{0}$.

定理 11 是复数域上哈密尔顿－凯莱定理的推广.

2.7.10　小结

本节通过复表示系统地给出了分裂四元数环上矩阵的友向量、逆矩阵、共轭矩阵、行列式、秩、克莱姆法则和哈密尔顿－凯莱定理等这些问题的数学方法,使得分裂四元数力学中的数值计算问题有了系统的数学理论.

应　用　篇

第3章

3.1　引　　言

本章的目的是提供几个代数特征问题

$$\boldsymbol{A}\boldsymbol{x}=\lambda\boldsymbol{x}$$

的应用例子，其中$\boldsymbol{A}$是一个已知的(n,n)—矩阵. 数λ称为矩阵$\boldsymbol{A}$的本征值、特征根或特征值，而n维列矢量$\boldsymbol{x}$称为$\boldsymbol{A}$的本征矢量、固有矢量或特征矢量. 这一章的目的是提供在各种广泛应用领域中所出现的这种问题的某些例子. 假定读者已经熟悉了某些标准的定义和符号约定，而不熟悉这些内容的读者可以参考第2章.

3.2　一个几何例子

n维空间中的一个椭球方程，按照笛卡儿形式，是由

$$\frac{1}{2}\sum_{i=1}^{n}\sum_{j=1}^{n}a_{ij}z_iz_j+\sum_{j=1}^{n}b_jz_j+c'=0$$

给出的，其中 $\boldsymbol{z}=(z_1,z_2,\cdots,z_n)^{\mathrm{T}}$ 是 n 维空间中的一个点. 利用矩阵符号，这个方程可以紧凑地写为

$$\frac{1}{2}\boldsymbol{z}^{\mathrm{T}}\boldsymbol{A}\boldsymbol{z}+\boldsymbol{b}^{\mathrm{T}}\boldsymbol{z}+c'=0$$

其中 c' 是一个已知常数，$\boldsymbol{b}$ 是一个已知矢量，而 $\boldsymbol{A}$ 是一个已知的对称正定矩阵. 通过适当地平移坐标轴

$$\boldsymbol{z}=\boldsymbol{x}-\boldsymbol{A}^{-1}\boldsymbol{b}$$

这个方程可简化为

$$\frac{1}{2}\boldsymbol{x}^{\mathrm{T}}\boldsymbol{A}\boldsymbol{x}+c=0$$

如果这个超椭球上的一点 $\boldsymbol{x}$ 的位置矢量与 $\boldsymbol{x}$ 处的梯度矢量一致，那么 $\boldsymbol{x}$ 就是这个超椭球的主轴. 于是，这个主轴的集合就是那些同时对应了位置矢量与梯度矢量的方向. 一个二维的例子将有助于阐明这一点（这里 $\boldsymbol{x}$ 的两个分量分别用 x,y 表示）. 在图1中画出了曲线

$$ax^2+2bxy+cy^2=d$$

在一般的点 (x,y) 处，梯度的方向为 $(ax+by,bx+cy)$. 在图1中的特殊点 (x,y) 处，梯度矢量与以原点为始点的位置矢量有相同的方向. 从而在这一点 (x,y) 处（以及在任一类似的点处）存在某个数 λ，使得

$$ax+by=\lambda x$$
$$bx+cy=\lambda y$$

或用矩阵符号表示为

$$\begin{pmatrix}a & b\\ b & c\end{pmatrix}\begin{pmatrix}x\\ y\end{pmatrix}=\lambda\begin{pmatrix}x\\ y\end{pmatrix}$$

由这个方程可推出：主轴是由矩阵

$$\begin{pmatrix} a & b \\ b & c \end{pmatrix}$$

的特征矢量给出的.

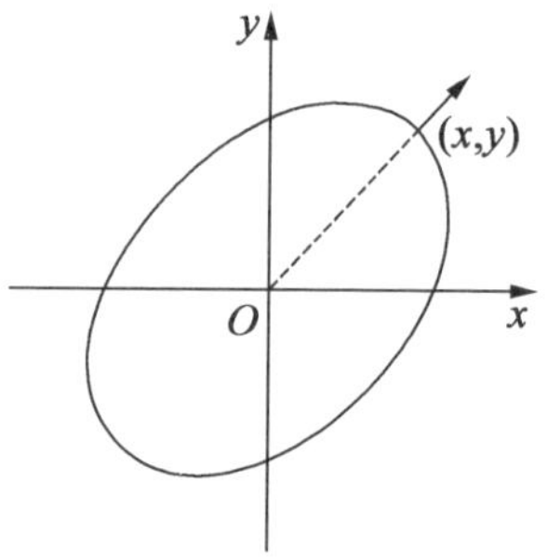

图 1

回到 n 维的例子，就可以看到，梯度矢量是由

$$\boldsymbol{g}=\boldsymbol{A}\boldsymbol{x}$$

给出的. 于是，主轴由 n 个满足

$$\boldsymbol{A}\boldsymbol{x}=\lambda\boldsymbol{x}$$

的（非平凡）矢量 $\boldsymbol{x}$ 给出，即由 $\boldsymbol{A}$ 的 n 个特征矢量给出.

3.3 微小振动

特征问题的丰富来源的一个方面就是对动力学系统和结构系统中的振动问题的研究. 下面所给出的例子是考察在张力作用下弦上的质点的微小振动. 为了使问题的分析不至于太复杂，我们做一些简化假设. 于是，假设弦是均匀的，重力忽略不计，并且在垂直于弦的静止位置的方向上的振动很小. 现在来具体地研究在张力 F 的作用下,弦上四个等距离分布的不同质点的运动. 这个系统被表示在图 2 中.

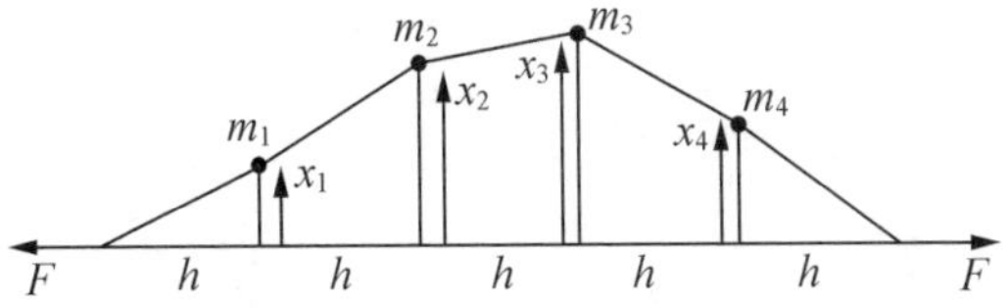

图 2

在上述标准的假设下,这个系统的方程组由

$$m_1\frac{\mathrm{d}^2x_1}{\mathrm{d}t^2}=-F\left(\frac{x_1}{h}\right)+F\left(\frac{x_2-x_1}{h}\right)$$

$$m_2\frac{\mathrm{d}^2x_2}{\mathrm{d}t^2}=-F\left(\frac{x_2-x_1}{h}\right)+F\left(\frac{x_3-x_2}{h}\right)$$

$$m_3\frac{\mathrm{d}^2x_3}{\mathrm{d}t^2}=-F\left(\frac{x_3-x_2}{h}\right)-F\left(\frac{x_3-x_4}{h}\right)$$

$$m_4\frac{\mathrm{d}^2x_4}{\mathrm{d}t^2}=+F\left(\frac{x_3-x_4}{h}\right)-F\left(\frac{x_4}{h}\right)$$

给出.

在此定义矢量 $\boldsymbol{x}=(x_1,x_2,x_3,x_4)^{\mathrm{T}}$,并令

$$d_i=\frac{m_ih}{F}\quad(i=1,2,3,4)$$

这个方程组可用矩阵符号写成

$$\boldsymbol{D}\frac{\mathrm{d}^2\boldsymbol{x}}{\mathrm{d}t^2}=\boldsymbol{T}\boldsymbol{x}\tag{1}$$

其中 $\boldsymbol{D}$ 是对角矩阵

$$\boldsymbol{D}=\begin{pmatrix} d_1 & 0 & 0 & 0 \\ 0 & d_2 & 0 & 0 \\ 0 & 0 & d_3 & 0 \\ 0 & 0 & 0 & d_4 \end{pmatrix}$$

而 $\boldsymbol{T}$ 是三对角矩阵

$$\boldsymbol{T}=\begin{pmatrix} -2 & 1 & 0 & 0 \\ 1 & -2 & 1 & 0 \\ 0 & 1 & -2 & 1 \\ 0 & 0 & 1 & -2 \end{pmatrix}$$

当这一系统按正规模式振动时,其方程

$$\frac{\mathrm{d}^2 \boldsymbol{x}}{\mathrm{d}t^2}=-w^2\boldsymbol{x} \tag{2}$$

成立(在这种情况下,质点都以同相或反相振动). 将式(2) 代入式(1),就可得到关于正规频率 $w_1,\cdots,w_4$ 及其相应的正规模式的特征问题

$$\boldsymbol{D}w^2\boldsymbol{x}=-\boldsymbol{T}\boldsymbol{x} \tag{3}$$

虽然初看起来这好像是个形如

$$(\boldsymbol{A}-\lambda\boldsymbol{B})\boldsymbol{x}=\boldsymbol{0}$$

的一个广义特征问题,但因为 $\boldsymbol{D}$ 的元素都是正的,所以容易将它变成标准的对称三对角型问题

$$\boldsymbol{D}^{-\frac{1}{2}}\boldsymbol{T}\boldsymbol{D}^{-\frac{1}{2}}\boldsymbol{y}=-w^2\boldsymbol{y}$$

其中 $\boldsymbol{y}=\boldsymbol{D}^{\frac{1}{2}}\boldsymbol{x}$.

容易将这个模型推广到一根弦上有 n 个质点的一般情况,这就导致了对式(3) 的一个 n 维模拟. 矩阵 $\boldsymbol{T}$ 还是三对角矩阵. 事实上,它是在数值分析中经常出现

的一种特殊矩阵,其特征值可用解析式表达出来.

3.4　信息系统设计中的一个例子

如果我们把一个信息(存贮和检取两方面)系统看作是由部件子系统所组成的,这些子系统同时操作和执行一组运算,以完成这个系统的确定功能,那么这样一种系统的设计目的可叙述为:

(1) 确定这个系统的功能;

(2) 选择部件子系统,以最优的方式达到这一功能.

在这个问题的下述分析中,我们将会看到一种特殊矩阵的特征矢量起着重要的作用.我们从在这个模型中所用到的几个定义开始.

一个任务定义为系统的功能.它是由一组操作$O_1,O_2,\cdots,O_m$和每种操作的容量(或工作负荷)$V_1,V_2,\cdots,V_m$共同组成的.一个部件就是完成这些操作中某些部分的一种完全确定的设备.一个已知部件完成一种给定操作的效率是用操作的成本、时间和规模的函数来度量的.例如,一个典型的选择就是

$$e=\frac{ct}{n}$$

其中c是单位时间内的成本数(以磅为单位),t是所用的时间,n是操作规模的度量.为了完成全部所要求的操作而由部件集$(S_1,S_2,\cdots,S_n)$所构成的整个系统用一个$n\times m$的效率矩阵$\boldsymbol{I}$来表示,其中(i,j)处的元素

为 e_{ij}，例如

$$e_{ij}=\frac{c_{ij}t_{ij}}{n_{ij}}$$

它是第 i 个部件完成操作 O_j 的效率.

由于设计上述系统是用来完成由一些操作及每种操作的容量共同组成的一项指定的任务，因此，这个系统完成这项任务的成本是

$$\boldsymbol{x}=\boldsymbol{IV}$$

其中

$$\boldsymbol{x}=(x_1,x_2,\cdots,x_n)^{\mathrm{T}}$$

$$\boldsymbol{V}=(V_1,V_2,\cdots,V_m)^{\mathrm{T}}$$

于是，由 $\boldsymbol{I}$,$\boldsymbol{V}$ 和 $\boldsymbol{x}$ 就给出了这个系统及其特性. 这里需要这个系统对于各种不同任务的某种特性的度量，它是由不同的容量矢量 $\boldsymbol{V}$ 来定义的. 瑞利(Rayleigh)商

$$a^2=\frac{(\boldsymbol{IV})^{\mathrm{T}}(\boldsymbol{IV})}{\boldsymbol{V}^{\mathrm{T}}\boldsymbol{V}}$$

就是一种度量.

通用的或整个系统的设计，包括计算该系统的最大成本，以及由 $\boldsymbol{I}^{\mathrm{T}}\boldsymbol{I}$ 的最大特征值给出的上述度量的最大值. 此外，相应的 $\boldsymbol{V}$ 值是由 $\boldsymbol{I}^{\mathrm{T}}\boldsymbol{I}$ 的相应的特征矢量给定的，而这个 $\boldsymbol{V}$ 值则是达到这种最大值的临界容积.

关于这一应用领域的更进一步的详述，可以在贝克尔(Becker)和海耶斯(Hayes)(1967)的书中找到.

3.5　非线性最优化中的一个特征问题

非线性最优化中的一个基本问题，就是确定一个 n 维矢量 $\boldsymbol{x}$，它可使数值函数 $f(\boldsymbol{x})=f(\boldsymbol{x}_1,\boldsymbol{x}_2,\cdots,\boldsymbol{x}_n)$ 达到极小. 假定能计算 $f(\boldsymbol{x})$ 的梯度，用 $g(\boldsymbol{x})$ 表示它，则可使用某种变尺度法. 这类算法要使用解的一个初始猜测或估计 $\boldsymbol{x}_0$，进而用形如

$$\boldsymbol{x}_{k+1}=\boldsymbol{x}_k+t_k\boldsymbol{d}_k$$

的关系式来计算一个新的点列 $\{\boldsymbol{x}_k\}$，其中，$\boldsymbol{d}_k$ 为方向矢量，t_k 为使得 $f(\boldsymbol{x}_k+t\boldsymbol{d}_k)$ 关于 t 取极小值的一个正数，即化为单变量的极小化问题. 变尺度法是以利用形如

$$\boldsymbol{d}_k=-\boldsymbol{H}_k\boldsymbol{g}_k$$

的方向矢量为特征矢量的，其中 $\boldsymbol{g}_k=g(\boldsymbol{x}_k)$；$\boldsymbol{H}_k$ 是一个对称正定矩阵. 详细阐明这些算法的理论则超出了本节的范围①.

在每一步，新的近似矩阵 $\boldsymbol{H}_{k+1}$ 是用形如

$$\boldsymbol{H}_{k+1}=\boldsymbol{H}_k+\boldsymbol{I}_k,\boldsymbol{H}_0=\boldsymbol{I}$$

的公式来计算的. 实际上重要的是，要保证这个矩阵序列 $\{\boldsymbol{H}_k\}$ 是正定的. 即使 $\boldsymbol{H}_k$ 是正定的，但由于舍入误差的存在，可能会使 $\boldsymbol{H}_{k+1}$ 变为不定的，这时，通常选择校正

---

① 可参看 Luenberger D G. Introduction to Linear and Nonlinear Programming, 1973.

阵 $\boldsymbol{I}_k$，使得 $\boldsymbol{H}_{k+1}$ 变为正定的 J. 格林斯塔特(J. Greenstadt)提出了一种保证正定性的方法，它包括对 $\boldsymbol{H}_{k+1}$ 的一个完整的特征分析. 如果$\{\lambda_i^{k+1}\}$ 和$\{\boldsymbol{u}_i^{k+1}\}$ 是 $\boldsymbol{H}_{k+1}$ 的特征值和正交特征矢量，那么可以得到

$$\boldsymbol{H}_{k+1}=\sum_{i=1}^{n}\lambda_i^{k+1}\boldsymbol{u}_i^{k+1}\{\boldsymbol{u}_i^{k+1}\}^{\mathrm{T}}$$

现在把 $\boldsymbol{H}_{k+1}$ 重新定义为

$$\boldsymbol{H}_{k+1}=\sum_{i=1}^{n}|\lambda_i^{k+1}|\boldsymbol{u}_i^{k+1}\{\boldsymbol{u}_i^{k+1}\}^{\mathrm{T}}$$

这就保证了 $\boldsymbol{H}_{k+1}$ 是非负定的. 但如果集合$\{\lambda_i^{k+1}\}$ 中的任何一个元素为零，那么最保险的策略是定义

$$\boldsymbol{H}_{k+1}=\boldsymbol{I}$$

J. 格林斯塔特提出的这个想法，虽然保证了正定性，但遗憾的是这种算法的计算工作量要大大增加. 所以这种方法仅仅对于维数 n 很小的问题是可行的.

3.6　来自数学经济学的一个例子

在大量的经济学问题的研究中，适用于计划工作者的最有用的工具之一是由列昂季耶夫(Leontief) 所引入的输入－输出分析. 输入－输出表或列昂季耶夫矩阵把各个工业部门连接到经济机构的全部工作上. 现在按照 T. F. 德尔别尔格(T. F. Dernburg) 和 J. D. 德尔别尔格(J. D. Dernburg)(1969) 的书来引入一些概念.

当考察一种工业部门的销售数和购买数时，在此用 b_{ij} 表示工业部门 i 对工业部门 j 的销售数，而 b_{ii} 表

示工业部门 i 生产的商品的保留数. 用 y_i 表示工业部门 i 的产品对外边用户的销售数, x_i 表示总输出. 于是

$$x_i = y_i + \sum_j b_{ij} \tag{4}$$

下一步是确定输入系数. 假定工业部门 i 对工业部门 j 的销售数同工业部门 j 的输出量之比成固定比例, 则有

$$b_{ij} = a_{ij} x_j$$

把量 a_{ij} 定义为输入系数. 由方程(4)可以看到, 在静态情况下, 有

$$\boldsymbol{x} = \boldsymbol{y} + \boldsymbol{A}\boldsymbol{x} \tag{5}$$

其中

$$\boldsymbol{x} = (x_1, x_2, \cdots, x_n)^{\mathrm{T}}$$

$$\boldsymbol{y} = (y_1, y_2, \cdots, y_n)^{\mathrm{T}}$$

而 $\boldsymbol{A}$ 是一个(n,n)－矩阵, 它的(i,j)处的元素为 a_{ij}. 矩阵 $\boldsymbol{I}-\boldsymbol{A}$ 称为列昂季耶夫矩阵. 方程(5)可以用于确定工业部门所要求的总输出量 $\boldsymbol{x}$, 以满足预定的最终需求量 $\boldsymbol{y}$.

如果供求不是平衡的, 那么就需要用动态模型来代替方程(5). 通常假定: 每种工业的输出变化率与销售水平和生产水平之间的差成比例. 于是将动态模型取为

$$\frac{\mathrm{d}\boldsymbol{x}(t)}{\mathrm{d}t} = \boldsymbol{D}[(\boldsymbol{A}-\boldsymbol{I})\boldsymbol{x}(t) + \boldsymbol{y}(t)] \tag{6}$$

其中 $\boldsymbol{D}$ 是工业反馈系数的对角阵. 从而方程(6)正是我们所考虑的经济学系统的动态特性的一个简单模

型. 这个被模型化了的系统的稳定性问题,现在可通过确定矩阵 $\boldsymbol{D}(\boldsymbol{A}-\boldsymbol{I})$ 的特征系统以及研究方程(6) 的解的性质来回答. 特别地,对这种模型来说,具有正实部的特征值的存在表明了这个系统的不稳定性,因为所需要的总输出量随时间按指数律增长.

列昂季耶夫矩阵和特征系分析的一个类似用法出现在形如

$$\boldsymbol{x}(t+1)-\boldsymbol{x}(t)=\boldsymbol{D}[(\boldsymbol{A}-\boldsymbol{I})\boldsymbol{x}(t)+\boldsymbol{y}(t)]$$

的离散动力学系统中. 这种模型是用于研究工业部门间的相互关系、多种市场和国际贸易的稳定性的. 关于更完全的详述,读者可参看 T. F. 德尔别尔格和 J. D. 德尔别尔格(1969) 的教程.

3.7 斯图姆 — 刘维尔问题

在常微分方程和偏微分方程的数值分析中,一个经常遇到的问题就是确定连续问题的近似特征系. 这个问题可以描述杆、板或结构物的振动,流体的波动,等等. 这些问题中的许多部分,现在都可以借助于变分的方法使用通常称为有限元或瑞利 — 里茨(Rayleigh-Ritz) 法的技术来解决. 本节的例子是用一种直接的瑞利 — 里茨法来解决斯图姆 — 刘维尔(Sturm-Liouville) 问题. 我们的目的是用一个尽可能简单的方法来说明这种技术和所导出的特征问题.

因此,在此来研究确定这样的 λ 值的问题,对于这

些 λ 值，在 $[a,b]$ 上存在非平凡的可微函数 $\phi(x)$，在适当的假设下，该函数满足微分方程

$$(p(x)\phi'(x))' - q(x)\phi(x) + \lambda r(x)\phi(x) = 0 \quad (7)$$

其边界条件为

$$\phi(a) = \phi(b) = 0 \quad (8)$$

规格化条件为

$$\int_a^b r(x)\phi^2(x)\mathrm{d}x = 1 \quad (9)$$

函数 $p(x)$，$q(x)$，$r(x)$ 满足 $p(x) > 0$，$q(x) \geqslant 0$ 和 $r(x) > 0$. 下一步分析在区间 $[a,b]$ 上配置由点

$$a = x_0 < x_1 < x_2 < \cdots < x_{N+1} = b$$

所组成的网络. 用 M 表示定义于区间 $[a,b]$ 的网格上的函数的子空间. 例如，M 可以选取为这样的样条子空间，使得每个 $\psi_j \in M$ 是在每个区间 $[x_j, x_{j+1}]$ 上 $(j = 0, 1, \cdots, N)$ 的一个三次多项式，而且使得 ψ_j 在点 x_j 处具有连续的二阶导数，关于 M 和基本函数 ψ_j 的选取的实用考虑已超出这个例子的范围和意图.

现在回到斯图姆－刘维尔问题，我们用一个瑞利－里茨极小化形式来计算这里的特征问题. 这样，求式(7)(8) 和(9) 的解等价于求瑞利商

$$R[\phi] = \frac{\left\{\int_a^b [p(\phi')^2 + q\phi^2]\mathrm{d}x\right\}}{\left\{\int_a^b r\phi^2\mathrm{d}x\right\}} \quad (10)$$

的稳定值和对应的函数 ϕ. 除非做某些简化假设，一般不使用公式(10). 如果我们把近似解 ϕ 限制在(通常是有限的) 子空间 M 中，那么可以进一步分析下去. 于

是，令

$$\phi=\sum_{j=1}^{J}c_j\psi_j(x)$$

其中 c_j 是待定的常数，这个问题就简化为确定与式(10) 的稳定值相对应的 c_j 的值. 为了书写方便，采用符号

$$\phi=\boldsymbol{c}^{\mathrm{T}}\boldsymbol{\psi} \tag{11}$$

其中

$$\boldsymbol{c}=(c_1,c_2,\cdots,c_J)^{\mathrm{T}}$$

$$\boldsymbol{\psi}=(\psi_1,\psi_2,\cdots,\psi_J)^{\mathrm{T}}$$

若把式(11) 代入式(10) 中，则有

$$R(\boldsymbol{c})=\frac{N(\boldsymbol{c})}{D(\boldsymbol{c})}$$

其中

$$N(\boldsymbol{c})=\int_a^b[p(x)(\boldsymbol{c}^{\mathrm{T}}\boldsymbol{\psi}'(x))^2+q(x)(\boldsymbol{c}^{\mathrm{T}}\boldsymbol{\psi}(x))^2]\mathrm{d}x$$

$$D(\boldsymbol{c})=\int_a^b r(x)(\boldsymbol{c}^{\mathrm{T}}\boldsymbol{\psi}(x))^2\mathrm{d}x$$

对未知矢量 $\boldsymbol{c}$ 进行微分，就得到这个近似的瑞利商的稳定值. 这样所得到的方程是

$$\boldsymbol{0}=\frac{1}{D(\boldsymbol{c})^2}[D(\boldsymbol{c})\nabla_0 N(\boldsymbol{c})-N(\boldsymbol{c})\nabla_0 D(\boldsymbol{c})]$$

如果 $\hat{\boldsymbol{c}}$ 是这个方程组的一个解，那么它可由

$$\nabla_0 N(\hat{\boldsymbol{c}})-\frac{N(\hat{\boldsymbol{c}})}{D(\hat{\boldsymbol{c}})}\nabla_0 D(\hat{\boldsymbol{c}})=\boldsymbol{0}$$

或

$$\nabla_0 N(\hat{\boldsymbol{c}})-R(\hat{\boldsymbol{c}})\nabla_0 D(\hat{\boldsymbol{c}})=\boldsymbol{0} \tag{12}$$

给出. $R(\hat{\boldsymbol{c}})$ 就是 $R(\phi)$ 对于这个解 $\hat{\boldsymbol{c}}$ 的稳定值,且是式(7) 的特征值的一个近似值,而对应的特征函数为

$$\phi = \hat{\boldsymbol{c}}^{\mathrm{T}} \boldsymbol{\psi}$$

现在,因为

$$\nabla_0 N(\boldsymbol{c}) = 2\int_a^b [p(\boldsymbol{c}^{\mathrm{T}} \boldsymbol{\psi}')\boldsymbol{\psi}' + q(\boldsymbol{c}^{\mathrm{T}} \boldsymbol{\psi})\boldsymbol{\psi}]\mathrm{d}x$$

$$\nabla_0 D(\boldsymbol{c}) = 2\int_a^b r(\boldsymbol{c}^{\mathrm{T}} \boldsymbol{\psi})\boldsymbol{\psi}\mathrm{d}x$$

都是 $\boldsymbol{c}$ 的线性函数,所以可知式(12) 是一个形如

$$\boldsymbol{A}x - \lambda \boldsymbol{B}x = \boldsymbol{0}$$

的线性矩阵的特征问题. 无疑地,该例中的矩阵 $\boldsymbol{A}$,$\boldsymbol{B}$ 都是对称正定阵. 此外,对于子空间 M 的适当选择,可使 $\boldsymbol{A}$,$\boldsymbol{B}$ 阵化为窄小的带形阵(即非零元素都聚集在主对角线附近).

这样一来,我们所讲述的方法,是把确定斯图姆－刘维尔特征系的近似解的问题用一个矩阵特征问题代替.

人物篇

第4章

4.1 四元数的创立者——哈密尔顿

4.1.1 哈密尔顿的生平

哈密尔顿(W. R. Hamilton, 1805—1865)是英国数学家和物理学家，生于爱尔兰的都柏林(Dublin)，卒于都柏林附近的敦辛克(Dunsink)天文台.

哈密尔顿的父亲是都柏林地区一位精明的律师，且身兼商务，因而家境较为富有. 由于小哈密尔顿兄弟姐妹众多(共9人，他排行第五)，他的叔叔詹姆斯·哈密尔顿终身未娶，且其语言修养很高，故当小哈密尔顿出生不久，便被其叔叔收养了.

詹姆斯·哈密尔顿很懂得语言能力培养的教育方法. 在他的循序引导下，小哈密尔顿很早便显露出了他的语言天赋. 3岁时能读英文书报；5岁时能读拉丁文、希腊文和希伯来文；到8岁时又添了意大利文和法文，并能用意大利文给其父亲写信；

10 岁时又能读阿拉伯文和梵文；到了 14 岁时，共学会了包括孟加拉语、波斯语等在内的 12 种语言. 据说，这一年，“有位波斯大使到都柏林访问，他还写了一篇波斯文的欢迎词”[1] 呢！另外，他也曾对中文产生过兴趣.

哈密尔顿的语言才能得到不断发挥，不仅受益于詹姆斯的得力栽培，而且还受惠于其父亲在财力和精神上的支持. 他父亲觉得“大凡把孩子纳入家长设计的轨道效果往往不好，让孩子根据自己的兴趣爱好，去学他想学的东西才是上策”[2].

尽管哈密尔顿有着出色的语言才能，但他并没有沿着这个方向走下去，环境的刺激和他强烈的自尊心改变了其思维航向. 在他 15 岁(另一说 13 岁)时，美国少年快速心算专家科尔伯恩(Z. Colburn)到都柏林进行了快速计算表演. 他出色而成功的表演大大激发了哈密尔顿钻研数学的欲望，哈密尔顿认为自己在数学方面也有非凡的能力，并不比别人差. 于是，他自学了法国数学家克莱罗(A. C. Clairaut)的《代数基础》、拉梅(G. Lamé)的《高等几何教程》、牛顿(I. Newton)的《自然哲学的数学原理》，以及拉普拉斯(P. S. Laplace，1749—1827)的巨著《天体力学》等经典著作. 他还指出了拉普拉斯的《天体力学》中的一个数学错误，并就

① 袁小明编著的《世界著名数学家评传》，江苏教育出版社，1990 年版，第 282 页.

② 同上.

此事写了一篇小论文.

1822 年,他写了一篇关于焦散曲线的文章,此文在他 1823 年进入都柏林的三一学院后被导师看中,1824 年被推荐在爱尔兰皇家科学院宣读,但未发表.在导师的建议下,他继续研究这一课题.

1827 年,哈密尔顿完成了他的第一篇重要论文——《光束理论》,文章由都柏林大学著名的天文学教授布里克推荐给了爱尔兰皇家科学院.他的推荐使得此文不到一年便在《爱尔兰皇家科学院学报》上发表了,也就在这一年,由于布里克的推荐,使得当哈密尔顿还是一个大学生的时候,便接替布里克的职位成了三一学院的天文学教授.按当时的规定,担任此职位的人就是爱尔兰皇家科学院的天文学家.同时,他还被任命为敦辛克天文台台长.看来,爱尔兰人不太注重论资排辈.

哈密尔顿不是一个好的天文观察管理者,但他是一个好的教师.由于他具有较好的语言基础,所以他的课往往讲得通俗而又生动,很受欢迎.

从 1830 年到 1832 年,他相继发表了《光束理论》的三个补充,从而奠定了几何光学的理论基础(几何光学分析化的开始).由于其工作的性质及价值,雅可比称哈密尔顿为英国的拉格朗日(Lagrange).

之后,他的研究方向转向力学,于 1834 年和 1835 年发表了两篇力学论文,其中第二篇是更为著名的《论动力学的一个普遍方法》,其中引进了作用积分,推广了欧拉(L. Euler) 和拉格朗日的一些原理，而更主要的是他提出了著名的“哈密尔顿原理”.

1835 年，获得爵位.

1835 年后，他的精力主要投入到建立数的逻辑基础的研究中去了.

1837 年，他发表了《共轭函数及作为纯粹时间的科学的代数》，首次将复数以序偶(a,b)的形式建立在实数的基础上，并曾于 1833 年和 1835 年两次把关于包含复数的实数对表示的论文提交给爱尔兰皇家科学院. 这一年，他被选为爱尔兰皇家科学院的院长.

1843 年 10 月 16 日，他发明了四元数.

1843 年 11 月 13 日，他在爱尔兰皇家科学院的会议上宣告了这一结果，宣读的论文题目为《关于一种与四元数理论相关的新型虚量》.

在此之后，他的精力主要贡献给了四元数. 在 1853 年，哈密尔顿发表了他的第一本完整的四元数专著《四元数讲义》.

哈密尔顿于 1865 年 9 月 2 日死于酒精中毒.

1866 年出版了二卷本《四元数基础》.

在生活方面，哈密尔顿 23 岁结婚. 开始时夫妻关系尚好，自哈密尔顿迷上四元数后，如醉如痴，整天将自己反锁在工作室里，常常以酒充饥，情况便发生了变化. 家人不理解他的事业心，对其生活照顾不周，最后不幸酒精中毒去世.

4.1.2 哈密尔顿的成就

哈密尔顿的成就主要是在几何光学、力学、变分法及代数学、图论等领域中.

虽然前两者从表面上看不属于数学,但实际上他的工作是数学化的. 他在 1824 ~ 1832 年建立的是几何光学的数学理论. 他在力学中建立的哈密尔顿原理主要属于变分法领域,它对研究变分法和常(偏)微分方程组有着重要作用,对物理研究的作用亦很突出,正如奥地利现代物理学家薛定谔(E. Schrödinger, 1887—1961)所说的:"哈密尔顿原理是近代物理的基石". ①

在代数学上,哈密尔顿的工作表现在无理数、复数及四元数等几个方面.

他把关于有理数与无理数全体的概念放在时间的基础上,之后他引进了把有理数分成两类的思想,并用这样的一个划分来定义一个无理数(类似于戴德金分割),但他没有具体完成这一工作.

在于 1837 年发表于《爱尔兰皇家科学院学报》第 17 期上的一篇文章(《共轭函数及作为纯粹时间的科学的代数》)中,他给出了复数的实数对处理的一个完整、严密的形式,从而将复数的逻辑建立在实数的逻辑上. 他认为,$a+bi$ 不是普通意义上的算术和(不像 2 +

① 袁小明. 世界著名数学家评传[M]. 江苏:江苏教育出版社,1990:285.

$3=5$)，从本质上讲，它是实数的有序偶(a,b)，其间的加、乘等运算规定如下

$$(a,b)\pm(c,d)=(a\pm c,b\pm d)$$

$$(a,b)\cdot(c,d)=(ac-bd,ad+bc)$$

$$\frac{(a,b)}{(c,d)}=\left(\frac{ac+bd}{c^2+d^2},\frac{bc-ad}{c^2+d^2}\right)$$

且规定$(a,b)=(c,d)$，当且仅当$a=c$，$b=d$时成立. 在这里，他第一次提出并利用了有序偶概念. 尽管高斯(C. F. Gauss) 早在 1831 年就有了这一概念，但他没有公开发表.

哈密尔顿对复数的实数对处理，不仅抹掉了$\sqrt{-1}$的神秘性，而且更主要的是，他的这种通过规定有序偶的四则运算来建立复数系的方法还开了公理化研究的先河，既然按上述规定，实数有序偶可定义出复数系，人们自然也可以通过改变运算的定义方式来谋求新的数系. 换言之，他的做法中蕴含着刺激各种代数结构出现的因素和途径，这种因素随着他的四元数的出现而得到了极大的加强.

四元数理论是哈密尔顿对数学的一个主要贡献，其具体内容是这样的：四元数是形如

$$a+b\boldsymbol{i}+c\boldsymbol{j}+d\boldsymbol{k}$$

的数，其中a,b,c,d是实数，$\boldsymbol{i},\boldsymbol{j},\boldsymbol{k}$是定性的单元，几何上其方向是沿着三根坐标轴($a$被称为数量部分，$b\boldsymbol{i}+c\boldsymbol{j}+d\boldsymbol{k}$被称为向量部分). 四元数的相等、加法及乘法按如下定义进行：

$a_1+b_1\boldsymbol{i}+c_1\boldsymbol{j}+d_1\boldsymbol{k}=a_2+b_2\boldsymbol{i}+c_2\boldsymbol{j}+d_2\boldsymbol{k}$，当且仅当 $a_1=a_2, b_1=b_2, c_1=c_2, d_1=d_2$；

$(a_1+b_1\boldsymbol{i}+c_1\boldsymbol{j}+d_1\boldsymbol{k})+(a_2+b_2\boldsymbol{i}+c_2\boldsymbol{j}+d_2\boldsymbol{k})=(a_1+a_2)+(b_1+b_2)\boldsymbol{i}+(c_1+c_2)\boldsymbol{j}+(d_1+d_2)\boldsymbol{k}$；

$(a_1+b_1\boldsymbol{i}+c_1\boldsymbol{j}+d_1\boldsymbol{k})$ 与 $(a_2+b_2\boldsymbol{i}+c_2\boldsymbol{j}+d_2\boldsymbol{k})$ 相乘时可按分配律相乘，然后借助于 $\boldsymbol{i}^2=\boldsymbol{j}^2=\boldsymbol{k}^2=-1$，$\boldsymbol{ij}=\boldsymbol{k}$，$\boldsymbol{ji}=-\boldsymbol{k}$，$\boldsymbol{jk}=\boldsymbol{i}$，$\boldsymbol{kj}=-\boldsymbol{i}$，$\boldsymbol{ki}=\boldsymbol{j}$，$\boldsymbol{ik}=-\boldsymbol{j}$ 这些规定合并同类项，即有

$$(a_1+b_1\boldsymbol{i}+c_1\boldsymbol{j}+d_1\boldsymbol{k})\cdot(a_2+b_2\boldsymbol{i}+c_2\boldsymbol{j}+d_2\boldsymbol{k})$$
$$=(a_1a_2-b_1b_2-c_1c_2-d_1d_2)+(b_1a_2+a_1b_2+c_1d_2-d_1c_2)\boldsymbol{i}+(c_1a_2+a_1c_2+d_1b_2-b_1d_2)\boldsymbol{j}+(d_1a_2+a_1d_2+b_1c_2-c_1b_2)\boldsymbol{k}$$

哈密尔顿证明了这种乘法是可结合的(这是第一次使用这一术语)，但不是可交换的.

哈密尔顿的四元数理论集中体现在其《四元数讲义》(1853) 和二卷本的《四元数基础》(1866) 中. 在前一著作里，他还引进了复四元数，即具有复系数的四元数的概念；“在引进向量 $\boldsymbol{r}$ 的线性向量函数 $\boldsymbol{r}'$ 的概念时，涉及从 x, y 和 z 到 x', y' 和 z' 的一个线性变换. 他证明这个变换的矩阵满足它的特征方程，虽然他不想正式用矩阵语言来表达”.[①]这一结论的一个一般化便是在线性代数中常见的哈密尔顿－凯莱定理. 对于复

---

① 克莱因. 古今数学思想：第三册[M]. 北大数学系数学史翻译组，译. 上海：上海科学技术出版社，1985.

四元数,他指出,两个非零的复四元数相乘可以为零.用今天的话讲,复四元数系中存在非零的零因子(即乘积定律不成立).

四元数不具有交换性、复四元数不满足乘积定律,这两点打破了当时人们对数的传统观念,进而导致数学家们觉得可较为自由地考虑甚至更偏离四元数通常性质的创造.事实正是如此,之后约翰·格拉维斯(John Graves)于1843年12月给出了一个八元代数系,1848年发表在《爱尔兰科学院学报》第21期上,此发现的突破在于,它不满足结合律.[①]1845年,凯莱又重新发现了这一数系.在1873年,克利福德(W.K.Clifford)也给出了一种超复数系.此后,大量的各种超复数系相继出现.四元数的出现,极大地激活了人们的思维,开阔了人们的视野,促进了古典代数学向抽象代数学(以各种代数结构为研究对象)的转变和发展.同时,它为"数学创造具有'自由性'的一面"也提供了典型而有说服力的依据.

哈密尔顿还提出并解决了一些图论问题.其中典型的一例是在1857年,他提出了一种名为"游览十二面体"的问题,要求沿着十二面体的棱经过所有的顶点,且每一顶点仅经过一次.他在同一年的数学会上发表了这一问题的解.

① WEARDEN B L V. A History of Algebra[M]. Berlin: Springer-Verlag,1985:183.

哈密尔顿一生约有140余篇作品①.生前被选为爱尔兰皇家科学院院长(1837).他还是英国皇家学会会员、法国科学院院士和彼得堡科学院通讯院士.

1963年,剑桥大学出版社出版了多卷本《哈密尔顿数学文集》(Vol.3较详细地记载了四元数发明的过程,见参考文献[1]).

4.1.3 哈密尔顿的思维特点

了解一个人的科学成就,仅仅限于知道其具体的研究成果是不够的,还需要清楚导致这些成果出现的思想方法,以及研究方式的思维特点.

1.四元数的思维特点与思想方法.

(1)理论联系实际的思想类比提出问题的方法.

哈密尔顿首先是一个物理学家.不过,他的物理学成就有这样一个特点:解决的是物理学问题,运用的却是数学工具,具体的结论又是以数学形式表达.所以,他不仅发展了物理理论,而且做出了相当的数学贡献.因此,在未发明四元数以前,他已经是一个数学家了.譬如,早在1827年,布里克在推荐哈密尔顿的《光束理论》时写道:"我不说他将是同龄人中第一流数学家,事实上,他已经是同龄人中的第一流数学家".②哈密尔顿注重用数学方法解决物理问题,注重寻求物理解

---

① 鲍尔加尔斯基.数学简史[M].潘德松,沈金钊,译.北京:知识出版社,1984:212.

② 袁小明.世界著名数学家评传[M].江苏:江苏教育出版社,1990:283.

的数学实质.也就是说，他具有理论联系实际，并在解决实际问题中发展理论的思想.“理论 → 实践 → 理论”的模式，哈密尔顿最小作用原理便是这种模式的产物.

在这种思想方法的指导下，哈密尔顿提出了发明四元数的原始问题 —— 发明与复数类似的三元数.

哈密尔顿在他的一些工作中运用了复数 $a+b\mathrm{i}$ 的几何表示，知道用复数可以刻画平面上的一些物理量，例如力，复数具有实用价值，特别是对物理学家而言.但复数也有自身的局限性，它不能刻画三维空间中的一般物理量，例如不在同一平面上的力，能否突破这种局限，而给出一种与复数类似且适用于三维空间的新数系呢？哈密尔顿开始了类比.

哈密尔顿在其发表的论文中将复数定义成实数有序偶，他是数学界第一个正式给出有序偶概念的数学家.既然(a,b)形式的数可用于二维空间，那么(a,b,c)形式的数或许能适用于三维空间.与复数相比较，三元有序数组(a,b,c)之间的加、减运算是易于给出的

$$(a_1,b_1,c_1)\pm(a_2,b_2,c_2)=(a_1\pm a_2,b_1\pm b_2,c_1\pm c_2)$$

那么，如何定义乘法并且使其与复数的乘法相类似呢？这是起初哈密尔顿向自己明确提出的问题.与复数$a+b\mathrm{i}$比较，他将三元组(a,b,c)写成$a+b\boldsymbol{i}+c\boldsymbol{j}$，并把基本单元$1,\boldsymbol{i},\boldsymbol{j}$看成具有单位长度的空间中两两正交的直线段.后来，他对$a+b\boldsymbol{i}+c\boldsymbol{j}$用了“向量”一词.他企图将乘积

$$(a+b\boldsymbol{i}+c\boldsymbol{j})\cdot(x+y\boldsymbol{i}+z\boldsymbol{j})$$

表示成同一空间中的向量,并要求:

① 可逐项相乘,即

$$\begin{aligned}&(a+b\boldsymbol{i}+c\boldsymbol{j})(x+y\boldsymbol{i}+z\boldsymbol{j})\\=&[ax+(ay)\boldsymbol{i}+(az)\boldsymbol{j}]+\\&[(b\boldsymbol{i})x+(b\boldsymbol{i})(y\boldsymbol{i})+(b\boldsymbol{i})(z\boldsymbol{j})]+\\&[(c\boldsymbol{j})x+(c\boldsymbol{j})(y\boldsymbol{i})+(c\boldsymbol{j})(z\boldsymbol{j})]\end{aligned}$$

② 乘积向量的长度等于因子长度的乘积. 他称此要求为"模律",这些要求复数系是满足的,对三元组来讲,满足这种要求的乘法是否存在呢? 哈密尔顿开始考虑解决这个问题.

(2) 特殊化与一般化相结合的方法.

特殊化与相继一般化的方法将哈密尔顿引入第四维. 如果三元数系中存在满足模律的乘法,那么自然对特殊的 $a+b\mathrm{i}$ 也适用. 受复数的影响,他规定 $\boldsymbol{ii}=-1$,与此对称地,规定 $\boldsymbol{jj}=-1$,由于在四元数以前的数系是满足乘法结合律、交换律的,受这种"传统"的影响,他希望三元数系也应是这样的. 在承认结合律和前面的两个要求的前提下,三元数乘法定义的关键便归结到 $\boldsymbol{ij}$ 和 $\boldsymbol{ji}$ 是什么的问题上. 起初,他承认交换律而假设$\boldsymbol{ij}=\boldsymbol{ji}$,计算得

$$\begin{aligned}&(a+\boldsymbol{i}b+\boldsymbol{j}c)(x+\boldsymbol{i}y+\boldsymbol{j}z)\\=&(ax-by-cz)+\boldsymbol{i}(ay+bx)+\\&\boldsymbol{j}(ax+cx)+\boldsymbol{ij}(bz+cy)\end{aligned}$$

至此,他问,$\boldsymbol{ij}$ 应等于什么才能保证乘积的结果具有

$\alpha+\beta \boldsymbol{i}+\gamma \boldsymbol{j}$ 的形式(即乘法封闭)？哈密尔顿在给约翰·格拉维斯的信(1843 年 10 月 17 日)中写道："它的平方(即 $\boldsymbol{ij}$ 的平方)似乎应为 1，因为 $\boldsymbol{i}^2=\boldsymbol{j}^2=-1$，这诱使我们取 $\boldsymbol{ij}=1$ 或者 $\boldsymbol{ij}=-1$，但没有一种情况能保证乘积中系数的平方和等于两因子系数平方和的乘积"①(即模律成立). 他计算了一个特殊的乘积

$$(a+b\boldsymbol{i}+c\boldsymbol{j})^2=a^2-b^2-c^2+2\boldsymbol{i}ab+2\boldsymbol{j}ac+2\boldsymbol{ij}bc$$

发现

$$(a^2-b^2-c^2)^2+(2ab)^2+(2ac)^2=(a^2+b^2+c^2)^2$$

也就是说，在这种特殊情况下($a+\boldsymbol{i}b+\boldsymbol{j}c=x+\boldsymbol{i}g+\boldsymbol{j}z$)，如果我们去掉含有 $\boldsymbol{ij}$ 的项，那么便能使模律成立($a+b\boldsymbol{i}+c\boldsymbol{j}$ 的模的平方为 $a^2+b^2+c^2$)，即令 $\boldsymbol{ij}=\boldsymbol{0}$，但哈密尔顿觉得这样做与传统相去甚远(以往数系没有这种现象：$\boldsymbol{i}\neq\boldsymbol{0}$，$\boldsymbol{j}\neq\boldsymbol{0}$，而 $\boldsymbol{ij}=\boldsymbol{0}$)，令人很不舒服，况且使含 $\boldsymbol{ij}$ 的项为 $\boldsymbol{0}$ 的办法并非仅此一条. 从逐项展开 $(a+\boldsymbol{i}b+\boldsymbol{j}c)\cdot(a+\boldsymbol{i}b+\boldsymbol{j}c)$ 知道，项 $2\boldsymbol{ij}bc$ 是由 $\boldsymbol{ij}(bc)$ 与 $\boldsymbol{ji}(cb)$ 合并成为 $(\boldsymbol{ij}+\boldsymbol{ji})bc$，再借助于 $\boldsymbol{ij}=\boldsymbol{ji}$ 而得到的. 这样，对于任意的 b,c，$(\boldsymbol{ij}+\boldsymbol{ji})bc=\boldsymbol{0}$ 便可由下述两条路来实现：

①$\boldsymbol{ij}=\boldsymbol{ji}$，这时需要 $\boldsymbol{ij}=\boldsymbol{ji}=\boldsymbol{0}$；

②$\boldsymbol{ij}+\boldsymbol{ji}=\boldsymbol{0}$，即 $\boldsymbol{ij}=-\boldsymbol{ji}$.

哈密尔顿在给格拉维斯的信中写道："看我，因此

---

① WEARDEN B L V. A History of Algebra[M]. Berlin: Springer-Verag, 1985: 180.

而一度尝试幻想 $\boldsymbol{ij}=\mathbf{0}$，但这样做似乎是荒诞而别扭的，而且我发觉，去掉这一项可以通过一个不太苛刻的假设，即 $\boldsymbol{ji}=-\boldsymbol{ij}$ 来实现. 因此我令 $\boldsymbol{ij}=\boldsymbol{k}$，$\boldsymbol{ij}=-\boldsymbol{k}$，剩下的便是看 $\boldsymbol{k}$ 是否为 $\mathbf{0}$”. ①

从此，哈密尔顿的思维方向开始发生变化：从 $\boldsymbol{ij}=\boldsymbol{ji}$ 转向新量 $\boldsymbol{k}$ 的引入. 当然，这种转变是对特殊情况的具体分析的结果与传统影响共同作用的产物. 特殊化起了重要作用，特殊启示了一般性思想的产生.

$\boldsymbol{k}$ 的引入是否有效？哈密尔顿开始考察较 $(a+ib+jc)(a+ib+jc)$ 稍微一般些的乘积

$$(a+ib+jc)(x+ib+jc)$$
$$=ax-b^2-c^2+\boldsymbol{i}(a+x)b+\boldsymbol{j}(a+x)c$$

计算发现，模律成立. 他将这一结果告诉了格拉维斯，并在信中给出了一种几何解释（用向径的旋转、合成等，见参考文献[1]）. 这时，$\boldsymbol{k}$ 的取值状况仍未确定（因此时 k 的系数为零），故 $\boldsymbol{k}$ 取什么值对模律的成立都无影响.

初步一般化讨论的成功，坚定了他的假设 $\boldsymbol{ij}=-\boldsymbol{ji}$，并鼓舞了他的士气. 他曾对自己讲：“然后大胆地试一试两个一般三元组的乘积”②，他计算

---

① WEARDEN B L V. A History of Aegebra[M]. Berlin: Springer-Verag, 1985: 181.

② 《哈密尔顿文集》，Vol. 3. P. 107（给格拉维斯的信）.

$$(a+\boldsymbol{i}b+\boldsymbol{j}c)(x+\boldsymbol{i}y+\boldsymbol{j}z)$$
$$=(ax-by-cz)+\boldsymbol{i}(ay+bx)+\boldsymbol{j}(az+cx)+$$
$$\boldsymbol{k}(bz-cy)$$

然后让 $\boldsymbol{k}=\boldsymbol{0}$，他问：模律是否成立，即

$$(a^2+b^2+c^2)(x^2+y^2+z^2)$$
$$=(ax-by-cz)^2+(ay+bx)^2+(az+cx)^2$$

是否成立？答案是不成立. 左边比右边多出 $(bz-cy)^2$，而这恰好是 $\boldsymbol{k}$ 的系数的平方，因此 $\boldsymbol{k}$ 不能去掉. 只有把 $\boldsymbol{k}$ 当作一个符号处理时，三元组的乘积才满足模律，也即是说，满足哈密尔顿提出的两个要求的三元组的乘法，在引入第四维（$\boldsymbol{k}$ 的方向）后得到了实现.

在进行了建立在特殊化和二次一般化基础上的逻辑思维后，灵感在哈密尔顿的头脑中出现了：否定最初寻求三元数（满足模律）的想法，转而考察四元数——跳入第四维. 在给格拉维斯的信中，他写道："至此，我开始觉悟到这样一种想法，在一定意义上，为了三元数组计算的需要，我们必须得承认空间的第四维……或者，将此悖论转移到代数上，我们必须承认（或运用）第三个不同的想象符号（imaginary symbol）$\boldsymbol{k}$，它与 $\boldsymbol{i}$，$\boldsymbol{j}$ 均不同，但却是二者的乘积（$\boldsymbol{k}=\boldsymbol{ij}$），因此我被诱使引进形如 $a+\boldsymbol{i}b+\boldsymbol{j}c+\boldsymbol{k}d$ 或 (a,b,c,d) 的四元数".①

① WEARDEN B L V. A History of Algebra[M]. Berlin: Springer-Verlag, 1985: 181.

(3) 逻辑思维和灵感思维的结合.

逻辑思维和灵感思维的结合,最终导致四元数理论的产生.哈密尔顿发明四元数经历了一个长期而艰苦的探索过程.用他自己的话说:"它已经纠缠我至少15 年了"①.之所以时间这么长久,关键在于内、外两次思维的否定性转变(由 $\boldsymbol{ij}=\boldsymbol{ji}\rightarrow\boldsymbol{ij}=-\boldsymbol{ji}$,这是第一次内转变;由 $\boldsymbol{ij}=\boldsymbol{k}$,考察 $\boldsymbol{k}$ 的值的情况 → 将 $\boldsymbol{k}$ 看作符号,实现三元数到四元数的转变,这是第二次外转变——原始问题的变换),难度较大,特别是后者.

前面的分析告诉我们,哈密尔顿引进四元数是长期逻辑思维后的灵感(直觉)思维的结果.他抓住了这一灵感,及时地将思维转向了四元数的建立,又开始了以逻辑思维为主的验证、计算工作.计算发现,建立在

$$\boldsymbol{i}^2=\boldsymbol{j}^2=\boldsymbol{k}^2=-1;\boldsymbol{ij}=\boldsymbol{k},\boldsymbol{ji}=-\boldsymbol{k}$$

$$\boldsymbol{jk}=\boldsymbol{j}(\boldsymbol{ij})=\boldsymbol{j}(-\boldsymbol{ji})=(-\boldsymbol{j}^2)\boldsymbol{i}=\boldsymbol{i}$$

$$\boldsymbol{kj}=(\boldsymbol{ij})\boldsymbol{j}=\boldsymbol{ij}^2=-\boldsymbol{i}$$

$$\boldsymbol{ki}=(\boldsymbol{ij})\boldsymbol{i}=(-\boldsymbol{ji})\boldsymbol{i}=(-\boldsymbol{j})\boldsymbol{i}^2=\boldsymbol{j}$$

$$\boldsymbol{ik}=\boldsymbol{i}(\boldsymbol{ij})=(\boldsymbol{i}^2)\boldsymbol{j}=-\boldsymbol{j}$$

基础上的四元数 $a+b\boldsymbol{i}+c\boldsymbol{j}+d\boldsymbol{k}$ 构成的数系按逐项相乘展开方法定义的乘法是满足模律的.从此,四元数真正地建立了起来.

下面来看一下哈密尔顿关于四元数的发明过程的

---

① 克莱因.古今数学思想:第四册[M].北大数学系数学史翻译组,译.上海:上海科学技术出版社,1985:178.

一些自述,以此来具体了解其思维特点.

1865 年,在他逝世前不久,他给他的儿子(Archibald)写了一封信.信中写道:"1843 年 10 月的前半个月的每天早晨,当我下楼来吃早饭时,你的兄弟 William Edward 和你经常问我:'爸爸,你能乘三元数组了吗?'我总是愁苦地摇摇头,谨慎地回答:'不,我只能加或减它们'……但是,在这个月的 16 日(情况开始有所转机),这天恰巧是星期一,同时也是爱尔兰皇家科学院开会的一天,我要去出席并且主持这次会议,你的母亲和我一起沿着皇家运河(the Royal Canal)走着……尽管她与我谈这谈那,然而,一股思想的潜流(潜意识)正在我的心中流动,它最终产生了一个结果.我立即感到了它的重要性,电路似乎接通了,而且(智慧的)火花突然迸发了出来,像我立即预言的那样,多年的艰苦探索导致了明确、直接的思想和工作的出现……

我唯恐失去这转瞬即逝的灵感,立即抽出笔记本——它仍在,记下了当时当地的所思所想.我无法抗拒当时的激动心情,以至当我们经过 Brougham 桥时,我用小刀将符号 $\boldsymbol{i},\boldsymbol{j},\boldsymbol{k}$ 的基本公式

$$\boldsymbol{i}^2=\boldsymbol{j}^2=\boldsymbol{k}^2=\boldsymbol{ijk}=-1$$

刻在了桥的石头上,这一公式包含了问题的解.当然作

为碑文,要朽掉还得需要很长时间.”[①]

在其中谈到的笔记本里,在1843年10月16日,他较详细地解释了他的思想过程:“我相信我现在还记得我的思想顺序.方程 $\boldsymbol{ij}=\boldsymbol{0}$ 是受

$$(ax-y^2-z^2)^2+(a+x)^2(y^2+z^2)$$
$$=(a^2+y^2+z^2)(x^2+y^2+z^2)$$

的启示而得出的,然后我试着验证,看

$$(a^2+b^2+c^2)(x^2+y^2+z^2)$$
$$=(ax-by-cz)^2+(ay+bx)^2+(az+cx)^2$$

是否为真.结果发现,为了保证等式成立,必须在上式右边加上 $(bz-cy)^2$,这迫使我不能忽略 $\boldsymbol{ij}$,并且建议 $\boldsymbol{ij}$ 可能等于 $\boldsymbol{k}$—— 一个新的想象量(imaginary).[②]

这里的表述似乎与给格拉维斯的信(1843年10月17日)中所言不尽一致.他在给格拉维斯的信中谈到,从对 $(a+\boldsymbol{i}b+\boldsymbol{j}c)^2$ 的考察后便有了 $\boldsymbol{ij}=\boldsymbol{0}$ 的想法,然后又否定了它,给出了另一假设 $\boldsymbol{ij}=-\boldsymbol{ji}=\boldsymbol{k}$,接着对稍一般些的 $(a+\boldsymbol{i}b+\boldsymbol{j}c)(x+\boldsymbol{i}b+\boldsymbol{j}c)$(或 $(a+\boldsymbol{i}y+\boldsymbol{j}z)\cdot(x+\boldsymbol{i}y+\boldsymbol{j}z)$)进行验证,结果假设正确,并说他坚定了 $\boldsymbol{ij}=-\boldsymbol{ji}$ 这一信念.

事实可能是这样的,哈密尔顿早就有了 $\boldsymbol{ij}=\boldsymbol{0}$ 的想法,并意识到 $\boldsymbol{ij}=-\boldsymbol{ji}$ 可能更有前途.由于在 $(a+$

---

① WEARDEN B L V. A History of Algebra[M]. Berlin: Springer-Verlag,1985:179,182.

② WEARDEN B L V. A History of Algebra[M]. Berlin: Springer-Verlag,1985:182.

$iy+jz)(x+iy+jz)$ 这一层次上 $ij=k$ 的值没有确定，因此，这时他对 $ij=k$ 的假定还未完全确认，只是到对一般情况 $(a+ib+jc)(x+iy+jz)$ 的分析（模律分析）之后，引入符号 k 的信念才占了绝对上风，从而导致四元数的引入.

从上述哈密尔顿的自述中我们看到，哈密尔顿发明四元数是逻辑思维与灵感思维相继作用的结果. 长期不懈的逻辑思维（显意识）为灵感思维、顿悟（潜意识的爆发、显化）的出现铺平了道路. 实际上，他的自述本身即描述了两种心智过程（心智经验）. 这具体表现在他对“迫使(forced)”和“建议(suggested)”二词的选择上.“第一种经验是强制性的逻辑结论（论断），它直接来自计算：人们不能让 $ij=0$，否则模律将不成立. 第二种经验是顿悟，当他在运河边上慢行时，灵感闪现在他的头脑中，即 $ij=k$ 可被取作一个新的想象单位. 哈密尔顿在此对他自己的思想提出了一个深刻的心理学分析.”①

总之，哈密尔顿创造发明四元数是逻辑思维与灵感思维相结合的典型范例.

2. 其他思想方法.

(1) 严密化思想.

哈密尔顿在代数研究中注重逻辑基础的坚实和严

① WEARDEN B L V. A History of Algebra[M]. Berlin: Springer-Verlag，1985：182.

密性，注意澄清已往概念的含糊或神秘性. 他将复数刻画为实数有序偶，将复数的逻辑建立在实数逻辑的基础上，便是这一思想的一个具体体现. 当然，与严密化相伴随的就是清晰化的思想，清晰化是追求严密化的一种结果.

(2) 移植的思想.

他曾将几何光学中的概念，比如光学中特征函数的概念，移植到力学中，且有所建树.

(3) 注重数学的应用性和预见性.

哈密尔顿一开始便是用数学工具去解决光学和力学中的问题的，后来在他发明四元数后，花费了后半生大部分的精力致力于四元数的应用，这表明他强调数学的应用. 在数学的预见性方面，他曾做出过一个漂亮的结果，在 1837 年发表于爱尔兰皇家科学院学报上的一篇文章(《光束理论》的第三个补篇)中，在数学的意义上，他指出："在双轴晶体中按某一特殊方向传播的光线将产生折射光线的圆锥". "这个现象被他的朋友和同事 Humphrey Lloyd 用实验证实了". ①

(4) 数学研究的内在动力 —— 数学美.

哈密尔顿喜欢写诗，他和伟大的诗人华兹华斯(W. Wordsworth)是亲密的朋友及相互赞赏者. 他对数学有一种美的感受，并常将某些数学成就比作诗. 比

---

① 克莱因. 古今数学思想：第三册[M]. 北大数学系数学史翻译组，译. 上海：上海科学技术出版社，1985：176-177.

如,“他认为,在他那个时代创造出的几何概念,Poncelet和Chasles的著作中使用的无限元素和虚元素都和诗类似”.他在评价拉格朗日的《分析力学》时说,这是“一首科学的诗(a kind of slientific poem)”①.

“虽然他是一个谦虚的人,但他承认甚至强调,喜爱名望会推动和振奋大数学家”.②

到晚年,他被四元数深深吸引,这有两方面的原因:第一,他被四元数的奇异美(与传统数学相悖;不满足交换律)所震撼;第二,他认为这个创造和微积分同等重要,将会是数学和物理学中的关键工具.

哈密尔顿认为,对推动数学家的工作来讲,美感和名望都是必要的,前者是内在动力,后者是外在动力.

4.1.4　哈密尔顿成功的条件

1.对人才的成长来讲,伯乐至关重要.

若没有詹姆斯的得力培育和布里克的推荐,哈密尔顿的成功是难以想象的.正是这些甘为人梯的人,将他推向了成功之路.

2.要善于变换研究领域.

当在一个领域工作到一定程度后,要适当改变方向,这有利于取得丰硕的成果.哈密尔顿从起初的语言转到光学,再到力学,然后到代数(主要是四元数代

---

① 克莱因.古今数学思想:第三册[M].北大数学系数学史翻译组,译.上海:上海科学技术出版社,1985:176-177.

② BURTON D M. The History of Mathematics[J]. Allyn and Bacon,Inc,1985:507.

数),取得了可喜的成就,便是证明.不过,哈密尔顿自发明四元数后的 22 年间再没有转换领域,这可能是个失误.不然,他可能会有更大的成就.

3.要善于抓住灵感.

灵感利于你的创造.哈密尔顿发明四元数便是一个典型例证.

4.丰富的想象力是创造的必要条件.

强烈的创新意识,既善于继承又勇于突破传统的理论观念,丰富的想象力,这都是完成发明创造所必不可少的条件.哈密尔顿正是由于具有这些条件,他才能够果断地“跳入第四维”,才能够“承认第三个不同的想象符号”,最终发明了四元数.

4.2 律师数学家——凯莱

凯莱的父亲亨利·凯莱(Henry Cayley)是一位在俄国圣·彼得堡从事贸易的英国商人,其母玛丽亚·安东妮娅·道蒂(Maria Antonia Doughty)据说有俄罗斯血统.在父母的一次回英国短期探亲期间,凯莱降生在英国,他是父母的第二个孩子.不久,凯莱随父母到了俄罗斯,他的童年主要是在俄国度过的.

1829 年,凯莱的父亲退休,于是全家回到英国定居.凯莱被送到了伦敦布里克里什一所小规模的私立学校念书,在学校里,他充分显示了数学天分,尤其是在数值计算方面有惊人的技巧.14 岁时,父亲将凯莱送到了伦敦国王学院学习，国王学院的教师们十分欣赏他的数学才能，并鼓励他发展数学能力.开始时父亲从商人的角度出发强烈反对他将来成为一名数学家，但父亲最终被校长说服了，同意他学习数学.17岁那年，凯莱进入了著名的剑桥大学三一学院就读，他在数学上的成绩远远超出其他人.他是作为自费生进入剑桥大学的，1840年成了一位奖学金获得者.1842年，21岁的凯莱以剑桥大学数学荣誉学位考试一等的身份毕业，并获得了更困难的史密斯奖金考试的第一名.

1842年10月，凯莱被选为三一学院的研究员和助教，在他那个时代乃至整个19世纪，他是获得这种殊荣的人中最年轻的一位.为期三年，其职责是教为数不多的学生，工作很轻松，于是他在这一时期的大部分时间从事自己感兴趣的研究，他广泛阅读C.F.高斯和J.L.拉格朗日等数学大师的著作，并开始进行有创造性的数学工作.三年后，由于剑桥大学要求他出任圣职，于是他离开剑桥大学进入了法律界.

按照成为一名高级律师的要求，凯莱必须专门攻读法学课程，于是他进入了英国林肯法律学院，在1849年取得了律师资格.值得注意的是，在19世纪，英国许多一流的大法官、大律师都是像凯莱这样的剑桥大学数学荣誉学位考试一等合格者.

凯莱取得律师资格后，从事律师职业长达14年之久，主要处理与财产转让有关的法律事务.作为一位名声与日俱增的大律师，他过着富裕的生活，并且为从事自己喜爱的研究积攒了足够的钱.然而,在这段作为大律师的时间里,他挤出了许多时间进行数学研究,发表了近 300 篇数学论文,其中许多工作在现在看来仍然是一流的和具有开创性的.

正是在担任律师的时期,凯莱与著名的美国数学事业创始人之一 J. J. 西尔维斯特(J. J. Sylvester) 开始了长期的友谊与合作.西尔维斯特从 1846 年起由数学界进入法律界,1850 年取得了律师资格,于是,两人作为法律界的数学家而结识.1851 年,两人开始用书面形式表达对对方给予自己在数学方面的帮助的感激之情.在 1851 年出版的一篇论文中,西尔维斯特写道:"上面阐明的公理部分是在同凯莱先生的一次谈话中提出的……我感激他使我恢复了享受数学生活的乐趣."1852 年,西尔维斯特提到凯莱"惯常讲的话都恰如珍珠宝石".凯莱与西尔维斯特被认为共同创立了不变量的代数理论.E. T. 贝尔(E. T. Bell) 称他们是"不变量的孪生兄弟".

凯莱时刻准备放弃律师职业,从事他所喜爱的数学研究事业.机会终于来了,1863 年,剑桥大学新设立了一个萨德勒(Sadler) 纯粹数学教授席位,由于出色的数学工作,凯莱被任命为首位萨德勒数学教授,他担任这一教习直至去世.虽然作为数学教授的收入远比作为一名大律师少,但他却感到十分高兴.他将全部精力投入到数学研究与教学之中,高质量、高产地奉献了一个又一个重要的数学成果.

在剑桥大学，凯莱还被委任了大学行政工作，他的办事经验和风格，不受个人情感影响的判断力，特别是他的法律知识及其在法律界的声誉，与其行政管理能力相结合，使他对剑桥大学的管理与发展做出了重要贡献. 由于他的不懈努力，创建于中世纪的剑桥大学终于允许妇女注册入学了.

1881～1882 年，凯莱应西尔维斯特之邀前往美国霍普金斯大学进行为期半年的讲学. 1855 年，西尔维斯特离开法律界开始任数学教授，并于 1876 年受邀到霍普金斯大学担任数学教授，1878 年创办了《美国数学杂志》(*American Journal of Mathematics*). 凯莱又与西尔维斯特在一起从事了一段时间的数学研究工作.

1883 年，凯莱被任命为英国科学促进协会主席，为英国科学的持续发展和科学普及做出了重要贡献.

由于杰出的学术成就，凯莱获得了大量的学术荣誉，其中包括 1859 年当选为皇家学会会员，获得了英国皇家学会的皇室勋章，1881 年获得了英国皇家学会的柯普雷勋章. 直至今天，剑桥大学三一学院仍安放着一尊凯莱的半身塑像.

凯莱仅出版了一部专著——《椭圆函数论》(*Treatise on elliptic functions*，1876 年)，然而他却发表了涉及众多数学分支、影响十分深远的数学学术论文达 966 篇，1889～1898 年编辑出版的《凯莱数学论文集》(*The collected mathematical papers of arthur*

Cayley）排满了整整 13 大卷四开本，每卷多达 600 余页！

在成为剑桥大学数学教授的同时，1863 年 9 月，凯莱与格林尼治的苏珊 · 莫兰(Susan Moline) 结婚，生有一儿一女，婚姻与家庭幸福美满. 他一生所经历的一切，无论是事业还是家庭和爱情，无论是作为数学家，还是作为律师和行政官员，都是令人羡慕的.

凯莱在数学上最早且最重要的工作之一是创立了不变量理论.

受拉格朗日、高斯，尤其是 G. 布尔(G. Boole) 有关二次型论文的启发，凯莱在 1843 年 22 岁时开始计算 n 次型的不变量，即在变换下 n 次型具有哪些不变量 —— 哪些量经变换后只相差某个因子.

1845 年，凯莱发表了《线性变换理论》(*On the theory of linear transformation*) 一文，探讨了求不变量的方式. 开始，他称不变量为"导出数(derivative)"，即"从一个给定的函数按任意方式(即变换) 导出的一个函数"，后来他又称不变量为"超级行列式(hyper determinants)". 他在这些文章中给出了如何求 n 次齐次函数的不变量的计算方式.

1846 年，凯莱发表了《论线性变换》(*On linear transformation*) 一文，引入了"协变量(covariance)"的概念.

这两篇文章奠定了凯莱作为不变量创立者的地位. 无论是布尔、F. M. G. 艾森斯坦(F. M. G. Eisenstein)

或拉格朗日和高斯都没有明确表述出不变量的概念，他们(主要指布尔)都没有找出求不变量的一般方法.凯莱是第一位表述在一般意义上的代数不变量问题的数学家，他是第一个深入研究求不变量的一般方法的人，发明了一种处理不变量的符号方法，并且得到了一系列重要结果.

从 1854 年开始，凯莱连续发表了一系列共 10 篇论代数形式的学术论文，"代数形式(quantics)"是他用来指称 2 个、3 个或多个变量的齐次多项式的名词，最后一篇这方面的论文发表于 1878 年，这一组论文中得到了一系列漂亮、简捷、富有启发性的关于不变量的结果. 如对于二元四次型

$$f=ax_1^4+4bx_1^3x_2+6cx_1^2x_2^2+4dx_1x_2^3+ex_2^4$$

凯莱经过精细的计算，证明了 f 的赫塞(Hesse)行列式

$$H=\begin{vmatrix}\dfrac{\partial^2 f}{\partial x_1^2} & \dfrac{\partial^2 f}{\partial x_1\partial x_2}\\ \dfrac{\partial^2 f}{\partial x_1\partial x_2} & \dfrac{\partial^2 f}{\partial x_2^2}\end{vmatrix}$$

及 f 与 H 的雅可比行列式

$$J=\begin{vmatrix}\dfrac{\partial f}{\partial x_1} & \dfrac{\partial f}{\partial x_2}\\ \dfrac{\partial H}{\partial x_1} & \dfrac{\partial H}{\partial x_2}\end{vmatrix}$$

都是 f 的协变量，并且证明了

$$g_2 = ae - 4bd + 3c^2$$

$$g_3 = \begin{vmatrix} a & b & c \\ b & c & d \\ c & d & e \end{vmatrix}$$

是 f 的不变量.

凯莱还深入研究了不变量的完备系问题,他证明了,艾森斯坦所求得的二元三次式和他本人求得的二元四次式的不变量与协变量分别是两种情况下的完备系.凯莱在不变量理论奠基性的创造工作中还涉及了众多其他数学分支中重要而基本的问题.

受凯莱的影响,西尔维斯特在不定量理论的创立过程中也做了许多杰出而基本的工作,“不变量(invariant)”这个术语就是西尔维斯特引进的.凯莱对不变量理论倾注了极大的热情与精力,他的工作掀起了 19 世纪下半叶研究不变量理论的高潮.P.戈丹(P. Gordan) 大半生致力于研究不变量,给出了如何计算完备系等的重要方法,被称为“不变量之王”.1885 年,D.希尔伯特(D. Hilbert) 完成了不变量方面的博士论文,之后又在不变量理论方面做了划时代的工作.戈丹的学生,20 世纪最重要的女数学家 E.诺特(E. Noether) 在 1907 年以《三元双二次型的不变量完备系》(*On complete systems of invariants for ternary biquadratic forms*) 为其博士论文的题目进行研究,并以此为出发点,进行了一系列卓有成效的工作.更重要的是,在 19 世纪 70 ~ 90 年代,数学家们利用不变量理论统一了数学中的许多领域. 凯莱开创的这一数学理论显示出了异乎寻常的意义.

矩阵论是凯莱的另一项重要的数学工作,他被认为是矩阵论的创立者. 他曾指出,从逻辑上来说,矩阵的概念应先于行列式的概念,但在历史上却正好相反,他是第一个将矩阵作为一个独立的数学概念和对象而讨论的数学家,并且首先发表了一系列讨论矩阵的文章,因此他作为矩阵代数的创立者是当之无愧的. 他曾指出:“我决然不是通过四元数而获得矩阵的概念的;它或是直接从行列式的概念而来的,或是作为一个表达方程组

$$\begin{cases} x' = ax + by \\ y' = cx + dy \end{cases}$$

的方便的方法而来的.”可见,凯莱是在研究线性变换下的不变量时开始研究矩阵论的, 并引进矩阵 $\begin{pmatrix} a & b \\ c & d \end{pmatrix}$ 以简化记号.

在 1858 年的第一篇矩阵文章《矩阵论的研究报告》(*A memoir on the theory of matrices*) 中,凯莱引进了矩阵的基本概念和运算. 给出了零矩阵和单位矩阵的定义. 两个矩阵的和的矩阵的定义为,其元素是两个相加矩阵的对应元素之和. 他注意到,上述定义不仅适用于 (n,n) - 矩阵,而且可用于任意的 (m,n) - 矩阵. 他指出,矩阵加法满足结合律和交换律. 对于一个数 m,凯莱定义 $m\boldsymbol{A}$ 为这样的矩阵,其每一个元素都是

$\boldsymbol{A}$ 的对应元素的 m 倍.

凯莱给出了矩阵乘法的定义,并着重强调,矩阵乘法是可结合的,但一般不满足交换律.他还给出了求矩阵的逆矩阵(如果有的话)的一般方法.

在矩阵论的研究中,凯莱给出了矩阵代数的一系列重要而基本的性质,如有关转置矩阵、对称矩阵、斜对称矩阵的定义与性质.

凯莱引入了方阵((n,n) - 矩阵)的特征方程的概念.对于矩阵 $\boldsymbol{M}$,$\boldsymbol{I}$ 是单位矩阵,$\boldsymbol{M}$ 的特征方程是(定义为)

$$|\boldsymbol{M}-x\boldsymbol{I}|=0$$

此处 $|\boldsymbol{M}-x\boldsymbol{I}|$ 是矩阵 $\boldsymbol{M}-x\boldsymbol{I}$ 的行列式,特征方程展开为

$$x^n-A_0x^{n-1}+\cdots+(-1)^n|\boldsymbol{M}|=0$$

该方程的根是矩阵的特征值(或特征根).1858 年,凯莱发表文章指出,在上述方程中用 $\boldsymbol{M}$ 代替 x,则得到一个零矩阵,于是,他给出了现在称为任意方阵的哈密尔顿 - 凯莱定理.

值得指出的是,1841 年凯莱已经引入两条竖线作为行列式符号,如用 $\begin{vmatrix} a_{11} & a_{12} & \cdots & a_{1n} \\ a_{21} & a_{22} & \cdots & a_{2n} \\ \vdots & \vdots & & \vdots \\ a_{n1} & a_{n2} & \cdots & a_{nn} \end{vmatrix}$ 表示行列式,后为世人采用.

随后,矩阵代数在 19 世纪沿着两个方向发展,一

个是凯莱与西尔维斯特所擅长的抽象代数结构，另一个则是被用于几何学中.

凯莱将矩阵论与超复数等线性结合代数联系起来考虑.的确，四元数是他关注的一个重要方面，因为四元数提供了一个不具有乘法交换性的代数，这使得他在考虑矩阵乘法时有了先例.当然，如他所宣称的那样，他的矩阵概念不是通过四元数而获得的.但是，他本人的确对四元数以及由此而产生的超复数系的研究十分感兴趣.在 1843 年 W.R.哈密尔顿宣告四元数的发明之后，凯莱在 1845 年给出了实四元数的一个八单元的推广，这种八单元(可以看作八元数的特例)的单元是 $1, \boldsymbol{e}_1, \boldsymbol{e}_2, \cdots, \boldsymbol{e}_7$，具有如下性质

$$\boldsymbol{e}_i^2 = -1, \boldsymbol{e}_i\boldsymbol{e}_j = -\boldsymbol{e}_j\boldsymbol{e}_i, i, j = 1, 2, \cdots, 7, i \neq j$$

$$\boldsymbol{e}_1\boldsymbol{e}_2 = \boldsymbol{e}_3, \boldsymbol{e}_1\boldsymbol{e}_4 = \boldsymbol{e}_5, \boldsymbol{e}_1\boldsymbol{e}_6 = \boldsymbol{e}_7$$

$$\boldsymbol{e}_2\boldsymbol{e}_5 = \boldsymbol{e}_7, \boldsymbol{e}_2\boldsymbol{e}_4 = -\boldsymbol{e}_6, \boldsymbol{e}_3\boldsymbol{e}_4 = \boldsymbol{e}_7, \boldsymbol{e}_3\boldsymbol{e}_5 = \boldsymbol{e}_6$$

对三足标的每一个集合循环地进行排列，由上述后 7 个方程可得到 14 个方程，如 $\boldsymbol{e}_2\boldsymbol{e}_3 = \boldsymbol{e}_1, \boldsymbol{e}_3\boldsymbol{e}_1 = \boldsymbol{e}_2$.这种八单元(八元数)也不具有乘法交换律.此外，凯莱还给出了超复数代数.1858 年，他提出了将超复数当作矩阵看待的思想，为研究超复数代数提供了新的工具.

研究线性变换下的代数不变量不仅使凯莱创立了矩阵论，而且还使他在几何研究方面做出了杰出贡献.他以代数观点研究几何在 19 世纪上半叶独树一帜.在研究不变量问题时，他对代数形式(齐次多项式型)的几何解释很感兴趣，如 f 的一个协变量代表某一图形，

它不仅相关于 f,而且射影相关于 f. 为了要证明度量概念能够用射影语言来表达,凯莱致力于欧氏几何与射影几何关系的研究. 在这方面,他的最好的成果是10篇论代数形式系列论文中的《关于代数形式的第6篇论文》(*Sixth memoir upon quantics*,1859). 在这篇文章中,他给出了一种关于图形度量性质的新意义. 对于二维情形,用任一二次曲线代替虚圆点,在三维时他则引入二次曲面,并将这些图形称为绝对形. 于是他断言,图形所有的度量性质,是加上了绝对形或者关于绝对形的射影性质.

凯莱从平面上的点可以用齐次坐标表示的事实出发,定义距离与角度. 首先,他引入二次型

$$F(x,x)=\sum_{i,j=1}^{3}a_{ij}x_ix_j,a_{ij}=a_{ji}\quad(i,j=1,2,3)$$

与双线性型

$$F(x,y)=\sum_{i,j=1}^{3}a_{ij}x_ix_j$$

定义方程 $F(x,x)=0$ 为一条二次曲线,即上述凯莱给出的绝对形. 绝对形的线坐标方程则为

$$G(u,u)=\sum_{i,j=1}^{3}A^{ij}u_iu_j=0$$

其中 A^{ij} 是 F 的系数行列式中 a_{ij} 的余因子.

然后,凯莱定义两点 $x=(x_1,x_2,x_3)$,$y=(y_1,y_2,y_3)$ 间的距离为

$$\delta=\arccos\frac{F(x,y)}{[F(x,x)F(y,y)]^{\frac{1}{2}}}$$

定义线坐标为 $u=(u_1,u_2,u_3)$，$v=(v_1,v_2,v_3)$ 的两直线的夹角 ϕ 为

$$\cos\phi=\frac{G(u,v)}{[G(u,u)G(v,v)]^{\frac{1}{2}}}$$

取绝对形二次曲线为无穷远圆点 $(1,i,0)$ 及 $(1,-i,0)$，凯莱证明，上述关于距离与角度的公式可化成普通的欧氏几何中的相应的公式. 在上述定义中，长度和角度的表达式中包含绝对形的代数表达式.

凯莱指出，任一欧氏几何度量性质的解析表达式包含着该性质与绝对形的关系式，度量性质不是图形本身的性质，而是图形相关于绝对形的性质，因此一般的射影关系决定度量性质，也就是说，射影关系更为重要，度量几何只不过是射影几何的一部分，是其特例. 他的这种思想，深深地影响了德国的 F. 克莱因(F. Klein)，克莱因认识到，利用凯莱的上述观点，有可能把非欧几何、双重几何、椭圆几何(二重) 都包括在射影几何中. 沿着这一研究方向，克莱因成功地在 1872 年完成了对当时各种几何学分支的统一工作.

考虑用代数方法研究几何问题，实际上也是凯莱试图弄清楚当时新出现的非欧几何与其他几何的关系的重要方面，他非常渴望能将非欧几何、仿射几何、欧氏几何在某种形式下统一起来，尤其是希望能在欧氏几何中实现非欧几何. 他在对非欧几何的研究方面做了不少工作，可是他只对欧氏几何的实在性深信不疑，他只接受那种能用新的距离公式在欧氏空间实现的非

欧几何. 在他于 1883 年就任英国科学促进会主席的致辞中,关于非欧几何的观点占了很大的篇幅,他说非欧空间是一个先验性的错误思想,非欧几何只不过是在欧氏几何中引进新的距离函数后所得到的新奇结果,认为"欧氏空间长期以来一直被当作我们经验的物理空间,所以几何学的命题不仅仅近似地是真实的,而且还是绝对真实的". 因此,他不承认非欧几何的独立存在性,认为它们只不过是一类特殊的欧氏几何结构,或者是欧氏几何中表示射影关系的一种方式. 因而他关于几何学各分支的统一观点是"射影几何是所有的几何,反之亦然". 这在 19 世纪下半叶是非常具有创见的,尽管他没有承认非欧几何与欧氏几何一样基本,一样具有实用性和实在性.

在一定程度上,凯莱可以说是 n 维几何(高维几何)、高维抽象空间的创始人之一. 他通过将 (n,m) —矩阵方面的工作类比于几何中的概念,从而实现了高维空间的解释. 另外,他在几何研究中也应用了高维空间的思想.

历史上,拉格朗日、J. R. 达朗贝尔(J. R. d'Alembert)、A. F. 麦比乌斯(A. F. Möbius) 等都曾考虑过 n 维空间问题,但都未做深入探讨. 一般认为,H. G. 格拉斯曼(H. G. Grassmann) 在 1844 年建立了完全一般的 n 维几何概念,因而被认为是高维几何的奠基人.

实际上,与格拉斯曼完全独立,凯莱也进行了用分析方法研究 n 维几何的工作. 1843 年,凯莱在考虑行列式的性质时，提出了行列式的各行($n\times n$阶行列式)可形成 n 维空间的坐标. 1843 年，他写成了《n 维解析几何的几章》(*Chapters in the analytical geometry of n-dimensions*)，于 1845 年发表在《剑桥数学杂志》(*Cambridge Mathematical Journal*)上. 他认为，研究 n 维几何"无须求助于任何形而上学的解释". 在这篇文章中，他给出了关于 n 个变量的分析结果，表明他已完全抓住了 n 维几何的概念. 这篇文章虽然标题是关于 n 维解析几何的，但主要内容却是关于任意多个变量的齐次线性方程组的非零解的问题，可见，他是通过分析、代数方法引入了 n 维空间.

1846 年，在阐述一些特殊的综合几何定理时，凯莱已经利用了四维空间. 不仅如此，凯莱还为高维空间几何引进了一系列术语. 他曾使用"超行列式"来表示不变量，又曾引入了"超椭圆 θ 函数(hyperelliptic theta functions)". 在 1870 年的《关于抽象几何的学术论文》(*Memoir on abstract geometry*)中，他引入了"超空间(hyperspace)""超几何(hypergeometry)". 他还考虑过由一组关于超二次曲面共轭的线性方程所确定的$(m-n)$维空间中的点，其每一点的坐标都满足某个由行列式确定的方程，其中这个行列式涉及超二次曲面的偏微分方程的系数. 1860 年，他还推导出了六元齐次坐标系统. 可见，他不仅引入了 n 维空间的概念，还对高维空间进行了深入研究.

在高次曲线、曲面的研究方面，凯莱得到了一系列重要结果，如他在 1843 年得到的"凯莱相交定理(Cayley's intersection theorem)"、关于高次曲线相交的"凯莱－巴赫拉切定理(Cayley-Bacharach theorem)". 1866 年，在《论平面曲线的高度奇异性》(*On the higher singularities of a plane Curve*)"一文中，他发现了大量重要的定理，其中涉及尖点(cusp)、二重切线、拐切线、结点的大量性质. 他还仔细考查了 17 世纪和 18 世纪 I. 牛顿、J. 斯特林、G. 克莱姆所讨论的三次曲线的性质，以及 19 世纪 J. 普吕克(J. Plücker)的三次曲线理论，他系统地给出了两个不同的三次曲线研究纲领的关系. 他在 1849 年发现，每个三次曲面上恰好存在 27 条直线(每一条直线代表一类)，其中包括某些虚直线；在一条非奇异的四次平面曲线上，恰好存在 28 条双切线. 这些重要工作，为后来几何学的研究提供了重要线索，不少工作为后来的数学家所发展，如"凯莱－塞蒙定理(Cayley-Salmon theorem)"等.

在曲面的代数几何中，凯莱不仅由于其不变量理论的创造奠定了直至今天的发展方向，他还在 1869 年和 1871 年的论文中研究了曲面的算术亏格等问题，得到了一些比较重要的结果.

凯莱在 19 世纪下半叶群论的发展中起了十分重要的作用. 在群论的创造者 E. 伽罗瓦(E. Galois)及当时相当多的数学家的群论研究中，置换群居于中心地位，甚至有不少人认为群论就是研究置换群. 第一个改变这种状况的是凯莱，他首先认识到，置换群的概念可以推广. 在 1849 年发表的《关于置换群的注记》(*Note on the theory of permutations*) 中，他引进了抽象群的概念，在 1854 年和 1859 年发表的两篇文章中更进一步讨论了这一问题. 他将一个一般的算子符号 θ 作用于一组元素 $x, y, z, \cdots$，这样作用的 θ 产生了关于 $x, y, z, \cdots$ 的一个函数 $x', y', z', \cdots$. 凯莱指出，θ 可以是一个置换，也可以是其他的运算. 抽象群包含许多算子，如 $\theta, \phi, \cdots, \theta\phi$ 是两个算子的复合(乘积)，复合是可结合的，但不一定是可交换的，即 $\theta\phi$ 的复合结果不一定等于 $\phi\theta$ 的复合结果. 他指出，在抽象群理论中，群的元素的特性并不重要，一个群是完全确定的，如果它的所有元素的可能的乘积是已知的或可确定的. 用凯莱自己的话来说就是："一个符号(算子符号) 的集合，1，$\alpha, \beta, \cdots$ 它们全不相同. 如果它们中任意两个的乘积(不考虑其次序)，或者任一符号的自乘结果，仍然属于这个集合，那么就说它组成一个群." 由此出发，他在论文《关于群论》(*On the theory of groups*, as depending on the symbolic equation $\theta^n = 1$, 1854 年，1858 年分两次发表) 中，第一次以乘法群的形式列出了一个群的元素. 他列举出矩阵在乘法下，四元数在加法下构成群的实例，来阐述抽象群(不同于置换群). 但凯莱对抽象群的概念的引进在 18 世纪 50 年代没有引起人们的注意，可见他的理论的确是超越时代的. 他发展的矩阵论和关注的四元数在当时也是新的数学内容,而他已将这些数学成就用来作为创造新数学理论的素材.

凯莱继续研究群论,并在《大英百科全书》(*English cyclopaedia*)中按他的抽象群概念撰写了词条“群论”.1878 年,他又连续发表了四篇有关抽象群的论文,继续强调一个群可以看作一个普遍的概念,而不必局限于置换群,他指出虽然每个有限群可以表示成一个置换群,但抽象群更为重要.在 1878 年,凯莱还研究了找出具有给定阶的群的全体的问题.这些文章发表后,很快在数学界引起了反响,数学家已经接受了他的观念,并进行了大量卓有成效的工作.

由于凯莱的数学成果十分丰富,所撰写的论文数量多且涉及面广,又有相当高的水平,因此在数学中的众多领域都有以凯莱命名的定理和公式.他曾研究过微分方程的奇解问题,并在 1872 年将完整的奇解理论发展成了现代的形式.在 1886 年,他撰写了关于线性微分算子理论的文章,在多篇论文中讨论了与此相关的问题.凯莱在组合拓扑学方面也进行了一些工作,尤其是在有关地图问题的研究方面.在 1879 年,他发表了研究“四色问题(four-colormap problem)”的论文,这是关于四色问题的第一篇研究论文,近一百多年来,这一问题引起了数学家们广泛的研究.他对椭圆函数理论等也做出了特殊贡献.

凯莱写了一系列研究天文学的论文,关于月球和行星理论中的摄动函数是其研究重点.与英国天文学家J. C. 亚当斯(J. C. Adams) 完全独立，凯莱研究了地球运动轨道偏心率的变化，得到了月亮平均运动的特征加速度. 不仅如此，他还给出了一种新的、更加简单的解决这些问题的方法，其中引入了偏心率的变差. 对于亚当斯计算出的月亮平均运动的特征加速度的新值，凯莱经过另外一种独立的方法给予了证明. 相对来说，他在天文学方面的工作对当时的天文学家没有产生太大的影响.

凯莱富有深远意义的创造性的数学成就，不仅对数学的发展产生了深远影响，而且也为物理学的研究准备了必不可少的工具，这种对物理学的影响甚至是超越时代的. 凯莱开创的不变量理论，不仅在数学中成为重要而基本的内容，而且在20世纪通过微分不变量对物理学的研究也产生了直接的影响. 他创造的矩阵论，给出了矩阵乘法的特殊规则以及不满足交换律的特征. P. G. 泰特(P. G. Tait) 评价矩阵论的创造是"凯莱正在为未来的一代物理学家锻造武器". 的确，在凯莱矩阵论的创造性的工作的六七十年后，1925年，W. 海森堡(W. Heisen berg) 发现，矩阵代数正是量子力学中必不可少的重要工具. 著名的物理学家J. C. 麦克斯韦(J. C. Maxwell) 这样评价凯莱："他的精神扩展了普通空间，在n维空间中繁荣昌盛".

作为一位19世纪受人尊敬的学者，凯莱有着许多优秀的品质. 他性情温和，判断冷静沉着，总是与人为善，他那律师的气质使他能够武断而心平气和地处理各种事宜.对于年轻人和初学者,他总是给予帮助、鼓励和正确的忠告.他一生对无数的学者给予了无私的帮助,他们中有西尔维斯特、泰特、塞蒙、F.高尔顿(F. Galton)(优生学创始人)等著名学者.他为某些学者的著作撰写整章的内容而不留名,泰特的名著《四元数》(*Quaternions*)的第六章就是凯莱写给他的信件.在 1885 年,功成名就的西尔维斯特在他于 71 岁高龄就任牛津大学数学教授的演讲中,衷心地赞扬道:"凯莱,虽然比我年轻,却是我精神上的前辈——他第一个打开了我的双眼,清除了我眼里的杂质,从而使它们能看见并接受我们普通数学中更高深的奥秘."

热爱生活,享受生活,是凯莱这位数学家与众多数学大师不一样的方面之一.他广泛地阅读过许多罗曼蒂克式的文学作品,喜欢旅游和领略大自然的美景,徒步旅行周游了大半个欧洲与美国.他终生都喜欢创作水彩画,并显示出了一定的天赋,他对建筑和建筑绘画也颇有研究.对大自然和生活的美的享受,决定了他的数学观,他对数学所做的下述描述反映了他那富有情趣的生活的影响:"很难对现代数学的广阔范围给出一个明确的概念.'范围'这个词不确切,我的意思是指充满了美妙的细节的范围——不是一个像一马平川的平原那样单调乏味的范围,而是像一个从远处突然看到的辽阔美丽的乡村,它能经得起人们在其中漫步,详细研究一切山坡、峡谷、小溪、岩石、树木和花草.但是,正如对一切事物一样,对一个数学理论也如此——

美，只能意会不可言传.”

凯莱从 1841 年（他 20 岁时）开始发表第一篇数学论文，他不停地进行创造性的研究，直至去世的那一周，长期患病的痛苦也不能使他停止. 接替凯莱担任剑桥大学 A. R. 萨德勒数学教授的 A. R. 福沃西斯（A. R. Forsyth）写到，“凯莱不仅仅是一位数学家. 他怀着唯一的目标 …… 直到生命的最后一刻，始终坚持他一生为之奋斗的崇高的理想. 他的一生对于那些认识他的人有着重大的影响：他们钦佩他的品格，犹如他们敬重他的天赋. 在他去世时，他们感到一个伟大的人从这个世界上消失了.”

凯莱论矩阵　（发表在《伦敦皇家学会哲学学报》（*Philosophical Transactions of the Royal Society of London*）上，1858，17-37.）

“矩阵这个术语可以在更广泛的意义下使用，但是在本文中，我只考虑正方矩阵和长方矩阵，如果用矩阵这个词而不加形容词时，我们就理解为方阵；在这个较窄的意义下，一些排成正方形的形状的量 ……”

我们将会看到，矩阵（只考虑具有相同阶的）就像单独一个量那样出现；它们可以相加、相乘或者复合在一起，等等. 矩阵的加法规律与通常代数量的加法规律完全相似，至于矩阵的乘法（或者合成），倒是具有一般来说不可逆的特点；然而，能够构成一个矩阵的幂（正的或负的，整数的或分数的）…… 我得到了一个重要的定理：任何一个矩阵都适合一个代数方程，它的次数等于矩阵的阶数，最高次幂的系数等于 1，其他次幂的系数都是矩阵元素的函数，最后的系数事实上就是行列式 ……"

凯莱说的"不可逆"，意思是指矩阵的乘法一般来说不可交换. 在最后一段中，凯莱所讲的是现在著名的哈密顿－凯莱定理，它可以阐述如下：假设 $\mathbf{A}=(a_{ii})$ 是 (n,n)－矩阵，它的元素属于一个具有幺元的交换环 R，又设

$$D(x)=\det(a_{jk}-x\delta_{jk})=(-x)^n+(a_{11}+a_{22}+\cdots+a_{nn})(-x)^{n-1}+\cdots+\det(a_{jk})$$

为其特征多项式，那么在矩阵元素属于 R 的 (n,n)－矩阵环中，$D(\mathbf{A})=0$. 这个惊人的结果是容易证明的，但是比起矩阵所得到的那么广泛的应用，他还不是十分重要的.

第5章 进一步的讨论

5.1 哈密尔顿－凯莱定理的一个逆定理①

哈密尔顿－凯莱定理是说，任意的(n,n)－矩阵$\boldsymbol{A}$满足其特征多项式$\det(\lambda\boldsymbol{I}-\boldsymbol{A})$. 本章处理的问题是，描述出使哈密尔顿－凯莱定理成立的多项式的特征. 简略地说我们的结果是：一个方阵所满足的多项式正是它的特征多项式(在多项式环)的某个倍数.

为了准确地叙述定理，要给出一些必要的记号. 若$\boldsymbol{X}$表示不定元(x_{ij})的(n,n)－矩阵，显然$\det\boldsymbol{X}$是个n^2个变元的(n,n)－矩阵. 又若$F(x_{ij})$为系数在具单位元的交换环R中的n^2个变元的多项式，并以$F(\boldsymbol{X})$

① Carmen Chicone, N. J. Kalton, Ira J. Papick. 原题：A Converse for Hamilton-Cayley Theorem, 译自：*The Amer. Math. Monthly*, 92(1985), 134-136.

表之,则上述问题可重新叙述为:对于分量在R中的任意(n,n)－矩阵$\boldsymbol{A}$,描述出多项式$F(\boldsymbol{X})$,使$\boldsymbol{A}$满足$F(\lambda\boldsymbol{I}-\boldsymbol{A})$的特征.我们称这样的多项式$F(\boldsymbol{X})$为哈密尔顿－凯莱多项式,现在可以来严格地叙述哈密尔顿－凯莱定理的逆定理了.

定理1　设R为一无限(可交换)整环,$F(\boldsymbol{X})$为系数在R中的n^2个变量的多项式.则$F(\boldsymbol{X})$是哈密尔顿－凯莱多项式,当且仅当$F(\boldsymbol{X})=\det(\boldsymbol{X})G(\boldsymbol{X})$,其中$G(\boldsymbol{X})$为系数在$R$中的$n^2$个变元的多项式.

我们事先做两点观测.首先,定理的"当"部分是显见的.因为$\boldsymbol{A}$是一个分量在R中的(n,n)－矩阵,且$F(\boldsymbol{X})=\det(\boldsymbol{X})G(\boldsymbol{X})$,所以

$$F(\lambda\boldsymbol{I}-\boldsymbol{A})=\det(\lambda\boldsymbol{I}-\boldsymbol{A})G(\lambda\boldsymbol{I}-\boldsymbol{A})$$

因此,由哈密尔顿－凯莱定理知,$\boldsymbol{A}$满足多项式$F(\lambda\boldsymbol{I}-\boldsymbol{A})$.其次,对于$R$,若无某些条件,则定理不成立.例如,当$R=Z_2$为具有两个元素的域时,定义$F(\boldsymbol{X})=(x_{12}+x_{21})x_{11}x_{22}$.给出

$$\boldsymbol{A}=\begin{pmatrix}a_{11} & a_{12}\\ a_{21} & a_{22}\end{pmatrix}\quad(a_{ij}\in Z_2)$$

则$F(\lambda\boldsymbol{I}-\boldsymbol{A})=(a_{12}+a_{21})(\lambda-a_{11})(\lambda-a_{22})$,因而除$\boldsymbol{A}$为上半或下半三角形但非对角形的矩阵外,$F(\lambda I-\boldsymbol{A})\equiv 0$,而在前面情形下

$$F(\lambda\boldsymbol{I}-\boldsymbol{A})=(\lambda-a_{11})\cdot(\lambda-a_{22})=\det(\lambda\boldsymbol{I}-\boldsymbol{A})$$

所以,$F(\boldsymbol{X})$为哈密尔顿－凯莱多项式,但行列式$\det(\boldsymbol{X})$不是$F(\boldsymbol{X})$的因子.

上述例子是一个齐次多项式；更明显的一个 Z_2 上非齐次的例子是 $F(\boldsymbol{X})=x_{12}^2-x_{12}$. 对任意有限域可构造出类似的例子. 又由于后一个例子可用于任一个布尔环，因此对 R 的这些限制实为必要.（回想一下，环 R 称为布尔的，是指对每个 $a\in R$ 有 $a^2=a$ 可径直看出布尔环 R 总是可交换的，且当 R 为无限时，它不是整环.）

我们即将给出定理的一个初等证明. 目前，颇有趣味并且值得指出的是，当 R 为代数闭域时，我们的定理不过是美妙的希尔伯特零点定理的特殊情形. 按我们的需要，零点定理可表示为：

如果 J 是代数闭域上多项式环中的一个理想，而 $F(\boldsymbol{X})$ 在 J 中多项式的每个公共零点上为零，则 $F(\boldsymbol{X})$ 的某个幂 $(F(\boldsymbol{X}))^n$ 是 J 中的元.

首先要一个引理.（无疑，此引理众所周知，但我们指不出它的参考文献，故而这里给出其证明大意.）

引理 1　如果 R 为整环，那么 $\det(\boldsymbol{X})$ 是 $R[\boldsymbol{X}]$ 中的不可约元，其中 $R[\boldsymbol{X}]$ 是系数于 R 中的 n^2 变元的多项式环.

证明　设 $\det(\boldsymbol{X})=F(\boldsymbol{X})G(\boldsymbol{X})$，$F(\boldsymbol{X})$，$G(\boldsymbol{X})\in R[\boldsymbol{X}]$. 因为 $\det(\boldsymbol{X})$ 是 $\boldsymbol{X}$ 中第一列 $\{x_{11},x_{21},\cdots,x_{n1}\}$ 变元的线性函数，故可知 G 与这些变量无关. 相同的论证轮流用于每行，表明了 G 为常值，因此为单位元.

R 为代数闭域时定理的另一种证明. 设 J 为 $R[\boldsymbol{X}]$ 中哈密尔顿－凯莱多项式的集合. 容易看出 J 是 $R[\boldsymbol{X}]$ 中的理想，只要能够证明 J 是由 $\det(\boldsymbol{X})$ 生成的主理想. 因为 $\det(\boldsymbol{X}) \in J$,故只需证明 $J \subseteq P = (\det(\boldsymbol{X}))$. 由于 $R[\boldsymbol{X}]$ 为唯一可分解环,且 $\det(\boldsymbol{X})$ 不可约,所以 P 为素理想;又注意到,当 $\boldsymbol{A}$ 为 R 上的 (n,n) 一退化矩阵,且 $F(\boldsymbol{X}) \in J$ 时,$F(\boldsymbol{A})=0$,为此,只要看到零是 $-\boldsymbol{A}$ 的一个特征值,于是零也是 $F(\lambda\boldsymbol{I}+\boldsymbol{A})$ 的一个根,因此 $F(\boldsymbol{A})=0$. 由希尔伯特零点定理. 我们得到 $(F(\boldsymbol{X}))^n \in P$,对某个 $n \in \mathbf{Z}$ 成立. 但因为 P 为素理想,所以必有 $F(\boldsymbol{X}) \in P$. 这就是所需结果.

现在准备证明定理. 实则它是下面一个一般性引理的推论:

引理 2 设 R 为无限整环,$S=R[\boldsymbol{X}]$,$F(\boldsymbol{X},\lambda) \in S[\lambda]$. 令 $D(\boldsymbol{X},\lambda)=\det(\lambda\boldsymbol{I}-\boldsymbol{X})$,则 $F(\boldsymbol{A},\boldsymbol{A})=\boldsymbol{0}$ 对所有 $\boldsymbol{A} \in M_n(R)$ 成立,当且仅当 $D(\boldsymbol{X},\lambda)$ 是 $F(\boldsymbol{X},\lambda)$ 在 $S[\lambda]$ 中的一个因子.

证明 因为"当"的部分可直接由哈密尔顿一凯莱定理得到,故需须证明另一部分. 记 $F(\boldsymbol{X},\lambda)=p_m(\boldsymbol{X})\lambda^m+\cdots+p_0(\boldsymbol{X})=0$,其中 $p_i(\boldsymbol{X}) \in S$. 由假设,有 $p_m(\boldsymbol{A})\boldsymbol{A}^m+\cdots+p_0(\boldsymbol{A})\boldsymbol{I}=\boldsymbol{0}$ 对每个 $\boldsymbol{A} \in M_n(R)$ 成立. 因此,$F(\boldsymbol{X},\boldsymbol{X})=p_m(\boldsymbol{X})\boldsymbol{X}^m+\cdots+p_0(\boldsymbol{X})\boldsymbol{I}=\boldsymbol{0}$,要弄明白这点,只要看到矩阵 $F(\boldsymbol{X},\boldsymbol{X})$ 的每个分量是一个 n^2 变元的多项式,因此是零多项式①. 由于 $D(\boldsymbol{X},\lambda)$ 为首项系数是 1 的 λ 的多项式,用 $S[\lambda]$ 中的辗转相除,可

① FULTON W. Algebraic Curves[M]. New York: W. A. Benjamin,1969.

记 $F(\boldsymbol{X},\lambda)=Q(\boldsymbol{X},\lambda)D(\boldsymbol{X},\lambda)+R(\boldsymbol{X},\lambda)$，其中 $Q(\boldsymbol{X},\lambda)$，$R(\boldsymbol{X},\lambda)\in S[\lambda]$，而 $R(\boldsymbol{X},\lambda)$ 的次数等于 $r<n$. 只要证明了 $R(\boldsymbol{X},\lambda)=0$ 就完成了证明. 为此，首先注意到 $R(\boldsymbol{X},\boldsymbol{X})=\boldsymbol{0}$. 这可由方程式

$$F(\boldsymbol{X},\boldsymbol{X})=Q(\boldsymbol{X},\boldsymbol{X})D(\boldsymbol{X},\boldsymbol{X})+R(\boldsymbol{X},\boldsymbol{X})$$

得到，因为由哈密尔顿一凯莱定理，有 $D(\boldsymbol{X},\boldsymbol{X})=\boldsymbol{0}$，且前面已经证明了 $F(\boldsymbol{X},\boldsymbol{X})=\boldsymbol{0}$. 于是，当 $R(\boldsymbol{X},\lambda)=u_r(\boldsymbol{X})\lambda^r+\cdots+u_0(\boldsymbol{X})$ 时，有 $u_r(\boldsymbol{X})\boldsymbol{X}^r+\cdots+u_0(\boldsymbol{X})\boldsymbol{I}=\boldsymbol{0}$.

现断言 $\boldsymbol{X}$ 的特征多项式 $D(\boldsymbol{X},\lambda)\in S[\lambda]$ 具有 n 个不同的根(在 S 的分式域的某可裂域上). 一旦断言得证，证明就完成了，这是因为 $\boldsymbol{X}$ 的极小多项式的次数就会是 n，从而得到结论 $u_r(\boldsymbol{X})=\cdots=u_0(\boldsymbol{X})=0$，即 $R(\boldsymbol{X},\lambda)=0$.

要建立此论断，只要注意到 $D(\boldsymbol{X},\lambda)$ 的判别式 $\Delta(\boldsymbol{X})$ 是 $D(\boldsymbol{X},\lambda)$ 系数的齐次多项式，而 $\Delta(\boldsymbol{X})=0$ 的充要条件为 $D(\boldsymbol{X},\lambda)$ 有重根. 若 $\boldsymbol{A}\in M_n(R)$，则 $\Delta(\boldsymbol{A})$ 是 $D(\boldsymbol{A},\lambda)$ 的判别式，于是可选取 $\boldsymbol{A}$ 为具 n 个不同特征值的对角矩阵(R 为无限！)，这表明 $\Delta(\boldsymbol{X})$ 不恒为 0. 证毕.

再从引理 2 推导出定理. 令 $G(\boldsymbol{X})$ 是一个哈密尔顿一凯莱多项式，并设 $F(\boldsymbol{X},\lambda)=G(\lambda\boldsymbol{I},\boldsymbol{X})$. 于是 $F(\boldsymbol{A},\boldsymbol{A})=\boldsymbol{0}$ 对每个 $\boldsymbol{A}\in M_n(R)$ 都成立，因此由引理 2 得 $D(\boldsymbol{X},\lambda)$ 是 $F(\boldsymbol{X},\lambda)$ 的因子，即

$$F(\boldsymbol{X},\lambda)=D(\boldsymbol{X},\lambda)Q(\boldsymbol{X},\lambda)$$

于是，令 $\lambda=0$，并将 $\boldsymbol{X}$ 换作 $-\boldsymbol{X}$，我们就有 $G(\boldsymbol{X})=\det(\boldsymbol{X})Q(\boldsymbol{X},0)$，其中 $Q(\boldsymbol{X},0)\in R[\boldsymbol{X}]$.

5.2 交换拟环上的哈密尔顿－凯莱定理

湖北大学数学系的郑玉美教授于 1991 年把交换环上的著名的哈密尔顿－凯莱定理推广到了交换拟环上，得到如下定理：

设 N 是交换拟环，$a\in M_n(N)$，如果$\lambda p(\lambda)$ 是 a 的特征多项式，则 $\alpha a p(a)=0$，此处 $0\neq\alpha$ 是 N 中任意元.

我们知道，如果 N 是分配拟环，那么 $M_n(N)$ 也是分配拟环①. 有关拟环的一些基本概念参见已有文献②. 在本节中，N 总是交换拟环，$Z\{\xi\}$ 是自由拟环，首先我们摘录 3 个引理③④.

引理 1 任何交换拟环都是分配的.

引理 2 如果 N 是交换拟环，那么 N^2 是加法可换的.

---

① HENRY, HEATHERLY. Matrix near-rings[J]. J. London Math. Soc., 2(1973). 355-356.

② PILZ G. Near-Rings[M]. North-Holland: North-Holland Pub. Company, 1983.

③ HENRY, HEATHERLY. Matrix near-rings[J]. J. London Math. Soc., 2(1973). 355-356.

④ PILZ G. Near-Rings[M]. North-Holland: North-Holland Pub. Company, 1983.

引理 3　如果 N 是分配拟环，那么 $M_n(N)$ 也是分配拟环.

下面我们证明以下引理.

引理 4　设 K 是 $(N,+)$ 的换位子子群，则 K 是 N 的一个理想，且 $\overline{N}=N/K$ 是一个交换环.

证明　$\forall\alpha,\alpha_1,\alpha_2,\alpha_3,\alpha_4\in N$，根据引理 2，有

$$[\alpha_1,\alpha_2]\alpha=(\alpha_1+\alpha_2-\alpha_1-\alpha_2)\alpha=[\alpha_1\alpha,\alpha_2\alpha]=0\in K$$

$$\begin{aligned}\alpha([\alpha_1,\alpha_2]+\alpha_3)-\alpha\alpha_3&=([\alpha_1,\alpha_2]+\alpha_3)\alpha-\alpha_3\alpha\\&=[\alpha_1,\alpha_2]\alpha=0\in K\end{aligned}$$

故 K 是 N 的一个理想.

令 J 是所有换位子 $[\alpha,\beta]=\alpha+\beta-\alpha-\beta$，此处 α 与 β 的每个单项都是次数大于或等于 2 的，生成的 $(\mathbf{Z}[\xi],+)$ 的子群. 我们可以证明下述引理.

引理 5　J 是 $\mathbf{Z}[\xi]$ 的一个理想，且 $\mathbf{Z}[\xi]=\mathbf{Z}\{\xi\}/J$ 是一个自由交换拟环.

证明　由引理 4 知 $J\Delta\, Z\{\xi\}$. 如果

$$0\neq\alpha=n_1\alpha_1+\cdots+n_t\alpha_t\in\mathbf{Z}\{\xi\}\quad(\alpha_i\text{ 为单项})$$

$$0\neq\beta=m_1\beta_1+\cdots+m_s\beta_s\in\mathbf{Z}\{\xi\}\quad(\beta_i\text{ 为单项})$$

据乘法定义有 $\alpha\beta=n_1m_1\alpha_1\beta_1+\cdots+n_1m_s\alpha_1\beta_s+\cdots+n_tm_1\alpha_t\beta_1+\cdots+n_tm_s\alpha_t\beta_s$. 它的每个单项都是次数大于或等于 2 的. 交换 $\alpha\beta$ 的单项可以得到 $\beta\alpha$，于是 $\alpha\beta-\beta\alpha\in J$，即 $\overline{\alpha}\,\overline{\beta}=\overline{\beta}\,\overline{\alpha}$，因此 $\mathbf{Z}[\xi]$ 是交换拟环.

今设 N 是任一交换拟环，由于 $\mathbf{Z}\{\xi\}$ 是自由拟环，于是存在唯一的同态 $\psi:\mathbf{Z}\{\xi\}\to N$ 使得 $\xi_i\to x_i\in N$，又由于 $\psi(J)=0$，则 $\ker\psi\supseteq J$，于是 ψ 有一个导出同态

$\hat{\psi}:\mathbf{Z}\{\xi\}/J \to N$ 使得$\bar{\xi}_i \to x_i$[①]，显然这个同态是唯一的，所以 $\mathbf{Z}[\xi]$ 是一个自由交换拟环.

根据引理 4，$\mathbf{Z}(\xi)=\mathbf{Z}[\xi]/K$ 是一个交换环，此处 K 是$(\mathbf{Z}[\xi],+)$ 的换位子子群. 我们可以证明 $\mathbf{Z}(\xi)$ 没有非零的零因子，为此必须考察 K.

引理 6 设 $\alpha=n_1\alpha_1+\cdots+n_t\alpha_t\in\mathbf{Z}[\xi]$，$n_i\in\mathbf{Z}$，单项 $\alpha_i\in\mu(\xi)$，则 $\alpha\in K$，当且仅当 α 的相同单项的系数和为零.

证明 由于$[\alpha,\beta]=\alpha+\beta-\alpha-\beta$，必要性是明显的. 另一方面

$$\begin{aligned}\alpha&=n_1\alpha_1+n_2\alpha_2+\cdots+n_t\alpha_t\\&=[n_1\alpha_1,n_2\alpha_2]+n_2\alpha_2+n_1\alpha_1+n_3\alpha_3+\cdots+n_t\alpha_t\end{aligned}$$

如果 α_1 与 α_3 是相同的，那么 $n_1\alpha_1+n_3\alpha_3=(n_1+n_3)\alpha_1$，否则继续上述过程，合并相同的单项，得到的系数为零，故有 $\alpha\in K$.

一个特例是下述引理.

引理 7 设 $\alpha=n_1\alpha_1+\cdots+n_t\alpha_t$，$\alpha_1,\cdots,\alpha_t$ 是不同的单项，则 $\alpha\in K$，当且仅当 $n_1=\cdots=n_t=0$.

我们还可以证明下面重要的性质.

引理 8 如果 $\alpha,\beta\in\mathbf{Z}[\xi]$，$\alpha\beta\in K$，那么 $\alpha\in K$ 或 $\beta\in K$.

证明 由于 $\mathbf{Z}[\xi]^2$ 是加法可换的，则

---

① JACOBSON N. Basic Algebra II[M]. New York: W. H. Freeman and Company, 1980.

$$\alpha\beta=(n_1\alpha_1+\cdots+n_t\alpha_t)(m_1\beta_1+\cdots+m_s\beta_s)$$
$$=\sum_{i=1}^{t}\sum_{j=1}^{s}n_im_j\alpha_i\beta_j$$

我们把合并 α 的相同的单项得到的元记为$\bar{\alpha}$，则 $\alpha-\bar{\alpha}\in K$，同样从 β 得到$\bar{\beta}$，且 $\beta-\bar{\beta}\in K$. 写

$$\bar{\alpha}=n_1'\alpha_1+\cdots+n_u'\alpha_u,\bar{\beta}=m_1'\beta_1+\cdots+m_v'\beta_v$$

此处$\alpha_1,\cdots,\alpha_u$是不同的单项，$\beta_1,\cdots,\beta_v$是不同的单项.

令 $W(\bar{\alpha})=\{\alpha_1,\cdots,\alpha_n\}$，$W(\bar{\beta})=\{\beta_1,\cdots,\beta_v\}$，如果 $W(\bar{\alpha})\cap W(\bar{\beta})=\phi$，那么$\bar{\alpha}\bar{\beta}=\sum\limits_{i=1}^{u}\sum\limits_{j=1}^{v}n_i'm_j'\alpha_i\beta_j\in K$，根据引理 7，每个 $n_i'm_j'=0$，如果有某个 $m_j'\neq 0$，那么 $n_i'm_j'=0$ 产生 $n_1'=\cdots=n_u'=0$，即$\bar{\alpha}=0$，故 $\alpha\in K$. 如果$W(\bar{\alpha})\cap W(\bar{\beta})\neq\phi$，不失一般性，令 $\alpha_1=\beta_1$，那么

$$\bar{\alpha}\bar{\beta}=n_1'm_1'\alpha_1^2+\cdots\in K$$

由引理 7 推知 $n_1'm_1'=0$，于是 $n_1'=0$ 或 $m_1'=0$，无论哪种情况都与 $\alpha_1\in W(\bar{\alpha})\cap W(\bar{\beta})$ 矛盾.

现在很容易证明如下引理.

引理 9　$\mathbf{Z}(\xi)=\mathbf{Z}[\xi]/K$ 是一个交换整环.

证明　只需证明$\bar{\alpha}\bar{\beta}=\bar{0}\Rightarrow\bar{\alpha}=\bar{0}$ 或$\bar{\beta}=\bar{0}$. 事实上

$\bar{\alpha}\bar{\beta}=\bar{0}\Rightarrow\alpha\beta\in K\Rightarrow\alpha\in K$ 或 $\beta\in K\Rightarrow\bar{\alpha}=\bar{0}$ 或$\bar{\beta}=\bar{0}$

直接检验可以得到上述引理.

引理 10　$N[\lambda]=\{\alpha_0\lambda^n+\alpha_1\lambda^{n-1}+\cdots+\alpha_n\mid\alpha_i\in N, n$ 为任意非负整数$\}$ 在通常加法与乘法下构成一个加法不可换的拟环.

特别地，对于 $\mathbf{Z}[\xi][\lambda]$ 我们还有以下引理.

引理 11 $\mathbf{Z}[\xi][\lambda]/K[\lambda] \cong \mathbf{Z}(\xi)[\lambda]$.

证明 考虑自然映射 $v:\mathbf{Z}[\xi][\lambda] \to \mathbf{Z}(\xi)[\lambda]$,使得

$$f=\alpha_0\lambda^n+\cdots+\alpha_n \to \bar{f}=\bar{\alpha}_0\lambda^n+\cdots+\bar{\alpha}_n$$

由于

$$\bar{f}=\bar{\alpha}_0\lambda^n+\cdots+\bar{\alpha}_n=0 \Leftrightarrow \bar{\alpha}_i=\bar{0} \Leftrightarrow \alpha_i \in K \Leftrightarrow f \in K[\lambda]$$

于是

$$\ker v = K[\lambda]$$

现在我们给出 $\alpha \in M_n(N)$ 的特征多项式的概念.

定义 1 设 $a=(a_{ij}) \in M_n(N)$,则

$$\det a = \sum_{\pi \in \mathrm{Sgm}(n)} (\mathrm{Sg}\pi) a_{1\pi 1} a_{2\pi 2} \cdots a_{n\pi n}$$

叫作 a 的行列式. 由于 N^2 是加法可换的,这个定义是有意义的,如平常那样,det a 的 k 级子式之和为

$$a(i_1\cdots i_k) = \sum_{a \in \mathrm{Sgm}(k)} (\mathrm{Sg}\pi) a_{i_1 \pi i_1} a_{i_2 \sigma i_2} \cdots a_{i_k \sigma i_k}$$

定义 2 设 $a=(a_{ij}) \in M_n(N)$,a 的迹定义为顺序和 $T_r(a)=a_{11}+a_{22}+\cdots+a_{nn}$. 定义顺序和

$$a_k = \sum_{1 \leqslant i_1 < \cdots < i_k \leqslant n} a(i_1,\cdots,i_k)$$

其顺序为 $(i_1,\cdots,i_k) < (j_1,\cdots,j_k)$,当且仅当 $i_1 < j_1$ 或 $i_1=j_1$,$i_2 < j_2$,等等.

定义 3 设 $a=(a_{ij}) \in M_n(N)$,a 的特征多项式是

$$\lambda p(\lambda) = \lambda^{n+1} - \alpha_1\lambda^n + \alpha_2\lambda^{n-1} - \cdots + (-1)^n \alpha_n \lambda$$

此处 α_i 如定义 2 所指.

定义 4 $\forall \alpha \in N$,$a=(a_{ij}) \in M_n(N)$,定义

$$\alpha a = (\alpha a_{ij})$$

下面我们来证明本文的定理.

定理证明　(i) 对于 $M_n(\mathbf{Z}[\xi])$，哈密尔顿－凯莱定理成立①. 由于引理 9

$$M_n(\mathbf{Z}(\xi)) \cong M_n(\mathbf{Z}[\xi])/M_n(K)$$

令 $Y=(\xi_{ij}) \in M_n(\mathbf{Z}[\xi])$，它在$M_n(\mathbf{Z}(\xi))$ 的同态象是 $\overline{Y}=(\overline{\xi}_{ij})$，此$\overline{\xi}_{ij}=\xi_{ij}+K$，设$\lambda p(\lambda)=\lambda^{n+1}-\alpha_1\lambda^n+\cdots+(-1)^n\alpha_n\lambda$ 是 Y 的特征多项式，由引理 11 知$\overline{Y}$ 的特征多项式是

$$\overline{p}(\lambda)=\lambda^n-\overline{\alpha}_1\lambda^{n-1}+\cdots+(-1)^n\overline{\alpha}_n$$

于是

$$\overline{p}(\overline{Y})=\overline{Y}^n-\overline{\alpha}_1\overline{Y}^{n-1}+\cdots+(-1)^n\overline{\alpha}_n\overline{E}_n=\overline{0}$$

或

$$\overline{Y}p(\overline{Y})=0$$

即

$$Yp(Y) \in M_n(K)$$

$$\forall\, 0 \neq \alpha \in \mathbf{Z}[\xi], aYp(Y)=0$$

(ii) 由于 $\mathbf{Z}[\xi]$ 是一个自由交换拟环，考虑一个映射 $\xi_{ij} \to a_{ij}$ 及其扩张 $\psi:\mathbf{Z}[\xi] \to N$，$\psi$ 导出一个同态 $\hat{\psi}$：$M_n(\mathbf{Z}[\xi]) \to M_n(N)$，使得 $Y \to (a_{ij})=a$. 令 $Y=(\xi_{ij})$ 的特征多项式是

$$\lambda p(\lambda)=\lambda^{n+1}-\alpha_1\lambda^n+\cdots+(-1)^n\alpha_n\lambda$$

又因为

---

① BOWEN L H. Polynomial Identities in Ring Theory[M]. Now York: Academic Press, 1980.

$$\psi(\lambda p(\lambda))=\lambda^{n+1}-\psi(\alpha_1)\lambda^n+\cdots+(-1)^n\psi(\alpha_n)\lambda$$

是 a 的特征多项式,所以

$$\begin{aligned}\psi(ap(a))&=a^{n+1}-\psi(\alpha_1)a^n+\cdots+(-1)^n\psi(\alpha_n)a\\&=\hat{\psi}(Y)^{n+1}-\psi(\alpha_1)\hat{\psi}(Y)^n+\cdots+\\&\quad(-1)^n\psi(\alpha_n)\hat{\psi}(Y)\\&=\hat{\psi}(Y^{n+1}-\alpha_1Y^n+\cdots+(-1)^n\alpha_nY)\in\\&\quad\hat{\psi}(M_n(K))\end{aligned}$$

令 K' 是$(N,+)$的换位子子群,据引理 4,N/K' 是交换环,$\forall\alpha,\beta\in\mathbf{Z}[\xi]$

$$\psi([\alpha,\beta])=[\psi(\alpha),\psi(\beta)]\in K'$$

于是这意味着 $\psi(K)\subseteq K'$ 及 $\hat{\psi}(M_n(K))\subseteq M_n(K')$,故

$$\psi(ap(a))\in M_n(K')$$

$$(\forall 0\neq\alpha\in N,\alpha\psi(ap(a))=0)$$

5.3 在常系数线性方程组的讨论中避免若尔当标准形①

考虑微分方程

$$\dot{\boldsymbol{x}}=\boldsymbol{A}\boldsymbol{x},\boldsymbol{x}(0)=\boldsymbol{x}_0\quad(0\leqslant t<\infty)\qquad(1)$$

其中 $\boldsymbol{x}$ 和 $\boldsymbol{x}_0$ 是 n 维向量,$\boldsymbol{A}$ 是 $n\times n$ 阶常数矩阵. 在文中,我们介绍不使用任何预先变换而清楚地写出方程

---

① 本节译自 The American Mathematical Monthly Vol 73(1966),No,1,2-7.

(1) 的解的两种方法，作者相信它们是新的. 当矩阵不能对角化时，这一方法对数学和实际工作特别有用，因为它完全不需要讨论和求出矩阵 $\boldsymbol{A}$ 的若尔当标准形(J. C. F).

若 e^{At} 如通常那样用幂级数来定义，则众所周知，方程(1) 的解为

$$\boldsymbol{x} = e^{\boldsymbol{A}t}\boldsymbol{x}_0$$

因此问题就在于计算函数 e^{At}. 在参考文献[9] 中，它由 $\boldsymbol{A}$ 的 J. C. F 来完成. 在参考文献[8] 中，证明了 J. C. F 如何被一个把 $\boldsymbol{A}$ 简化为三角形矩阵的形式的变换所代替，而在三角形矩阵中对角线以外的元素可以任意小. 虽然这一方法允许对 e^{At} 的形式和当 t 趋于无穷大时的变化进行理论探讨，但它没有提供计算这一函数的实际方法. 下列两个定理提供了另外的方法，这种方法可以用来计算，也可用来做说明性的讨论. 值得注意的是定理 2 比定理 1 更简单，因为 r_1 的计算比 q_1 的计算更容易.

为了简明地叙述定理 1，我们先介绍某些符号.

设 $\boldsymbol{A}$ 是 $n \times n$ 阶常数矩阵，令

$$f(\lambda) \equiv |\lambda\boldsymbol{I} - \boldsymbol{A}| = \lambda^n + c_{n-1}\lambda^{n-1} + \cdots + c_1\lambda + c_0$$

是 $\boldsymbol{A}$ 的特征多项式. 构造一个纯量函数 $z(t)$，它是微分方程

$$z^{(n)} + c_{n-1}z^{(n-1)} + \cdots + c_1\dot{z} + c_0 z = 0 \tag{2}$$

的满足初始条件

$$z(0) = \dot{z}(0) = \cdots = z^{(n-2)}(0) = 0$$

$$z^{(n-1)}(0)=1 \tag{3}$$

的解.

在此我们观察到，不论 $f(\lambda)=0$ 的根的重数如何，一旦得到这些根，我们就能容易地写出方程(2) 的通解. 然后再求解满足初始条件(3) 的一个线性代数方程组. 由于这些方程除最后一个外，其余各个的右边均为零，因此求解它们只要求与其对应的矩阵的最后一行元素的代数余因子就行了，而矩阵本身不必变换. 为了达到教学目的，重要之点是方程(2) 的通解的形式可以很快且很容易地用初等方法得到.

现在定义

$$Z(t)=\begin{pmatrix} z(t) \\ \dot{z}(t) \\ \vdots \\ z^{(n-1)}(t) \end{pmatrix}$$

和

$$\boldsymbol{C}=\begin{pmatrix} c_1 & c_2 & \cdots & c_{n-1} & 1 \\ c_2 & c_3 & \cdots & 1 & \\ \vdots & & \iddots & & \\ c_{n-1} & 1 & & & \boldsymbol{0} \\ 1 & & & & \end{pmatrix}$$

于是我们有下述定理.

定理 1

$$\mathrm{e}^{\boldsymbol{A}t}=\sum_{j=0}^{n-1} q_j(t)\boldsymbol{A}^j \tag{4}$$

其中 $q_0(t),\cdots,q_{n-1}(t)$ 是列向量

$$\boldsymbol{q}(t)=\boldsymbol{C}Z(t) \tag{5}$$

的元素.

在证明这一定理之前,我们做一附注,说明当 $f(\lambda)$ 有重根而 $\boldsymbol{A}$ 的最小多项式有不同的因式,以致 $\boldsymbol{A}$ 事实上可以对角化时,按照我们的定理将有什么情况发生.粗略一看,在我们的公式中将包含 t 的乘幂,但这是不可能的,因为在公式(4)中 t 的乘幂恰好彼此抵消,这是公式(4)的美好特性,它对所有矩阵 $\boldsymbol{A}$ 为真.因此我们从不关心 $\boldsymbol{A}$ 的最小多项式的性质或者它的 J.C.F,而且也不需要作任何类型的预先变换.

证明　如果

$$\Phi(t)=\sum_{j=0}^{n-1}q_j(t)\boldsymbol{A}^j \tag{6}$$

则 $\dfrac{\mathrm{d}\Phi}{\mathrm{d}t}=\boldsymbol{A}\Phi$,且 $\Phi(0)=\boldsymbol{I}$,因此 $\Phi(t)=\mathrm{e}^{\boldsymbol{A}t}$.

因为只有 $q_0(t)$ 包含 $z^{(n-1)}(t)$,所以当 $j\geqslant 1$ 时,$q_j(0)=0$.显然 $q_0(0)=1$,于是 $\Phi(0)=\boldsymbol{I}$.

现在我们考虑 $\dfrac{\mathrm{d}\Phi}{\mathrm{d}t}-\boldsymbol{A}\Phi$.由微分式(6)及哈密尔顿—凯莱定理

$$\boldsymbol{A}^n+\sum_{j=0}^{n-1}c_j\boldsymbol{A}^j=\boldsymbol{0}$$

我们得到

$$\frac{\mathrm{d}\Phi}{\mathrm{d}t}-\boldsymbol{A}\Phi=(\dot{q}_0+c_0q_{n-1})+\sum_{j=0}^{n-1}(\dot{q}_j-q_{j-1}+c_jq_{n-1})\boldsymbol{A}^j$$

因此只需证明

$$\dot{q}_0(t) \equiv -c_0 q_{n-1}(t)$$

$$\dot{q}_j(t) \equiv q_{j-1}(t) - c_j q_{n-1}(t) \quad (j=1,\cdots,n-1)$$

从式(5)知

$$q_j(t) \equiv \sum_{k=1}^{n-j-1} c_{k+j} z^{(k-1)} + z^{(n-j-1)} \tag{7}$$

因此

$$\dot{q}_j(t) \equiv \sum_{k=1}^{n-j-1} c_{k+j} z^{(k-1)} + z^{(n-j)}$$

但 $q_{n-1}=z$，因此我们有

$$\dot{q}_j + c_j q_{n-1} \equiv \sum_{k=0}^{n-j-1} c_{k+j} z^{(k)} + z^{(n-j)} \quad (j=0,1,\cdots,n-1) \tag{8}$$

如果 $j=0$，那么由此式得

$$\dot{q}_0 + c_0 q_{n-1} \equiv \sum_{k=0}^{n-1} c_k z^{(k)} + z^{(n)}$$

由式(2)，它等于零.

如果 $j \geqslant 1$，在式(7)中用 $j-1$ 去代替 j，并且将求和的指标 k 变为 $k+1$，那么得

$$q_{j-1}(t) \equiv \sum_{k=0}^{n-j-1} c_{k+j} z^{(k)} + z^{(n-j)} \tag{9}$$

比较式(9)和式(8)，我们有

$$\dot{q}_j + c_j q_{n-1}(t) \equiv q_{j-1}(t) \quad (j=1,2,\cdots,n-1)$$

证毕.

学生们希望弄明白公式(4)的导出. 我们只不过是倒过来给出证明，而开始时只是根据观察哈密尔顿—凯莱定理知：e^{At} 应该能表示为公式(6)的形式，于

是把 q_j 作为未知量并应用 e^{At} 所满足的微分方程，就立即导出公式(4).

设 $\lambda_1,\lambda_2,\cdots,\lambda_n$ 是 $\boldsymbol{A}$ 的特征值，它们可以是任意的，但要指定次序，这些特征值不必互异，于是对一切矩阵 $\boldsymbol{A}$ 成立的 e^{At} 的第二个显示表示有以下定理.

定理 2　$e^{At}=\sum_{j=0}^{n-1} r_{j+1}(t)\boldsymbol{p}_j$，其中

$$\boldsymbol{p}_0=\boldsymbol{I},\boldsymbol{p}_j=\prod_{k=1}^{j}(\boldsymbol{A}-\lambda_k\boldsymbol{I})\quad(j=1,2,\cdots,n)$$

而 $r_1(t),r_2(t),\cdots,r_n(t)$ 是三角方程组

$$\begin{cases}\dot{r}_1=\lambda_1 r_1\\ \dot{r}_j=r_{j-1}+\lambda_j r_j, & j=2,\cdots,n\\ r_1(0)=1,r_j(0)=0, & j=2,\cdots,n\end{cases}$$

的解.

证明　设

$$\Phi(t)=\sum_{j=0}^{n-1} r_{j+1}(t)\boldsymbol{p}_j \tag{10}$$

且定义 $r_0(r)\equiv 0$，则由式(10)和 $r_j(t)$ 所满足的方程，并把 r_j 的项集合在一起后，我们有

$$\dot{\Phi}-\lambda_n\Phi=\sum_{j=0}^{n-2}[\boldsymbol{p}_{j+1}+(\lambda_{j+1}-\lambda_n)\boldsymbol{p}_j]r_{j+1}$$

将 $\boldsymbol{p}_{j+1}\equiv(\boldsymbol{A}-\lambda_{j+1}\boldsymbol{I})\boldsymbol{p}_j$ 应用到这一公式中，得

$$\begin{aligned}\dot{\Phi}-\lambda_n\Phi_n&=(\boldsymbol{A}-\lambda_n\boldsymbol{I})(\Phi-r_n(t)\boldsymbol{p}_{n-1})\\&=(\boldsymbol{A}-\lambda_n\boldsymbol{I})\Phi-r_n(t)\boldsymbol{p}_n\end{aligned}$$

但由哈密尔顿－凯莱定理知 $p^n\equiv 0$，因此

$$\dot{\Phi}=\boldsymbol{A}\Phi$$

又由于 $\Phi(0)=\boldsymbol{I}$，最后得 $\Phi(t)=\mathrm{e}^{\boldsymbol{A}t}$. 证毕.

如果为了在课堂上介绍上述方法，需要某些数字例题. 可以预先准备好适当的矩阵：任意选择一组特征值、若尔当标准形 $\boldsymbol{J}$ 和非奇异矩阵 $\boldsymbol{S}$，并计算

$$\boldsymbol{A}=\boldsymbol{S}\boldsymbol{J}\boldsymbol{S}^{-1}$$

然后从 $\boldsymbol{A}$ 出发，直接计算集合 $\{q_1(t)\}$ 或 $\{r_1(t)\}$.

考虑具有特征值 (λ,λ,μ) 的 $(3,3)$ 一矩阵，有两种情况：一种情况是 $\boldsymbol{A}$ 的标准形是对角形，另一种情况是 $\boldsymbol{A}$ 不能化为对角形. 这两种情况在给定的 $\mathrm{e}^{\boldsymbol{A}t}$ 的公式中都自动地考虑到了，而且这两种差异一点也不影响 $\{q_1\}$ 或 $\{r_1\}$ 的计算.

作为一个例子，我们来确切地求出具有特征值 $(\lambda,\lambda,\lambda)$ 的 $(3,3)$ 一矩阵 $\boldsymbol{A}$ 的集合 $\{q_1\}$ 和 $\{r_1\}$. 请注意，除标准形（因而 $\boldsymbol{A}$ 本身）是对角形的平凡情形外，$\boldsymbol{A}$ 可能有不同的非对角形，但上面已说过，这些不必分开来处理的.

从定理 1 得到

$$f(x)\equiv(x-\lambda)^3=x^3-3\lambda x^2+3\lambda^2x-\lambda^3$$

因此 $c_1=3\lambda^2$，$c_2=-3\lambda$，显然有 $z(t)=(a_1+a_2t+a_3t^2)\mathrm{e}^{\lambda t}$. 应用初始条件求出 a_1，得 $z=\dfrac{1}{2}t^2\mathrm{e}^{\lambda t}$，因此

$$z(t)=\frac{1}{2}\mathrm{e}^{\lambda t}\begin{pmatrix}t^2\\ \lambda t^2+2t\\ \lambda^2t^2+2\lambda t+2\end{pmatrix}$$

又因为

$$C=\begin{pmatrix}3\lambda^2 & -3\lambda & 1\\ -3\lambda & 1 & 0\\ 1 & 0 & 0\end{pmatrix}$$

所以

$$q=CZ(t)=\frac{1}{2}e^{\lambda t}\begin{pmatrix}\lambda^2t^2-2\lambda t+2\\ -2\lambda t+2t\\ t^2\end{pmatrix}$$

于是对于具有三个特征值都是 λ 的(3,3)－矩阵 $\boldsymbol{A}$ 来说，有

$$e^{\boldsymbol{A}t}=\frac{1}{2}e^{\lambda t}\{(\lambda^2t^2-2\lambda t+2)\boldsymbol{I}+(-2\lambda t+2t)\boldsymbol{A}+t^2\boldsymbol{A}^2\}\tag{11}$$

从定理 2 得到的公式由解满足指定初始条件的方程组

$$\begin{cases}\dot{r}_1=\lambda r_1\\ \dot{r}_2=r_1+\lambda r_2\\ \dot{r}_3=r_2+\lambda r_3\end{cases}$$

得到，由这一方程组可立即得到

$$r_1=e^{\lambda t},r_2=te^{\lambda t},r_3=\frac{t^2}{2}e^{\lambda t}$$

因此

$$e^{\boldsymbol{A}t}=\frac{1}{2}e^{\lambda t}\{2\boldsymbol{I}+2t(\boldsymbol{A}-\lambda\boldsymbol{I})+t^2(\boldsymbol{A}-\lambda\boldsymbol{I})^2\}\tag{12}$$

当然，如果在式(12) 中求出集合 $\boldsymbol{A}$ 的同次幂，那么将得到式(11).

5.4 计算 e^{At} 的一种简便方法

5.4.1 一些有关的概念和引理(证明见参考文献[13])

设 $f(\lambda)=a_0+a_1\lambda+\cdots+a_k\lambda^k$($a_1,\cdots,a_k$ 是常数).

若 $\boldsymbol{A}$ 为 m 阶若尔当块 $\begin{pmatrix}\rho & 1 & & \\ & \ddots & \ddots & \\ & & \rho & 1\end{pmatrix}$,则

$$f(\boldsymbol{A})=\begin{pmatrix} f(\rho) & f'(\rho) & \frac{1}{2!}f''(\rho) & \cdots & \frac{1}{(m-1)!}f^{(m-1)}(\rho) \\ & f(\rho) & f'(\rho) & \cdots & \frac{1}{(m-2)!}f^{(m-2)}(\rho) \\ & & & \ddots & \vdots \\ & & \ddots & & f'(\rho) \\ & & & & f(\rho) \end{pmatrix}$$

若 $\boldsymbol{A}=\boldsymbol{A}_1\dotplus\boldsymbol{A}_2\dotplus\cdots\dotplus\boldsymbol{A}_s$,(其中 $\boldsymbol{A}_1,\cdots,\boldsymbol{A}_s$ 为若尔当块,则

$$f(\boldsymbol{A})=f(\boldsymbol{A}_1)\dotplus f(\boldsymbol{A}_2)\dotplus\cdots\dotplus f(\boldsymbol{A}_s)$$

若 $\boldsymbol{A}=\boldsymbol{T}\boldsymbol{J}\boldsymbol{T}^{-1}$,$\boldsymbol{J}$ 为 $\boldsymbol{A}$ 的若尔当标准形,$\boldsymbol{T}$ 为非奇异矩阵,则 $f(\boldsymbol{A})=\boldsymbol{T}f(\boldsymbol{J})\boldsymbol{T}^{-1}$.

设 $f(\lambda)$ 为一具有适当高阶导数的数值函数、$\boldsymbol{A}$ 为 n 阶方阵,特征值为 $\rho_1,\cdots,\rho_s$,其中可能有相同者,$\boldsymbol{T}^{-1}\boldsymbol{A}\boldsymbol{T}=\boldsymbol{J}$,其中 $\boldsymbol{J}$ 为若尔当标准形

$$\boldsymbol{J}=\boldsymbol{J}_1\dotplus\boldsymbol{J}_2\dotplus\cdots\dotplus\boldsymbol{J}_s\quad(\boldsymbol{J}_i\text{ 为 }n_i\text{ 阶若尔当标准形},\ i=1,2,\cdots,s)$$

则定义矩阵函数 $f(\boldsymbol{A})=\boldsymbol{T}f(\boldsymbol{J})\boldsymbol{T}^{-1}$,其中

$$f(\boldsymbol{J})=f(\boldsymbol{J}_1)\dot{+}f(\boldsymbol{J}_2)\dot{+}\cdots\dot{+}f(\boldsymbol{J}_s)$$

$$f(\boldsymbol{J}_i)=\begin{pmatrix} f(\rho_i) & f'(\rho_i) & \frac{1}{2!}f''(\rho_i) & \cdots & \frac{1}{(n_i-1)!}f^{(n_i-1)}(\rho_i) \\ & f(\rho_i) & f'(\rho_i) & \cdots & \frac{1}{(n_i-2)!}f^{(n_i-2)}(\rho_i) \\ & & & & \vdots \\ & & & \ddots & \\ & & \ddots & & f'(\rho_i) \\ & & & & f(\rho_i) \end{pmatrix}$$

$f(\mathbf{A})$ 是对应于数值函数 $f(\lambda)$ 的矩阵函数，称为纯函数. 当 $f(\lambda)$ 为多项式时，此定义与式(1) 一致.

引理 1　设已知不同的数 $\rho_1,\cdots,\rho_s$ 及 $(k+1)s$ 个任意数 α_{ij} 的阵列，可求得一多项式 $p(\lambda)$，使其在某一点 ρ_i 上的值为 α_{i0}，而其 j 级导数的值为 α_{ij} $(i=1,\cdots,s;j=1,2,\cdots,k)$.

依此引理，对任一数值函数 $f(\lambda)$ 及 n 阶矩阵 $\mathbf{A}$，当 $f(\mathbf{A})$ 有意义时，可求得一多项式 $p(\lambda)$ 适合下述条件

$$\left.\begin{aligned} p(\rho_i)&=f(\rho_i) \\ p'(\rho_i)&=f'(\rho_i) \\ &\vdots \\ p^{(n-1)}(\rho_i)&=f^{(n-1)}(\rho_i) \end{aligned}\right\} \quad (i=1,2,\cdots,s) \qquad (1)$$

从而 $p(\mathbf{A})=f(\mathbf{A})$，其中 ρ_i 为 $\mathbf{A}$ 的不同特征根. 实际上，假设 $k_1,\cdots,k_s$ 分别为 $\rho_1,\cdots,\rho_s$ 对应的初等因子次数最大者，为了确定 $f(\mathbf{A})$，依据定义 2，我们仅需 $f(\lambda)$ 及其适当高阶的导数在点 $\rho_1,\cdots,\rho_s$ 上的值. 因此式(1) 可简化为

$$\left.\begin{aligned} p(\rho_i) &= f(\rho_i) \\ p'(\rho_i) &= f'(\rho_i) \\ &\vdots \\ p^{(k_i-1)}(\rho_i) &= f^{(k_i-1)}(\rho_i) \end{aligned}\right. \quad (i=1,2,\cdots,s) \tag{2}$$

由上式及 $p(\boldsymbol{A}), f(\boldsymbol{A})$ 的定义,易知 $f(\boldsymbol{A})=p(\boldsymbol{A})$.

5.4.2 微分方程组 $\frac{\mathrm{d}\boldsymbol{x}}{\mathrm{d}t}=\boldsymbol{A}\boldsymbol{x}$ ($\boldsymbol{A}$ 是 n 阶常数方阵)

定理 1 设 $m(\lambda)=(\lambda-\rho_1)^{k_1}(\lambda-\rho_2)^{k_2}\cdots(\lambda-\rho_s)^{k_s}\left(\sum_{i=1}^{s}k_i=k\right)$ 是 $\boldsymbol{A}$ 的最小多项式

$$p(\lambda)=\sum_{j=0}^{k-1}\alpha_j(t)\lambda^j \tag{3}$$

其中 $\alpha_j(t)(j=0,1,\cdots,k-1)$ 由方程组

$$\begin{cases} \mathrm{e}^{\rho_{it}} = p(\lambda)\ |_{\lambda=\rho_{it}} \\ \mathrm{e}^{\rho_{it}} = \dfrac{\mathrm{d}}{\mathrm{d}\lambda}p(\lambda)\ |_{\lambda=\rho_{it}} \\ \quad\vdots \\ \mathrm{e}^{\rho_{it}} = \dfrac{\mathrm{d}^{(ki-1)}}{\mathrm{d}t^{(ki-1)}}p(\lambda)\ |_{\lambda=\rho_{it}} \end{cases} \quad (i=1,2,\cdots,s) \tag{4}$$

决定,则式(3) 的基解矩阵可表示成

$$\exp t=\sum_{j=0}^{k-1}\alpha_j(t)\boldsymbol{A}^j t^j \tag{5}$$

证明 设 ρ_i 是 $\boldsymbol{A}$ 的 n_i 重特征根$(i=1,2,\cdots,s)$, $\boldsymbol{A}$ 的最小多项式

$$m(\lambda)=\lambda^k+c_{k-1}\lambda^{k-1}+\cdots+c_1\lambda+c_0$$

则 ρ_{it} 是 $\boldsymbol{A}t$ 的 n_i 重特征根$(i=1,2,\cdots,s)$, $\boldsymbol{A}t$ 的最小多项式为

$$\overline{m}(\lambda)=\lambda^k+c_{k-1}t\lambda^{k-1}+\cdots+c_1t^{k-1}\lambda+c_0t^k$$

简记为

$$\overline{m}(\lambda)=\lambda^k+c_{k-1}(t)\lambda^{k-1}+\cdots+c_1(t)\lambda+c_0(t)$$

于是

$$(\boldsymbol{A}t)^k+c_{k-1}(t)(\boldsymbol{A}t)^{k-1}+\cdots+c_1(t)\boldsymbol{A}t+c_0(t)\boldsymbol{I}=\boldsymbol{0} \tag{6}$$

故

$$(\boldsymbol{A}t)^k=-c_0(t)\boldsymbol{I}-c_1(t)\boldsymbol{A}t-\cdots-c_{k-1}(t)(\boldsymbol{A}t)^{k-1}$$

由此可知,任一$(\boldsymbol{A}t)^m(m\geqslant k)$均可表示成次数不高于$k-1$的$\boldsymbol{A}t$的矩阵多项式,因而可以预料

$$\mathrm{e}^{\boldsymbol{A}t}=\sum_{i=0}^{\infty}\frac{(\boldsymbol{A}t)^i}{i\,!}=\sum_{j=0}^{k-1}\alpha_j(t)(\boldsymbol{A}t)^j$$

其中$\alpha_j(t)(j=0,1,\cdots,k-1)$为$t$的特定函数,取决于$\boldsymbol{A}$的值,即$\mathrm{e}^{\boldsymbol{A}t}$可表示成$\boldsymbol{A}t$的次数不高于$k-1$的矩阵多项式.

设$p(\lambda)=\sum\limits_{j=0}^{k-1}\alpha_j(t)\lambda^j$,其中$\alpha_j(t)(j=0,1,\cdots,k-1)$由式(4)决定.注意到对于数值函数$\mathrm{e}^{\lambda}$及矩阵$\boldsymbol{A}t$,式(4)即为5.2.1中的式(2),由5.2.1的说明可知,$p(\boldsymbol{A}t)=\mathrm{e}^{\boldsymbol{A}t}$,故定理成立.

5.4.3　结论

参考文献[10,11]中介绍了三种依据线性代数中哈密尔顿—凯莱定理所证明的计算$\mathrm{e}^{\boldsymbol{A}t}$的方法,其特点是不需事先知道$\boldsymbol{A}$的若尔当标准形$\boldsymbol{J}$及化$\boldsymbol{A}$为$\boldsymbol{J}$的非奇异矩阵$\boldsymbol{T}$,但必须计算$n$阶线性微分方程(组)或线性代数方程组.因为除了非减次矩阵,其他n阶矩阵$\boldsymbol{A}$

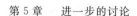

的最小多项式 $m(\lambda)$ 的次数 k 总是小于 n（见参考文献[12]），故当 $\boldsymbol{A}$ 的最小多项式较易求出时，采用本文的定理计算 $e^{\boldsymbol{A}t}$，则所需求解的线性代数方程（组）的阶数降低，这可使计算变得简单.

例 1 试求 $\frac{d\boldsymbol{x}}{dt}=\boldsymbol{A}\boldsymbol{x}$ 的基解矩阵 $\boldsymbol{A}t$，其中

$$\boldsymbol{x}=\begin{pmatrix}x_1\\x_2\\x_3\end{pmatrix},\boldsymbol{A}=\begin{pmatrix}1&1&1\\1&1&1\\1&1&1\end{pmatrix}$$

解 $\boldsymbol{A}$ 的特征方程为 $\lambda^2(\lambda-3)=0$，特征根为 $\lambda_1=0$（二重根），$\lambda_2=3$（单根）.

$\boldsymbol{A}$ 的最小多项式为 $m(\lambda)=\lambda(\lambda-3)$.

设 $p(\lambda)=\alpha_0(t)+\alpha_1(t)\lambda$，解方程组

$$\begin{cases}p(0)=e^0\\p(3t)=e^{3t}\end{cases}$$

即

$$\begin{cases}\alpha_0(t)=1\\\alpha_0(t)+\alpha_1(t)3t=e^{3t}\end{cases}$$

得

$$\alpha_0(t)=1,\alpha_1(t)=\frac{e^{3t}-1}{3t}$$

$$\begin{aligned}e^{\boldsymbol{A}t}&=\boldsymbol{I}+\frac{e^{3t}-1}{3t}\boldsymbol{A}t\\&=\begin{pmatrix}1&0&0\\0&1&0\\0&0&1\end{pmatrix}+\frac{e^{3t}-1}{3}\begin{pmatrix}1&1&1\\1&1&1\\1&1&1\end{pmatrix}\end{aligned}$$

$$
=\begin{pmatrix}
\frac{1}{3}e^{3t}+\frac{2}{3} & \frac{1}{3}e^{3t}-\frac{1}{3} & \frac{1}{3}e^{3t}-\frac{1}{3} \\
\frac{1}{3}e^{3t}-\frac{1}{3} & \frac{1}{3}e^{3t}+\frac{2}{3} & \frac{1}{3}e^{3t}-\frac{1}{3} \\
\frac{1}{3}e^{3t}-\frac{1}{3} & \frac{1}{3}e^{3t}-\frac{1}{3} & \frac{1}{3}e^{3t}+\frac{2}{3}
\end{pmatrix}
$$

容易看出这比用其他方法计算要简便一些.

5.5 A Further Generalization of the Hamilton-Cayley Theorem[①]

5.5.1 Introduction

It was proved by Hamilton and Cayley that every square matrix $\boldsymbol{X}$, say of order n, satisfies its characteristic equation $\mathrm{Det}(\boldsymbol{I}x-\boldsymbol{X})=0$, where x is a variable and $\boldsymbol{I}$ denotes the unit matrix of order n. Later it was shown by Frobenius that there exists a minimum polynomial, which is obtained by dividing the characteristic polynomial by the greatest common divisor of the $(n-1)$-rowed minors of the characteristic matrix $F(x)=\boldsymbol{I}x-\boldsymbol{X}$, such that every polynomial in which has $\boldsymbol{X}$ as a root is divisible by the minimum polynomial.

A generalisation of the Hamilton-Cayley

① 摘编自 J. London Math. Soc., 1940, 15(3), 153-158.

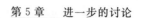

theorem was given by H. B. Phillips[1], who proved that if $\boldsymbol{A}_1, \cdots, \boldsymbol{A}_m$ are square matrices of order n, and if the linear homogeneous function

$$F(x_1, \cdots, x_m) = \boldsymbol{A}_1 x_1 + \cdots + \boldsymbol{A}_m x_m$$

of the variables $x_1, \cdots, x_m$ (which, to avoid ambiguity, are always written to the right of the coefficients) is annulled by a set of pairwise commutative square matrices $\boldsymbol{X}_1, \cdots, \boldsymbol{X}_m$ of order n

$$F(\boldsymbol{X}_1, \cdots, \boldsymbol{X}_m) = \boldsymbol{0}$$

then, denoting the determinant of $F(x_1, \cdots, x_m)$ by $f(x_1, \cdots, x_m)$, we have

$$f(\boldsymbol{X}_1, \cdots, \boldsymbol{X}_m) = \boldsymbol{0}$$

Assuming that one of the $\boldsymbol{A}$'s is non-singular, Ostrowski[2] showed that Frobenius' theorem can be generalized to Phillips' case, with a result which can be stated in the following way: There also exists a minimum polynomial which is obtained by dividing $f(x_1, \cdots, x_m)$ by the greatest common divisor of the $(n-1)$-rowed minors of $F(x_1, \cdots, x_m)$. If a set of pairwise commutative $\boldsymbol{X}$'s annuls $F(x_1, \cdots, x_m)$, it not only annuls $f(x_1, \cdots, x_m)$ (Phillips' theorem) but

---

① Phillips, H. B. American J. of Math., 41(1919), 266-278.

② Ostrowski, A. Quart. J. of Math. (Oxford), 10(1939), 1-4.

also annuls the minimum polynomial; and conversely, if a polynomial in $x_1, \cdots, x_m$ is annulled by every set of such X's that annuls $F(x_1, \cdots, x_m)$, this polynomial is divisible by the minimum polynomial.

We here give a further generalization of the Hamilton-Cayley theorem and its converse. We suppose that $F(x_1, \cdots, x_m)$ is not necessarily linear in $x_1, \cdots, x_m$ but is a general polynomial of the form

$$F(x_1, \cdots, x_m) = \sum_1 \mathbf{A}_{i_1 \cdots i_m} x_1^{i_1} \cdots x_m^{i_m} \tag{1}$$

where the $\mathbf{A}$'s are n-th order square matrices with elements lying in a certain field K, and where $\sum_1$ sums i_1 for a certain range of non-negative integers, i_2 for another range of non-negative integers, and so on.

If we denote the determinant of (1) by $f(x_1, \cdots, x_m)$, we prove in 5. 3. 2.

Theorem1 If $\mathbf{X}_1, \cdots, \mathbf{X}_m$ are pairwise commutative matrices of order n whose elements lie in K or in any extension of K, and are such that

$$F(\mathbf{X}_1, \cdots, \mathbf{X}_m) = \mathbf{0} \tag{2}$$

then

$$f(\mathbf{X}_1, \cdots, \mathbf{X}_m) = \mathbf{0} \tag{3}$$

If the elements of the matrix (1) have a common

factor in $x_1,\cdots,x_m$, we remove it from the beginning, perhaps at the expense of extending the original field K. Let the matrix adjoint to $F(x_1,\cdots,x_m)$ be denoted by $F^*(x_1,\cdots,x_m)$. If the greatest common divisor of the elements of this adjoint matrix is denoted by $\varphi(x_1,\cdots,x_m)$, the latter evidently divides the determinant $f(x_1,\cdots,x_m)$

$$f(x_1,\cdots,x_m)=\varphi(x_1,\cdots,x_m)f_1(x_1,\cdots,x_m) \quad (4)$$

giving a quotient $f_1(x_1,\cdots,x_m)$ which is the analogue of the minimum polynomial. The coefficients appearing in $\varphi(x_1,\cdots,x_m)$, $f_1(x_1,\cdots,x_m)$ may belong to an extension of K or to K itself.

We next prove:

Theorem 2 For the $\boldsymbol{X}$'s of Theorem 1 we have not only(3) but also

$$f_1(\boldsymbol{X}_1,\cdots,\boldsymbol{X}_m)=0 \quad (5)$$

Conversely we prove:

Theorem 3 Let us specialise $F(x_1,\cdots,x_m)$ to be of the form

$$F(x_1,\cdots,x_m)=\boldsymbol{A}x_1+G(x_2,\cdots,x_m) \quad (6)$$

where $G(x_2,\cdots,x_m)$ is a matrix free from x_1, and $\boldsymbol{A}$ is a non-singular matrix with elements independent of $x_1,\cdots,x_m$. Let $p(x_1,\cdots,x_m)$ be a polynomial with coefficients lying in a field where K' is either K itself or an extension of K. If $p(x_1,\cdots,x_m)$ is annulled by those sets of pairwise commutative matrices $\boldsymbol{X}_1,\cdots,\boldsymbol{X}_m$ that annul(6)and whose elements lie in K', then

$$f_1(x_1,\cdots,x_m) \mid p(x_1,\cdots,x_m) \tag{7}$$

the division being carried out in a sufficiently high extension of K.

Finally we give in 5.3.3 a few examples which illustrate that the converse theorem(Theorem 3)need not be true if F is not the special form (6).

5.5.2 Proof of Theorems 1,2,3

The proof of Theorem 1 which we give here is similar to MacDuffee's proof① for the case of a single variable. Put

$$F^*(x_1,\cdots,x_m)=\sum_2 \boldsymbol{B}_{j_1\cdots j_m} x_1^{j_1}\cdots x_m^{j_m} \tag{8}$$

$$f(x_1,\cdots,x_m)=\sum_3 c_{k_1\cdots k_m} x_1^{k_1}\cdots x_m^{k_m} \tag{9}$$

where the $\boldsymbol{B}$'s are matrices whose elements lie in K, the c's are simply numbers in K, and $\sum_2$, $\sum_3$ are certain summations. Then from the identity

$$f(x_1,\cdots,x_m)\boldsymbol{I}\equiv F^*(x_1,\cdots,x_m)F(x_1,\cdots,x_m) \tag{10}$$

which can be written

① MACDUFFEE C C. The theory of matrices[M]. New York: Chelsea Publishing, 1933:18.

$$\sum_{3} c_{k_1\cdots k_m} x_1^{k_1}\cdots x_m^{k_m}\boldsymbol{I} \equiv \sum_{2}\sum_{1}\boldsymbol{B}_{j_1\cdots j_m}\boldsymbol{A}_{i_1\cdots i_m} x_1^{j_1+i_1}\cdots x_m^{j_m+i_m} \tag{11}$$

we have by equating coefficients

$$c_{k_1\cdots k_m}\boldsymbol{I} = \sum{}'\boldsymbol{B}_{j_1\cdots j_m}\boldsymbol{A}_{i_1\cdots i_m} \tag{12}$$

where $\sum'$ sums those values of the j's and the i's in $\sum_2$ and $\sum_1$ respectively such that $j_1+i_1=k_1$, $j_2+i_2=k_2$, and so on.

Multiplying the two sides of (12) from the right by $\boldsymbol{X}_1^{k_1}\cdots\boldsymbol{X}_m^{k_m}$ and summing with respect to $\sum_3$ we obtain, since the $\boldsymbol{X}$'s are mutually commutative

$$f(\boldsymbol{X}_1,\cdots,\boldsymbol{X}_m) = \sum_{2}\boldsymbol{B}_{j_1\cdots j_m}F(\boldsymbol{X}_1,\cdots,\boldsymbol{X}_m)\boldsymbol{X}_1^{j_1}\cdots\boldsymbol{X}_m^{j_m} \tag{13}$$

from which (3) follows as a consequence of (2). Thus Theorem 1 is proved.

If the elements of $F^*(x_1,\cdots,x_m)$ have a greatest common divisor $\varphi(x_1,\cdots,x_m)$, put

$$F^*(x_1,\cdots,x_m)=\varphi(x_1,\cdots,x_m)F_1^*(x_1,\cdots,x_m) \tag{14}$$

the elements of the new matrix $F_1^*(x_1,\cdots,x_m)$, being relatively prime.

Removing the factor $\varphi(x_1,\cdots,x_m)$ from the two sides of the identity (10) we obtain

$$f_1(x_1,\cdots,x_m) \equiv F_1^*(x_1,\cdots,x_m)F(x_1,\cdots,x_m) \tag{15}$$

Beginning with (15) instead of (10), we can prove Theorem 2 in exactly the same way as we proved Theorem 1.

To prove Theorem 3 let us first divide the matrix $p(x_1,\cdots,x_m)\boldsymbol{I}$ by the matrix (6) according to powers of x_1. Since by hypothesis (6) is of the first degree in x_1 whose coefficient $\boldsymbol{A}$ is a constant non-singular matrix, the division process gives

$$p(x_1,\cdots,x_m)\boldsymbol{I} \equiv Q(x_1,\cdots,x_m)F(x_1,\cdots,x_m)+R(x_2,\cdots,x_m) \tag{16}$$

where $Q(x_1,\cdots,x_m)$ and $R(x_2,\cdots,x_m)$, the latter being independent of x_1, are matrices whose elements involve coefficients which are numbers in K'.

Among the sets of mutually commutative matrices $\boldsymbol{X}_1,\cdots,\boldsymbol{X}_m$ which annul (6), consider the following

$$\boldsymbol{X}_2 = a_2\boldsymbol{I},\cdots,\boldsymbol{X}_m = a_m\boldsymbol{I},\boldsymbol{X}_1 = -\boldsymbol{A}^{-1}G(a_2,\cdots,a_m) \tag{17}$$

where the a's are arbitrary numbers in any extension of K.

If we replace $x_1,\cdots,x_m$ in (16) by $\boldsymbol{X}_1,\cdots,\boldsymbol{X}_m$ in (17), the left-hand side of (16) vanishes by the assumption made in Theorem 3, and it can be verified (see the Remark at the end of this section) that the first term on the right of (16) also vanishes. Hence what remains of (16) after replacement is

$$R(a_2, \cdots, a_m) = 0 \tag{18}$$

Since the a's are arbitrary numbers in K', it follows that

$$R(x_2, \cdots, x_m) \equiv 0^{①} \tag{19}$$

and (16) reduces to

$$p(x_1, \cdots, x_m)\boldsymbol{I} \equiv Q(x_1, \cdots, x_m)F(x_1, \cdots, x_m) \tag{20}$$

If we multiply the two sides of (20) from the right by $F_1^*(x_1, \cdots, x_m)$ we get

$$\begin{aligned} & p(x_1, \cdots, x_m)F_1^*(x_1, \cdots, x_m) \\ \equiv & Q(x_1, \cdots, x_m)F(x_1, \cdots, x_m)F_1^*(x_1, \cdots, x_m) \end{aligned} \tag{21}$$

Since $F(x_1, \cdots, x_m)$ and its reduced adjoint $F_1^*(x_1, \cdots, x_m)$ are commutative matrices, (21) is reducible on account of (15) to

① This is always true for a field of characteristic zero, and is also true for a finite field provided that the degrees of the variables in the polynomial (or polynomials) in question are each less than the characteristic of the field.

$$p(x_1,\cdots,x_m)F_1^*(x_1,\cdots,x_m)$$
$$\equiv f_1(x_1,\cdots,x_m)Q(x_1,\cdots,x_m) \qquad (22)$$

Since the elements of $F_1^*(x_1,\cdots,x_m)$ are relatively prime, it follows from (22) that

$$f_1(x_1,\cdots,x_m) \mid p(x_1,\cdots,x_m) \qquad (23)$$

the division being carried out in that extension of K which comprises K' and the field in which the factorizations (4), (14) take place. Hence Theorem 3 is proved.

Remark To see that the first term on the right of (16) vanishes after replacement, let

$$Q(x_1,\cdots,x_m)=\sum_4 D_{\rho_1\cdots\rho_m}x_1^{\rho_1}\cdots x_m^{\rho_m}$$

where the $\boldsymbol{D}$'s are matrices and $\sum_4$ is a special summation. Then

$$Q(x_1,\cdots,x_m)F(x_1,\cdots,x_m)$$
$$=\sum_4\sum_1 \boldsymbol{D}_{\rho_1\cdots\rho_m}\boldsymbol{A}_{i_1\cdots i_m}x_1^{\rho_1+i_1}\cdots x_m^{\rho_m+i_m}$$

which becomes after replacement

$$\sum_4\sum_1 \boldsymbol{D}_{\rho_1\cdots\rho_m}\boldsymbol{A}_{i_1\cdots i_m}\boldsymbol{X}_1^{\rho_1+i_m}\cdots \boldsymbol{X}_m^{\rho_m+i_m}$$
$$=\sum_4 \boldsymbol{D}_{\rho_1\cdots\rho_m}\left(\sum_1 \boldsymbol{A}_{i_1\cdots i_m}\boldsymbol{X}_1^{i_1}\cdots \boldsymbol{X}_m^{i_m}\right)\boldsymbol{X}_1^{\rho_1}\cdots \boldsymbol{X}_m^{\rho_m}$$
$$=\sum_4 \boldsymbol{D}_{\rho_1\cdots\rho_m}F(\boldsymbol{X}_1,\cdots,\boldsymbol{X}_m)\boldsymbol{X}_1^{\rho_1}\cdots \boldsymbol{X}_m^{\rho_m}=\boldsymbol{0}$$

5.5.3 **Illustrations**

Among matrices $F(x_1,\cdots,x_m)$ which are not of the special form (6), there of course exist some for which Theorem 3 also holds good, but we can easily find others for which it is not true as can be seen from the following examples which, for the sake of simplicity, are confined to square matrices of order two ($n=2$).

Example 1 For the case of a single variable ($m=1$) take

$$F(x)=\begin{pmatrix}1 & 0\\ 0 & 1\end{pmatrix}x^2+\begin{pmatrix}0 & 0\\ 1 & 0\end{pmatrix}x+\begin{pmatrix}-1 & 0\\ 1 & 0\end{pmatrix}=\begin{pmatrix}x^2-1 & 0\\ x+1 & x^2\end{pmatrix} \tag{24}$$

which is not linear in x and so not of the form (6).

The roots of $F(x)=0$ are

$$\boldsymbol{X}=\begin{pmatrix}-1 & 0\\ -2 & 0\end{pmatrix},\begin{pmatrix}-1 & 0\\ 0 & 0\end{pmatrix},\begin{pmatrix}-1 & -1\\ 0 & 1\end{pmatrix} \tag{25}$$

Moreover we find

$$f(x)=f_1(x)=x^2(x+1)(x-1) \tag{26}$$

Now it can easily be verified that the polynomial

$$p(x)=x(x+1)(x-1) \tag{27}$$

is annulled by the three matrices in (25), but is not divisible by $f_1(x)$.

Example 2 For the case of two variables take

$$F(x,y)=\begin{pmatrix}0 & 0\\ 1 & 0\end{pmatrix}x+\begin{pmatrix}1 & 0\\ 0 & 0\end{pmatrix}y+\begin{pmatrix}0 & 1\\ 0 & 1\end{pmatrix}y^2=\begin{pmatrix}y & y^2\\ x & y^2\end{pmatrix} \tag{28}$$

which is linear in x but the corresponding coefficient

is a singular matrix, and so $F(x, y)$ is not of the form (6).

It can be found by calculation that all the commutative roots of $F(x, y) = 0$ are contained in the following five pairs

$$\begin{cases} \boldsymbol{X} = \begin{pmatrix} 0 & 0 \\ c & d \end{pmatrix}, \begin{pmatrix} 0 & 0 \\ c & 0 \end{pmatrix}, \begin{pmatrix} a & 0 \\ c & a + ac \end{pmatrix}, \begin{pmatrix} a & b \\ -1 & 0 \end{pmatrix}, \\ \quad \begin{pmatrix} \frac{-cd}{(c+1)} & \frac{-d^2}{(c+1)} \\ c & d \end{pmatrix} \\ \boldsymbol{Y} = \begin{pmatrix} 0 & 0 \\ 0 & 0 \end{pmatrix}, \begin{pmatrix} 0 & 0 \\ \gamma & 0 \end{pmatrix}, \begin{pmatrix} a & 0 \\ -1 & 0 \end{pmatrix}, \begin{pmatrix} a & b \\ -1 & 0 \end{pmatrix}, \\ \quad \begin{pmatrix} \frac{-cd}{(c+1)} & \frac{-d^2}{(c+1)} \\ c & d \end{pmatrix} \end{cases} \tag{29}$$

where letters can assume arbitrary values, $c \neq -1$ in the last pair.

We find

$$f(x, y) = f_1(x, y) = y^2(y - x) \tag{30}$$

But the polynomial

$$p(x, y) = y(y - x) \tag{31}$$

is annulled by the five pairs of matrices in (29) without being divisible by $f_1(x, y)$.

National Szechuan University.

China.

哈密尔顿—凯莱定理的另一证法

附录

设 $\boldsymbol{A} \in \mathbf{C}^{n\times n}$,其特征多项式为

$$
\begin{aligned}
\varphi(\lambda) &= \det(\lambda \boldsymbol{I} - \boldsymbol{A}) \\
&= \lambda^n + a_1\lambda^{n-1} + a_2\lambda^{n-2} + \cdots + a_{n-1}\lambda + a_n
\end{aligned}
$$

矩阵 $\boldsymbol{A}$ 与其特征多项式之间有如下重要的关系.

定理 1(哈密尔顿—凯莱定理) 设 $\boldsymbol{A} \in \mathbf{C}^{n\times n}$,$\varphi(\lambda)=\det(\lambda \boldsymbol{I}-\boldsymbol{A})$,则 $\varphi(\boldsymbol{A})=\mathbf{0}$.

证明 设 $\boldsymbol{J}$ 为 $\boldsymbol{A}$ 的若尔当标准形,则存在可逆矩阵 $\boldsymbol{P}$,使得

$$
\boldsymbol{P}^{-1}\boldsymbol{A}\boldsymbol{P} = \boldsymbol{J} = \begin{pmatrix}
\lambda_1 & k_1 & & & & & \\
 & \lambda_2 & \ddots & & & & \\
 & & \ddots & k_i & & & \\
 & & & \lambda_{i+1} & \ddots & & \\
 & & & & \ddots & k_{n-1} \\
 & & & & & \lambda_n
\end{pmatrix}
$$

其中 $\lambda_1,\cdots,\lambda_n$ 为 $\boldsymbol{A}$ 的特征值,它们之中可以有相同者;k_i 为 1 或 0;$i=1,\cdots,n-1$,有

$$
\boldsymbol{A} = \boldsymbol{P}\boldsymbol{J}\boldsymbol{P}^{-1}
$$

于是

$$\begin{aligned}\varphi(\lambda)&=\det(\lambda\boldsymbol{I}-\boldsymbol{A})\\&=(\lambda-\lambda_1)(\lambda-\lambda_2)\cdots(\lambda-\lambda_n)\end{aligned}$$

从而

$$\begin{aligned}\varphi(\boldsymbol{A})&=(\boldsymbol{A}-\lambda_1\boldsymbol{I})(\boldsymbol{A}-\lambda_2\boldsymbol{I})\cdots(\boldsymbol{A}-\lambda_n\boldsymbol{I})\\&=(\boldsymbol{PJP}^{-1}-\lambda_1\boldsymbol{I})(\boldsymbol{PJP}^{-1}-\lambda_2\boldsymbol{I})\cdots(\boldsymbol{PJP}^{-1}-\lambda_n\boldsymbol{I})\\&=\boldsymbol{P}(\boldsymbol{J}-\lambda_1\boldsymbol{I})(\boldsymbol{J}-\lambda_2\boldsymbol{I})\cdots(\boldsymbol{J}-\lambda_n\boldsymbol{I})\boldsymbol{P}^{-1}\\&=\boldsymbol{P}\begin{pmatrix}0 & k_1 & & & \\ & \lambda_2-\lambda_1 & k_2 & & \\ & & \ddots & & \\ & & & \ddots & k_{n-1}\\ & & & & \lambda_n-\lambda_1\end{pmatrix}\cdot\\&\quad\begin{pmatrix}\lambda_1-\lambda_2 & k_1 & & & \\ & 0 & k_2 & & \\ & & \ddots & & \\ & & & \ddots & k_{n-1}\\ & & & & \lambda_n-\lambda_2\end{pmatrix}\cdot\cdots\cdot\\&\quad\begin{pmatrix}\lambda_1-\lambda_n & & k_1 & \\ & \ddots & & \ddots \\ & & \lambda_{n-1}-\lambda_n & k_{n-1}\\ & & & 0\end{pmatrix}\boldsymbol{P}^{-1}\\&=\boldsymbol{P}\cdot\begin{pmatrix}0 & 0 & * & * & \cdots & *\\ 0 & 0 & * & * & \cdots & *\\ 0 & 0 & 0 & * & \cdots & *\\ \vdots & \vdots & \vdots & & \ddots & \vdots\\ 0 & 0 & 0 & & & *\end{pmatrix}\cdot\end{aligned}$$

$$\begin{pmatrix} \lambda_1-\lambda_3 & k_1 & & & & \\ & \lambda_2-\lambda_3 & k_2 & & & \\ & & 0 & & & \\ & & & \ddots & \ddots & \\ & & & & \lambda_{n-1}-\lambda_3 & k_{n-1} \\ & & & & & \lambda_n-\lambda_3 \end{pmatrix} \cdot \cdots \cdot$$

$$\begin{pmatrix} \lambda_1-\lambda_n & k_1 & & & & \\ & \lambda_2-\lambda_n & k_2 & & & \\ & & \lambda_3-\lambda_n & & & \\ & & & \ddots & \ddots & \\ & & & & \lambda_{n-1}-\lambda_n & k_{n-1} \\ & & & & & 0 \end{pmatrix} \cdot \boldsymbol{P}^{-1}$$

$$=\boldsymbol{0}$$

由哈密尔顿一凯莱定理可以简化矩阵计算.

例 1 设 $\boldsymbol{A}=\begin{pmatrix} 0 & 1 & 0 & 0 \\ 0 & 0 & 1 & 0 \\ 0 & 0 & 0 & 1 \\ 1 & 0 & 0 & 0 \end{pmatrix}$,求 $\boldsymbol{A}^{10}-\boldsymbol{A}^6+8\boldsymbol{A}$.

解 $\varphi(\lambda)=\det(\lambda\boldsymbol{I}-\boldsymbol{A})=\lambda^4-1$.

由哈密尔顿一凯莱定理得 $\varphi(\boldsymbol{A})=\boldsymbol{A}^4-\boldsymbol{I}_4=\boldsymbol{0}$,因此 $\boldsymbol{A}^{10}-\boldsymbol{A}^6+8\boldsymbol{A}=\boldsymbol{A}^6(\boldsymbol{A}^4-\boldsymbol{I}_4)+8\boldsymbol{A}=8\boldsymbol{A}$.

例 2 设 $\boldsymbol{A}=\begin{pmatrix} -1 & 1 & 0 \\ -4 & 3 & 0 \\ 1 & 0 & 2 \end{pmatrix}$,计算

$$\boldsymbol{A}^5-4\boldsymbol{A}^4+6\boldsymbol{A}^3-6\boldsymbol{A}^2+6\boldsymbol{A}-3\boldsymbol{I}$$

解　由题设可得

$$\begin{aligned}\varphi(\lambda)&=\det(\lambda\boldsymbol{I}-\boldsymbol{A})\\&=(\lambda-1)^2(\lambda-2)\\&=\lambda^3-4\lambda^2+5\lambda-2\end{aligned}$$

令

$$f(\lambda)=\lambda^5-4\lambda^4+6\lambda^3-6\lambda^2+6\lambda-3$$

容易求得

$$f(\lambda)=(\lambda^2+1)\varphi(\lambda)+\lambda-1$$

由于 $\varphi(\boldsymbol{A})=\boldsymbol{0}$,故

$$f(\boldsymbol{A})=\boldsymbol{A}-\boldsymbol{I}=\begin{pmatrix}-2&1&0\\-4&2&0\\1&0&1\end{pmatrix}$$

定义 1　设 $\boldsymbol{A}\in\mathbf{C}^{n\times n}$,$f(\lambda)$ 是 λ 的多项式,若 $f(\boldsymbol{A})=\boldsymbol{0}$,则称 $f(\lambda)$ 为 $\boldsymbol{A}$ 的化零多项式.

$\boldsymbol{A}$ 的化零多项式一定存在,$\boldsymbol{A}$ 的特征多项式就是一个.显然,$f(\lambda)$ 若是 $\boldsymbol{A}$ 的化零多项式,则对任意的多项式 $g(\lambda)$,$f(\lambda)g(\lambda)$ 也是 $\boldsymbol{A}$ 的化零多项式,可见 $\boldsymbol{A}$ 的化零多项式无最高次数,因此我们所关心的是,是否存在次数比 $\varphi(\lambda)$ 的次数低的化零多项式.

定义 2　设 $\boldsymbol{A}\in\mathbf{C}^{n\times n}$,在 $\boldsymbol{A}$ 的化零多项式中,次数最低的首 1 多项式称为 $\boldsymbol{A}$ 的最小多项式,记为$m_{\boldsymbol{A}}(\lambda)$.

定理 2　$\boldsymbol{A}$ 的最小多项式 $m_{\boldsymbol{A}}(\lambda)$ 整除 $\boldsymbol{A}$ 的任一化零多项式,特别有 $m_{\boldsymbol{A}}(\lambda)\mid\varphi(\lambda)$,且最小多项式唯一.

定理 3　相似矩阵有相同的最小多项式.

证明　设 $\boldsymbol{A}\sim\boldsymbol{B}$,$\boldsymbol{A},\boldsymbol{B}\in\mathbf{C}^{n\times n}$,则 $\exists\boldsymbol{P}\in\mathbf{C}^{n\times n}$,使

得

$$B=P^{-1}AP, A=PBP^{-1}$$

因此，对任意的多项式 $f(\lambda)$，总有

$$f(B)=P^{-1}f(A)P, f(A)=Pf(B)P^{-1}$$

因此 A,B 有相同的化零多项式，因此 A,B 有相同的最小多项式.

由最小多项式还可以判断矩阵是否相似对角化，事实上有以下的结论：n 阶方阵相似于对角阵的充分必要条件是它的最小多项式无重根. 最小多项式是它的第 n 个不变因子.

定理 4 设 $\lambda_1,\lambda_2,\cdots,\lambda_s$ 是 n 阶方阵 A 的互异特征值，则

$$m_A(\lambda)=(\lambda-\lambda_1)^{q_1}\cdots(\lambda-\lambda_i)^{q_i}\cdots(\lambda-\lambda_s)^{q_s}$$

其中 q_i 是 A 的若尔当标准形的若尔当块 J_i 中，子块 J_{ip} 里 $J_{i1},\cdots,J_{ir_i}$ 中阶数最高者，$i=1,2,\cdots,s$.

关于最小多项式，还有以下结论：

对于若尔当子块 J_{ip}，它的最小多项式为 $(\lambda-\lambda_i)^{n_{ip}}$，对于分块对角阵 $A=\mathrm{diag}(A_1,\cdots,A_i,\cdots,A_s)$，它的最小多项式等于 $A_1,\cdots,A_i,\cdots,A_s$ 的最小多项式的最小公倍式.

定理 2，定理 3 和定理 4 给出了求矩阵 A 的最小多项式的方法.

例 3 求 $A=\begin{pmatrix}-1 & -2 & 6\\ -1 & 0 & 3\\ -1 & -1 & 4\end{pmatrix}$ 的最小多项式.

解　方法一：经计算，得

$$\varphi(\lambda)=\det(\lambda\boldsymbol{I}-\boldsymbol{A})=(\lambda-1)^3$$

由定理 2，得

$$m_{\boldsymbol{A}}(\lambda)\mid\varphi(\lambda)$$

所以 $m_{\boldsymbol{A}}(\lambda)$ 只能为

$$\lambda-1,(\lambda-1)^2,(\lambda-1)^3$$

经验证

$$\boldsymbol{A}-\boldsymbol{I}\neq\boldsymbol{0},(\boldsymbol{A}-\boldsymbol{I})^2=\boldsymbol{0}$$

故

$$m_{\boldsymbol{A}}(\lambda)=(\lambda-1)^2=\lambda^2-2\lambda+1$$

方法二：$\boldsymbol{A}$ 的若尔当标准形为 $\boldsymbol{J}=\begin{pmatrix}1&0&0\\0&1&1\\0&0&1\end{pmatrix}$.

对于 $\lambda=1$ 有两个子块，由定理 4，得

$$m_{\boldsymbol{A}}(\lambda)=(\lambda-1)^2=\lambda^2-2\lambda+1$$

矩阵的特征多项式，最小多项式与若尔当标准形有着密切的关系.

设 $\lambda_1,\cdots,\lambda_i,\cdots,\lambda_s$ 是 $\boldsymbol{A}$ 的互异特征值，$\varphi(\lambda)$，$m_{\boldsymbol{A}}(\lambda)$ 分别为 $\boldsymbol{A}$ 的特征多项式与最小多项式，则

$$\varphi(\lambda)=(\lambda-\lambda_1)^{n_1}\cdots(\lambda-\lambda_i)^{n_i}\cdots(\lambda-\lambda_s)^{n_s}$$

$$m_{\boldsymbol{A}}(\lambda)=(\lambda-\lambda_i)^{q_1}\cdots(\lambda-\lambda_i)^{q_i}\cdots(\lambda-\lambda_s)^{q_s}$$

这里 $q_i\leqslant n_i(i=1,2,\cdots,s)$.

由定理 4 可以得到下面两种特殊情况：

(1) 不降阶矩阵.

$\boldsymbol{A}$ 的特征多项式就是它的最小多项式，此时

$$q_i = n_i \quad (i = 1, 2, \cdots, s)$$

由此

$$n_i = q_i = \max\{n_{i1}, \cdots, n_{ip}, \cdots, n_{ir_i}\} \leqslant \sum_{p=1}^{r_i} n_{ip} = n_i$$

故 $r_i = 1$,即若尔当标准形中对应于特征值 λ_i 的 $\boldsymbol{J}_i$ 只有自身一个子块.由于每个特征子空间都是一维的,故 $\boldsymbol{A}$ 仅有 s 个线性无关的特征向量,称这种矩阵为不降阶矩阵.

设 $\boldsymbol{A}$ 是不降阶矩阵,且 $\boldsymbol{A}$ 的特征多项式为

$$\varphi(\lambda) = \lambda^n + a_1\lambda^{n-1} + \cdots + a_{n-1}\lambda + a_n$$

记

$$\boldsymbol{A}_c = \begin{pmatrix} 0 & 1 & & & \\ & 0 & \ddots & & \\ & & \ddots & & \\ & & & & 0 \\ -a_n & \cdots & & & -a_2 \end{pmatrix}$$

$$\boldsymbol{A}_c^{\mathrm{T}} = \begin{pmatrix} 0 & & & & -a_n \\ 1 & & & & -a_{n-1} \\ & \ddots & \ddots & & \vdots \\ & & & 0 & -a_2 \\ & & & 1 & -a_1 \end{pmatrix}$$

则称 $\boldsymbol{A}_c$ 或 $\boldsymbol{A}_c^{\mathrm{T}}$ 为 $\boldsymbol{A}$ 的友阵,$\boldsymbol{A}_c$ 称为 $\boldsymbol{A}$ 的相伴标准形,且有以下的结论:

$\boldsymbol{A}$ 与相伴标准形 $\boldsymbol{A}_c$(或 $\boldsymbol{A}_c^{\mathrm{T}}$)相似的充分必要条件是它的特征多项式与最小多项式相等,即 $\varphi(\lambda) =$

$m_{\mathbf{A}}(\lambda)$.

(2) 单纯矩阵.

$r_i=n_i, i=1,\cdots,s$,此时 $n_{ip}=1, p=1,\cdots,r_i$,即 $\boldsymbol{J}_i$ 有 q_i 个若尔当子块 $\boldsymbol{J}_{ip}$,而每个若尔当子块 $\boldsymbol{J}_{ip}$ 全是一阶方阵,因而 $\boldsymbol{J}$ 是对角阵,这时该矩阵为单纯矩阵,它的最小多项式为

$$m_{\mathbf{A}}(\lambda)=(\lambda-\lambda_1)\cdots(\lambda-\lambda_i)\cdots(\lambda-\lambda_s)$$

1. 利用矩阵分析一个向量序列的收敛性.

中国人民公安大学信息技术与网络安全学院的管涛和北京市第四中学数学组范兴亚两位老师于 2017 年研究了这样一个有趣的数学游戏:一个正方形,画出它的中点正方形;再画出新正方形的中点正方形,依此类推,会生成一个漂亮的图案.如果在原正方形的四个顶点处随意各写一个自然数,将相邻顶点处的自然数相减(用较大的数减较小的数,若两数相等,则差为 0,称这种运算为相邻做差运算),计算结果写在每条边的中点,依此类推.

例如:最先写下 2,12,15,18,运算 1 次后得到 10,3,7,6,运算 2 次后得到 7,4,1,4,运算 3 次后得到 3,3,3,3,运算 4 次后得到 0,0,0,0.如图 1 所示.

如果我们重复几次这样的游戏,就会发现,不管开始写下什么数,似乎最后总会化为 0.因此可以猜想对正方形进行相邻做差运算,最终一定会化为四个数都是 0 的状态.这一猜想是否正确?如果把正方形换成正 n 边形,又会有什么样的结论呢?

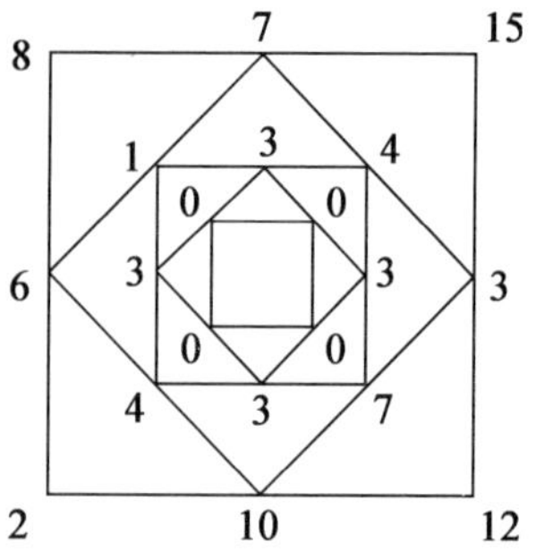

图 1

更一般的，我们可以借助向量序列的概念来描述这一问题.

问题 1 如下定义 n 维向量序列，$\boldsymbol{\alpha}_1=(a_{11},a_{12},\cdots,a_{1n})$ 中的元素都是自然数，当 $i\geqslant 2$ 时，向量 $\boldsymbol{\alpha}_i=(a_{i1},a_{i2},\cdots,a_{in})$ 中的元素 $a_{ij}=|a_{i-1,j}-a_{i-1,j+1}|$，其中规定 $a_{i-1,n+1}=a_{i-1,1}$. 在上述定义下，向量 $\boldsymbol{\alpha}_i$ 是否会收敛到零向量？

换句话说，令 $\max\{a_{i1},a_{i2},\cdots,a_{in}\}=A_i$，数列 $\{A_i\}$ 是否会在有限步之内收敛到零？答案是否定的，但是我们可以得到如下性质.

性质 1 $\{A_i\}$ 的极限一定存在，可设其为 A，而且必定在有限步内收敛到其极限值 A.

证明 根据定义易知 $A_i\leqslant A_{i-1}$，也就是数列 $\{A_i\}$ 单调递减（非严格单调递减），又因为 $\{A_i\}$ 非负，根据单调有界准则①，$\{A_i\}$ 必有极限值 A. 又因为任意 a_{ij} 都不大于 A_1，因此向量 $\boldsymbol{\alpha}_i$ 只有有限多种不同的形式，迟早会进入周期循环状态，那就是说 $\{A_i\}$ 必定会在有限步之内达到 A 并在之后保持恒定，即存在某个下标 k，当 $i \geqslant k$ 时，A_i 恒等于 A. 证毕.

但是 A 并不一定等于零，它也有可能是一个正整数. 例如当 $n=3$ 时，令 $\boldsymbol{\alpha}_1=(a_{11},a_{12},a_{13})=(1,1,0)$，那么 $\boldsymbol{\alpha}_2=(a_{21},a_{22},a_{23})=(0,1,1)$，可看作是 (a_{11},a_{12},a_{13}) 中的元素做了一个 3 轮换，如果作为环排列写在正三角形的三个顶点，那么等同于 (a_{11},a_{12},a_{13})，此后必然是一个周期为 3 的循环状态，所以 $A=1$，那么很自然地会想到如下问题.

问题 2　当 n 取何值时，A_i 必然收敛到零.

为解决问题 2，我们需要进行较复杂的推理和分析. 我们已经知道，存在下标 k，使得当 $i \geqslant k$ 时，A_i 恒等于其下限，也就是极限值 A. 接下来分析在此之后的向量 $\boldsymbol{\alpha}_i$ 中的元素可以取哪些自然数？

性质 2　当 $i \geqslant k$，即 A_i 已经达到其下极限 A 时，$a_{i1},a_{i2},\cdots,a_{in}$ 只能取 0 或 A.

证明　设当 $i=k$ 时，A_i 已经达到其下极限 A，那么在 $a_{k+n-1,1},a_{k+n-1,2},\cdots,a_{k+n-1,n}$ 中存在至少一个元素等于 A，不妨设 $a_{k+n-1,1}=A$. 逆推回去，$a_{k+n-2,1}$ 和

---

① 同济大学数学系. 高等数学(上册)[M]. 7 版. 北京：高等教育出版社，2014.

$a_{k+n-2,2}$ 必然一个是 0 一个是 A，再继续逆推，$a_{k+n-3,1}$，$a_{k+n-3,2}$ 和 $a_{k+n-3,3}$ 也必须都取值 0 或 A，并且至少有一个是 A. 依此类推，a_{k1}，a_{k2}，…，a_{kn} 全都要取 0 或 A，因此对所有的 $i \geqslant k$ 以及有意义的 j，a_{ij} 都等于 0 或 A. 证毕.

假定 A 为正数，那么不妨设 $A=1$. 为解决问题 2，我们只需对 n 维的 $0-1$ 向量进行讨论，搞清楚当 n 取何值时，任意 $0-1$ 向量一定会在有限步内化为零向量.

由于向量中的方案只取 0 和 1，问题 1 中的递推公式也可以等价的描述为问题 3.

问题 3　如下构造定义在 2 元域 $F_2=\{0,1\}$[①] 上的 n 维向量序列. 首先任给 $\boldsymbol{\alpha}_1=(a_{11},a_{12},\cdots,a_{1n})$，当 $i \geqslant 2$ 时，令向量 $\boldsymbol{\alpha}_i=(a_{i1},a_{i2},\cdots,a_{in})$ 中的元素 $a_{ij}=a_{i-1,j}+a_{i-1,j+1}$，其中规定 $a_{i-1,n+1}=a_{i-1,1}$. 当维数 n 取何值时，一定存在某个下标 k 使得 $\boldsymbol{\alpha}_k=\mathbf{0}$.

问题 3 也可以用 2 元域 F_2 上的矩阵进行表述，设 n 阶方阵

$$\boldsymbol{B}=\begin{pmatrix} 0 & 1 & 0 & \cdots & 0 \\ 0 & 0 & 1 & \ddots & \vdots \\ \vdots & \vdots & 0 & \ddots & 0 \\ 0 & \vdots & \vdots & \ddots & 1 \\ 1 & 0 & \cdots & 0 & 0 \end{pmatrix}$$

---

① MICHAEL A. Algebra[M]. 2 版. 姚海楼，平艳茹，译. 北京：机械工业出版社，2015：66-69.

$$\boldsymbol{A}=\boldsymbol{I}+\boldsymbol{B}=\begin{pmatrix} 1 & 1 & 0 & \cdots & 0 \\ 0 & 1 & 1 & \ddots & \vdots \\ \vdots & \vdots & 1 & \ddots & 0 \\ 0 & \vdots & \vdots & \ddots & 1 \\ 1 & 0 & \cdots & 0 & 1 \end{pmatrix}$$

都是 F_2 上的矩阵，那么 $\boldsymbol{\alpha}_i^{\mathrm{T}}=\boldsymbol{A}\boldsymbol{\alpha}_{i-1}^{\mathrm{T}}$，也就是 $\boldsymbol{\alpha}_i^{\mathrm{T}}=\boldsymbol{A}^{i-1}\boldsymbol{\alpha}_1^{\mathrm{T}}$. 由于 $\boldsymbol{\alpha}_1$ 的任意性，问题 3 等价于求解合适的阶数 n，使得矩阵 $\boldsymbol{A}$ 在 F_2 上为幂零矩阵. 或者说，在实数域上存在指数 k 使得 $\boldsymbol{A}^k$ 中的所有元素均为偶数.

首先给出一个引理.

引理 1　当 $n=2^m$ 时，组合数 $\mathrm{C}_n^1,\mathrm{C}_n^2,\cdots,\mathrm{C}_n^{n-1}$ 都是偶数；当 n 不是 2 的幂时，上述组合数中至少有一个为奇数.

证略. 读者可自行阅读已有文献[①]中第 75 页习题 31 的解答.

借助引理 1 能得到下述结论.

定理 1　当 $n=2^m$ 时，$\boldsymbol{A}$ 作为 2 元域 F_2 上的矩阵是幂零的，$\boldsymbol{A}^n=\boldsymbol{0}$.

证明　对于任意正整数 k，$\boldsymbol{A}^k=(\boldsymbol{I}+\boldsymbol{B})^k=\sum\limits_{i=0}^{k}\mathrm{C}_k^i\boldsymbol{B}^k$，由归纳法可以证明 $\boldsymbol{B}^k$ 中只有位于第 i 行第 $k+i$ 列 $(i=1,2,\cdots,n)$ 的 n 个元素为 1，其余位置全是

---

① 潘承洞，潘成彪. 初等数论[M]. 3 版. 北京：北京大学出版社，2003.

零(上述行列指标如果大于矩阵阶数 n,则认为是模 n 的余数). 例如

$$\boldsymbol{B}^2=\begin{pmatrix}0&0&1&\cdots&0\\0&0&0&\cdots&\vdots\\0&0&0&\cdots&1\\1&\vdots&\vdots&\ddots&0\\1&0&\cdots&0&0\end{pmatrix}$$

$$\boldsymbol{B}^{n-1}=\begin{pmatrix}0&0&0&\cdots&1\\1&0&0&\cdots&\vdots\\0&1&0&\cdots&0\\0&\vdots&\vdots&\ddots&0\\0&\cdots&0&1&0\end{pmatrix}$$

因此 $\boldsymbol{A}^n=\sum\limits_{i=0}^{n}\mathrm{C}_n^i\boldsymbol{B}^k=2\boldsymbol{I}+\sum\limits_{i=1}^{n-1}\mathrm{C}_n^i\boldsymbol{B}^k$,也就是

$$\boldsymbol{A}^n=\begin{pmatrix}2&\mathrm{C}_n^1&\mathrm{C}_n^2&\cdots&\mathrm{C}_n^{n-1}\\\mathrm{C}_n^{n-1}&2&\mathrm{C}_n^1&\cdots&\vdots\\\vdots&\mathrm{C}_n^{n-1}&2&\cdots&\mathrm{C}_n^2\\\mathrm{C}_n^2&\vdots&\vdots&\ddots&\mathrm{C}_n^1\\\mathrm{C}_n^1&\mathrm{C}_n^2&\cdots&\mathrm{C}_n^{n-1}&2\end{pmatrix}$$

的所有元素均为偶数,因此在 $\boldsymbol{A}$ 是 2 元域 F_2 上的幂零矩阵. 证毕.

由定理 1 容易推出,当 $n=2^m$ 时,按上述定义的任意 n 维 0－1 向量,至多经过 n 次相邻做差运算就可以得到零向量. 再进一步得到下面的性质 3.

性质 3 当 $n=2^m$ 时,在正 n 边形的每个顶点上随

意写一个整数，进行相邻做差运算，经过有限步后一定会化为都是 0 的形式. 文章最初的正方形问题作为性质 3 的一个特例也随之解决.

为了考虑 n 不是 2 的幂时的情况，我们需要借助哈密尔顿－凯莱定理.

引理 2(**哈密尔顿－凯莱定理**)　在数域 F 上，方阵的特征多项式一定是零化多项式.

证略.

在 F_2 中考虑 $\boldsymbol{A}$ 的特征多项式 $f(\lambda)=|\lambda \boldsymbol{I}-\boldsymbol{A}|=(\lambda-1)^n+(-1)^{n-1}$. 当 $n=2^m$ 时，特征多项式可化为 λ^n，由此也可得到前面定理 1 的结论. 当 n 不是 2 的幂时，$f(\lambda)=(\lambda-1)^n+(-1)^{n-1}$ 是一个至少含有两项的 n 次多项式，并且其常数项为 0.

定理 2　当 n 不是 2 的幂时，$\boldsymbol{A}$ 作为 2 元域 F_2 上的矩阵不是幂零的.

证明　在 F_2 中考虑矩阵 $\boldsymbol{B}$ 的特征多项式 $g(\lambda)=|\lambda \boldsymbol{I}-\boldsymbol{B}|=\lambda^n+(-1)^{n-1}=\lambda^n+1$，由引理 2 可知 $g(\boldsymbol{B})=\boldsymbol{0}$. 而对于任意次数小于 n 的 m 次多项式 $h(\lambda)$，$h(\boldsymbol{B})$ 中第 1 行第 $m+1$ 列的元素非零，因此 $g(\lambda)$ 也是矩阵 $\boldsymbol{B}$ 的极小多项式.

下面考虑矩阵 $\boldsymbol{A}$ 的极小多项式，由于 $\boldsymbol{B}=\boldsymbol{A}-\boldsymbol{I}$，因此 $\boldsymbol{A}$ 的特征多项式为

$$f(\lambda)=g(\lambda-1)=(\lambda-1)^n+1=(\lambda+1)^n+1$$

也就是 $\boldsymbol{A}$ 的极小多项式.

当 n 不是 2 的幂时，根据引理 1 可知，将 $f(\lambda)$ 展开

后除 λ^n 以外至少还有一项，即 $f(\lambda)$ 不是单项式. 因此，对于任意正整数 i，单项式 λ^i 都不能被 $f(\lambda)$ 整除，这意味着 λ^i 不是 $\boldsymbol{A}$ 的零化多项式，所以 $\boldsymbol{A}$ 不幂零. 同时这也说明对于任意的 i，总能找到 $0-1$ 向量 $\boldsymbol{\gamma}$ 使得 $\boldsymbol{A}^i\gamma \neq \mathbf{0}$. 证毕.

在定理 2 的证明中，我们已经得到了如下性质.

性质 4　当 $\boldsymbol{n}$ 不是 2 的幂时，在正 $\boldsymbol{n}$ 边形的每个顶点上随意写一个整数，进行相邻做差运算，有可能无法化为都是 0 的形式，而是陷入循环，这个循环中只出现 0 和某个正数 $\boldsymbol{A}$.

例如，在正六边形的顶点写下 9,5,2,6,9,6，经过一次相邻做差运算后变为 4,3,4,3,3,3，继续做下去，得到的结果如表 1.

表 1

原始数据	9	5	2	6	9	6
第 1 次运算后	4	3	4	3	3	3
第 2 次运算后	1	1	1	0	0	1
第 3 次运算后	0	0	1	0	1	0
第 4 次运算后	0	1	1	1	1	0
第 5 次运算后	1	0	0	0	1	0
第 6 次运算后	1	0	0	1	1	1
第 7 次运算后	1	0	1	0	0	0
第 8 次运算后	1	1	1	0	0	1

第 8 次运算的结果和第 2 次运算的结果相同，从

此开始循环，循环周期为 6.

这样我们完全搞清楚了正 n 边形上的相邻做差运算产生的向量序列的收敛性问题. 当然其中还有很多定量计算的东西值得进一步探讨. 例如任给一个 2^m 维向量，能否计算出它收敛到 $\mathbf{0}$ 所需要的步数；再比如，当维数不是 2 的幂时，循环的最小正周期是多少. 希望本文能起到抛砖引玉的作用，让各位读者进一步思考并解决这些问题.

参 考 文 献

[1] WEARDEN B L V. A history of algebra[M]. Berlin: Springer-Verlag, 1985.

[2] 克莱因. 古今数学思想：第三册[M]. 北大数学系数学史翻译组，译. 上海：上海科学技术出版社，1985.

[3] 袁小明. 世界著名数学家评传[M]. 南京：江苏教育出版社，1990.

[4] 华罗庚，苏步青. 中国大百科全书：数学卷[M]. 北京：中国大百科全书出版社，1988.

[5] 伊夫斯 H. 数学史概论[M]. 欧阳绛，译. 太原：山西人民出版社，1986.

[6] BELL E T. Men of mathematics[M]. New York: Dover publications, 1937.

[7] KLINE M. Mathematical thought from ancient to modern times [M]. New York: Oxford Univ. Press, 1972.

[8] BELLMAN R E. Stability theory of differential equations[M]. New York: McGaw-Hill, 1953.

[9] CODDINGTON E A, LEVINSON N. Theory of ordinary differential equations[M]. New York:

McGraw-Hill,1955.

[10] PUTZER E J. Avoiding the jordan canonical form in the discussion of Linear systems with constant coefficients[J]. 美国数学月刊,1966,73.

[11] BRONSON R. 现代微分方程的理论和习题[M]. 北京:中国铁道出版社,1984.

[12] 谢邦杰. 线性代数[M]. 北京:人民教育出版社,1978.

[13] 马尔茨夫. 线性代数基础[M]. 柯召,译. 北京:人民教育出版社,1959.

[14] 张贤科,许甫华. 高等代数学[M]. 2 版. 北京:清华大学出版社,2004.

[15] 蓝以中. 高等代数教程[M]. 北京:北京大学出版社,1988.

[16] 李炯生,查建国. 线性代数[M]. 合肥:中国科学技术大学出版社,2003.

[17] LIPSCHUTZ S. 线性代数的理论和习题[M]. 沐定夷,徐克沼,译. 上海:上海科学技术出版社,1981.

[18] 高尔腊伊 A R,瓦特桑 G A. 矩阵特征问题的计算方法[M]. 上海:上海科学技术出版社,1981.

[19] 倪国熙. 常用的矩阵理论和方法[M]. 上海:上海科学技术出版社,1984.

[20] 威廉・克林根贝尔格. 线性代数与几何[M]. 沈

纯理,郑宇,译.高等教育出版社,1998.
[21] 柯召文集编委会.柯召文集[M].成都:四川大学出版社,2000.